# 既有城市住区功能提升改造技术指引与案例

主　编：王清勤
副主编：李　迅　　张险峰　　刘澄波
　　　　满孝新　　苏　童

中国建筑工业出版社

**图书在版编目（CIP）数据**

既有城市住区功能提升改造技术指引与案例/王清勤主编；李迅等副主编. —北京：中国建筑工业出版社，2022.10
ISBN 978-7-112-27836-7

Ⅰ．①既⋯　Ⅱ．①王⋯②李⋯　Ⅲ．①居住区-旧房改造-研究-中国　Ⅳ．①TU984.12

中国版本图书馆 CIP 数据核字（2022）第 160142 号

责任编辑：张幼平　费海玲
责任校对：刘梦然

**既有城市住区功能提升改造技术指引与案例**

主　编：王清勤
副主编：李　迅　张险峰　刘澄波　满孝新　苏　童

\*

中国建筑工业出版社出版、发行（北京海淀三里河路 9 号）
各地新华书店、建筑书店经销
霸州市顺浩图文科技发展有限公司制版
北京市密东印刷有限公司印刷

\*

开本：787 毫米×1092 毫米　1/16　印张：21½　字数：442 千字
2023 年 2 月第一版　　2023 年 2 月第一次印刷
定价：**68.00** 元
ISBN 978-7-112-27836-7
（39988）

# 编委会成员

主　　　编：王清勤

副　主　编：李　迅　张险峰　刘澄波　满孝新　苏　童

编　写　委　员：（以姓氏笔画为序）

王　宇　王　潇　王　飞　王嘉伟　尹文超　孔永强
邓　楠　叶　竹　朱佳迪　朱荣鑫　李　悦　李国柱
李晋秋　吴伟伟　吴宝荣　余　猛　狄彦强　沈　丹
张　浩　张　威　张　辉　张　楠　张　路　张　鹏
张义斌　张伟荣　罗晓予　孟　冲　陈　溪　赵　康
赵乃妮　宫剑飞　姜洪庆　夏小青　黄　凯　黄　怡
黄文龙　彭晓烈　葛文静　董淑秋　靳　薇　虞　跃
潘晓玥

编写组组长：孟　冲

副　组　长：赵乃妮　朱荣鑫

成　　　员：邓月超　李嘉耘　王嘉伟　夏小青　张　楠　周博颖
李　哲　王晓飞　陈一傲　高　成

编　写　单　位：中国建筑科学研究院有限公司
中国城市规划设计研究院
中国中建设计集团有限公司
北京清华同衡规划设计研究院有限公司
上海市政工程设计研究总院（集团）有限公司
中国建筑设计研究院有限公司
浙江大学
北京市科学技术研究院
同济大学
华南理工大学建筑设计研究院

3

天津大学

上海市建筑科学研究院有限公司

北京工业大学

沈阳建筑大学

中建方程投资发展集团有限公司

吉林科龙建筑节能科技股份有限公司

长岛知己新能源有限公司

中国建筑三局集团有限公司

华汇工程设计集团股份有限公司

天津市历史风貌建筑整理有限责任公司

上海体育学院

上海建为历保科技股份有限公司

深圳万科发展有限公司

万城城市设计研究（深圳）有限公司

深圳市博万建筑设计事务所（普通合伙）

一十一建筑设计（深圳）有限公司

# 前　言

据统计，全国 31 个省、自治区、直辖市 2000 年底以前建成的老旧小区共计约 16 万个，涉及居民超过 4200 万户，建筑面积约为 40 亿 m²。由于建造水平、日常运营维护等因素的制约，住区既有的物质设施和功能空间供应不足，存在配套设施总量不足、设施配套滞后、空间分布不均衡、风貌环境与住区整体基调不协调、停车设施供给匮乏、能源与管网系统性能不高、海绵化改造与功能设施融合性差、健康化和智慧化体现不足、历史建筑缺乏修缮和保护等问题，已经不能满足人民对高品质居住生活的需求，亟需开展改造。同时，伴随城市发展模式从增量扩张向存量优化转变，既有城市住区的更新改造成为盘活存量土地、改善人居环境的重要抓手。优化既有城市住区形态和功能，延续历史文脉，是促进以人为核心的新型城镇化发展，增强人民获得感、幸福感，增进民生福祉的重要途径。

我国出台了系列政策，对既有城市住区范围内的建筑、配套设施、环境等方面的改造内容作出了明确指示。2020 年，国务院办公厅《关于全面推进城镇老旧小区改造工作的指导意见》（国办发〔2020〕23 号）明确提出，到"十四五"期末，力争基本完成 2000 年底前建成的需改造城镇老旧小区改造任务的目标。2020 年，住房和城乡建设部发布《关于开展城市居住社区建设补短板行动的意见》（建科规〔2020〕7 号），目标是到 2025 年，因地制宜补齐既有居住社区建设短板。2021 年，《中华人民共和国国民经济和社会发展第十四个五年规划和 2035 年远景目标纲要》中提出，要加快推进城市更新，改造提升存量片区功能，推进老旧楼宇改造。

因此，开展既有城市住区功能改造与提升的科技攻关，契合我国现阶段及未来城镇化发展，可为重大民生工程和民心工程发展提供技术支撑。在"十三五"国家重点研发计划项目"既有城市住区功能提升与改造技术（2018YFC0704800）"的资助下，由中国建筑科学研究院有限公司组织项目组各课题编撰本书，力求为既有城市住区功能提升改造提供技术指引和案例参照。

本书共包括两篇。

第一篇为既有城市住区功能提升与改造技术。主要收录了项目研究成果的 8 大类技术，涵盖了 38 项具体技术。对于每项具体技术，本书详细介绍了技术内容、适用范围、技术要点、工程案例、应用效果等。空间优化与挖潜技术包括空间整合整治技术、空间紧凑利用技术、空间混合利用技术、服务设施区域统筹联合技术 4 项具体技术，目的是对既有城市住区有限的土地资源进行整合再利用；设施美化更新技术包括建筑美化更新技术、服务设施美化更新技术、市政设施美化更新技术、道路系统美化更新技术、既有城市住区现状三维扫描技术 5 项具体技术，旨在提升既有城市住区环境形象；停车泊位容量提升技术包括升级停车设施设备，提高停车泊位容量技术、道路空间挖潜提升泊位容量技术、错峰复合利用提高停车泊位容量技术 3 项具体技术，可为缓解停车紧张问题的同时降低泊车对环境的影响提供技术解决方案；能源系统升级改造技术包括能源强度负荷预测技术、清洁能源综合利用与规划技术、多能互补能源规划技术、基于神经网络的能源数据预测技术 4 项具体技术，有助于推动实现既有城市住区能源高效、综合利用；管网系统升级换代技术包括管网检测鉴定技术、管网高精度水力平衡调试关键技术、管网更新模拟工具、管网三维正向设计技术、缆线集约化敷设技术 5 项具体技术，可实现快速精准地检测和调试，优化管线综合设计与布局；海绵化升级改造技术包括海绵化改造评估技术、海绵化改造分类技术、海绵设施与景观系统有机融合技术、植物配置技术、海绵化智能监测技术 5 项具体技术，目标是提高既有城市住区下垫面雨水积存和蓄滞能力；智慧化和健康化升级改造技术包括室外物理环境健康化评价方法、室外物理环境健康化提升技术、既有城市住区改造碳排放计算方法、公共服务设施健康化改造潜力评估技术、面向既有城市住区人员智能监测预警技术、既有城市住区智慧与健康管理平台 6 项具体技术，可为提升室外物理环境和公共服务设施等的健康性能和智慧化水平提供帮助；历史建筑修缮保护技术包括历史建筑评价技术、木构件无损/微损检测技术、基于纤维增强水泥基复合材料的历史建筑砌体墙加固技术、历史建筑检测鉴定技术、历史建筑修缮全周期内的 BIM 技术应用、历史建筑智慧化管理运维技术 6 项具体技术，对最大限度发挥历史建筑使用价值、延续历史文脉提供支撑。

第二篇为工程案例。本书共收录 18 个案例，包括 13 个既有城市住区改造案例、5 个历史建筑绿色改造案例。每个案例从存在问题、改造策划和模式、改造目标、改造技术、改造效果和效益分析等方面进行了介绍。既有城市住区改造案例介绍较为客观地反映了既有城市住区改造存在的问题、改造模式和技术实施途径，梳理了改造亮点技术，为既有城市住区更新改造提供了有益探索，具有广泛的推广意义。历史建筑绿色改造案例因地制宜地采用了绿色改造技术，实现了绿色、低能耗、室内环境品质提升等目标。作为既有城市住区的重要组成，对历史建筑实施绿色改造可显著增强地方文脉传承，提升城市综合面貌，为既有城市住区历史建筑升级改造提供经验和借鉴。

本书经编制组多次修改推敲才得以完成，凝聚了编制组的集体智慧，与大家的辛苦付出密不可分，在此致以衷心的感谢。同时，由于时间仓促及编者水平所限，书中难免存在疏忽和不足之处，恳请广大读者批评指正。

本书编委会

2022 年 8 月

# 目　　录

## 第一篇　功能提升与改造技术

# 第二篇　工程案例

# 第一篇　功能提升与改造技术

# 1 空间优化与挖潜技术

## 1.1 空间整合整治技术

（1）技术内容

空间整合技术。通过协调，促使空间临近的小型组团进行空间整合和优化，对公共服务设施进行优化布局、共建共享，从而提高空间和设施的利用效率，缓解设施增补的难度。例如，将几个居住组团空间整合利用后，可将原有光照通风条件较好的开敞空间规划为公共活动场地，将部分边角空间规划为停车场地，将原有文体设施增容改建后在全住区共享等。

空间整治技术。对既有公共场地进行整治，清理违法违章构筑物、难以拆除的建筑物，整理优化建筑使用功能，修缮相关服务设施，提升环境质量。

（2）适用范围

适用于成片既有城市住区更新中，公共空间不足的小型住区或组团的改造。在既有城市住区更新中，当公共空间不足而又无法另行供给土地的情况下采取提升公共空间利用效能的技术。

（3）技术要点

由于历史原因，一些小型既有居住组团往往存在公共空间不足的情况。这些小型的居住组团往往各自独立成院、开发面积较小、建筑密度较高、公共空间狭小，如单位家属院、职工宿舍、小规模开发的居住地块等，通过自身改造难以实现公共空间的有效增加。这种情况，可通过一系列的空间优化与挖潜技术增加公共空间，以提升公共空间利用效率，改善人居环境。

（4）工程案例

**海口市三角池居住区空间整合整治**

海口三角池居住区通过一系列的空间优化与挖潜技术增加了居民休闲娱乐空间。具体包括，通过空间整理，增加了广场、湖心岛公共服务设施；利用线性零散空间，在住区沿湖面道路前增设了滨水步道、亲水平台等。解决了道路交叉口利用地下空间问题，将宝贵的空间资源还给城市，用于景观绿化和市民活动。（图 1.1-1）

2

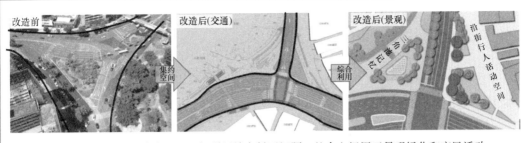

图 1.1-1　梳理和解决交叉口空间利用效率低下问题，整合空间用于景观绿化和市民活动

## 内蒙古自治区赤峰市红山区清河家园改造

该小区由 10 个小型的家属院和 1 处商业设施组成。由于各家属院规模较小且集中了停车场及其他户外设施，整体空间呈现出拥挤、杂乱的面貌。在相关单位组织的老旧小区改造中，将各家属院合并成一个规模较大的小区，并在整个小区范围内统筹布局各功能空间，形成了由集中绿地、宅间绿地、集中停车区和小区道路组成的户外公共空间。（图 1.1-2，图 1.1-3）

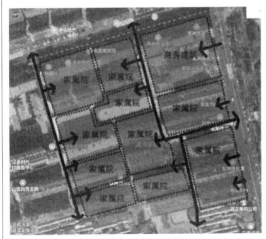

图 1.1-2　改造前的空间结构

图 1.1-3　改造后的空间结构

（5）应用效果

对小规模既有居住组团公共空间的整合整治改造，能够有效提升既有城市住区公共空间的综合利用效能，提升住区的环境质量。第一，实现各功能空间分散布置所难以达到的规模效益，如通过功能归并重组腾出的空间建设规模较大的公共活动场地；第二，提高各个功能空间的利用效率，如通过对停车空间的重新布局，可形成集约停车方式，从而增加停车容量；第三，促进设施共享和社会交往，降低物业管控成本；第四，能够在不大拆大建的前提下实现公共空间的提质升级。

## 1.2 空间紧凑利用技术

在用地紧张的住区，通过深度挖潜，将小块的零散用地充分利用，建设小型的休闲游憩场地，包括口袋公园、非标健身场地等。

### 1.2.1 口袋公园

口袋公园也称袖珍公园，指规模很小的城市开放空间，常呈斑块状散落或隐藏在城市中。对于口袋公园，一般是对较小地块进行整理设计，打造为小型公共活动广场或者绿地，再配置座椅等便民服务设施。城市中的各种小型绿地、小公园、街心花园、社区小型运动场所等都是身边常见的口袋公园。（图 1.2-1）

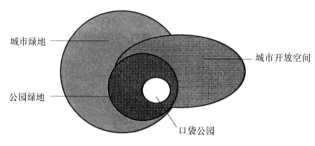

图 1.2-1　口袋公园示意

（1）技术内容

紧凑、合理，充分利用现有场地。在功能上，将不同的场地合理划分、紧凑布局。在景观层次上，优化植物配植，注重乔、灌、花、草的合理搭配，形成生态自然的植物群落、色彩和多层次景观效果，以达到愉悦身心的目的。

将新理念、新创意、新材料融入口袋公园建设。例如引入海绵城市理念，采取屋顶绿化、雨落管断接、透水铺装、雨水蓄用等措施，建设高位花坛、植被浅沟、下凹绿地、雨水花园、生态停车场、干塘、湿塘等海绵设施，提高城市下垫面的雨水积存和蓄滞能力。

（2）适用范围

空间紧张的既有城市住区：将零散空间改造成适合居民休闲活动的口袋公园。以投资小、见效快的建设方式逐步改变住区老旧面貌，提升城市整体形象。

城中村：合理利用闲置空间，增加休闲交往空间。

以居住功能为主的历史街区：例如在胡同街巷附近、四合院等聚集区高密度低层街区，利用街旁空地、建筑退线等见缝插针地应用。

（3）技术要点

规模：通常口袋公园的面积较小，没有标准的规模大小，比一般的社区公园面积小，能为周边居民提供方便的开敞空间和健身服务设施即可。

服务半径：市民5～10min步行可达。

配套要求：有条件的口袋公园宜配套公共卫生间。具体配建要求参照《城市公共厕所设计标准》CJJ 14—2016。公厕外观与周边环境相协调，优化内部布局，做好无障碍措施。

落实途径：区、街道规划建设管理部门进行土地整理，识别闲置或低效用地，根据社区居民需求和开发潜力等进行评估，形成口袋公园建设项目库。采取"政府主导、多方合作、共同管理"的方式推动口袋公园建设。一些社区还可以给口袋公园设置园长，赋予一定的管理职能。

（4）工程案例

### 北京市校尉胡同西侧口袋公园

通过拆除违建、利用荒地等方式，将"社区边角料"打造成小而美、亲自然的公园。对地块进行绿化，配置活动场地、步道、座椅等便民设施。（图1.2-2）

图1.2-2　公园内便民设施

### 海口市三角池居住区口袋公园建设

海口三角池居住区通过挖潜整理零散空间，增加了小型广场、线性口袋公园，一定程度上缓解了既有居住区空间紧张的问题。（图1.2-3）

图1.2-3　通过零散空间整理出来的三角池广场、滨水公园以及休闲广场（一）

图 1.2-3　通过零散空间整理出来的三角池广场、滨水公园以及休闲广场（二）

## 上海市浦东新区金杨新村街道居住区口袋公园建设

上海市浦东新区金杨新村街道社区通过对既有城市住区内公共空间的深度挖潜和更新改造，合理调整阅报栏和停车设施位置、更换地面铺装、配置层次分明的植物景观，打造出适宜居民日常交流的公共活动空间；同时对沿街绿化带进行健康化改造，铺设健身步道等运动设施，配置必要的健身器材、遮阳设施、休憩座椅等，建设成为以休闲健身为主题的社区线状口袋公园。（图 1.2-4，图 1.2-5）

图 1.2-4　既有城市住区内新辟出的口袋公园

图 1.2-5　健身主题的社区线形口袋公园

（5）应用效果

在空间限制条件下，实现社会融合、经济效能提升等多方面的效果。利用小尺度、碎片化空间为各类人群提供休闲、娱乐、交往和健身等服务功能。社会建设层面起到了社区黏合剂的作用。同时，可以利用城市缝隙空间，柔化钢筋水泥时代所带来的压迫感。

**1.2.2 非标准健身场地**

受空间所限，无法建设标准规模的健身场地，可以因地制宜建设小型非标准场地和设施，例如半场足球场、篮球场等。由若干围网单元、防护网、顶网、出入口（门）和照明设备等构件组成。

（1）技术内容

非标准场地占地面积小，使用率高、灵活性高、安全系数高、造价低廉，居民可根据爱好选择不同的运动方式进行运动，有效解决土地资源紧缺与日益增加的体育健身场馆建设需求的矛盾，特别适用人口密度高、土地紧缺的社区。

（2）适用范围

广泛应用于公园、社区街道、建筑屋顶和学校等地，尤其适用于用地空间紧张，但亟需健身场地的既有城市住区。

（3）技术要点

规模面积：占地面积一般较标准场地小，没有一定规模要求，场地规模以满足使用为宜。

配套要求：运动场周围设有围网，防止球类等器械飞出场外。运动场周围还可配有健身道路。场地安装灯光设备，为市民夜间锻炼提供照明，保障运动更加安全舒适。同时周围应配备专人管理。灯杆应设置在边线、端线 1.5m 以外，高度在 6m 以上；建议场地水平照度不低于 200lx。围网应设置在边线、端线 1.5m 以外，高度宜 ≥ 4.0m；围网立柱尺寸及间距应结合本地区的风力及相关因素综合考虑；围网门宽应 ≥1.0m。立柱应设有安全防护。（图 1.2-6，图 1.2-7）

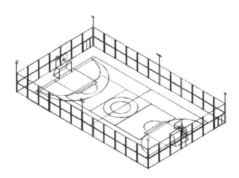

图 1.2-6　周边封闭的笼式多功能运动场示意

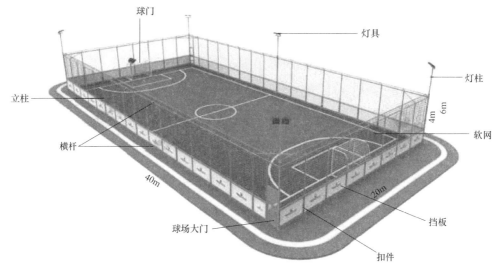

图 1.2-7  笼式非标准运动场尺寸

（4）工程案例

### 合肥市中庙街道非标准健身场地

坐落于该街道文化综合中心西北侧，占地面积约 $1000m^2$。笼式运动场四周设有围网，能有效防止球飞出场外。周围安装了灯光设备，为群众夜间锻炼提供照明。两侧安装了篮球架和足球门，适合 5 人制篮球赛，也可以根据需要调整为 5 人制足球设备或其他运动设施，是集篮球、5 人制足球、羽毛球、网球、排球等运动于一体的综合运动场地。（图 1.2-8）

图 1.2-8  中庙街道非标准健身场地

（5）应用效果

在空间有限的情况下，通过较少投资解决日常体育设施缺少的问题，充分发挥"一场多用"的集成功能，满足居民的精神、娱乐需求，增加居民的归属感和认同感。

## 1.3 空间混合利用技术

### 1.3.1 公共活动空间与停车设施空间复合利用技术

（1）技术内容

公共活动空间与停车设施空间复合利用技术具体包括：住区服务设施空间竖向改扩建、既有城市住区立体停车库的使用、绿地与停车设施空间的复合使用、公共活动场地与停车设施空间的复合使用、绿地与休闲游憩场地的复合使用、户外公共空间与建（构）筑物的复合使用等多种技术。（图1.3-1，图1.3-2）

图 1.3-1　地下机动车库建设示意

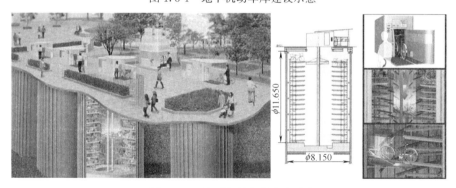

图 1.3-2　地下自行车停车库示意

（2）适用范围

用地紧张，竖向空间方便拓展的地区。通常位于城市中心区的既有城市住区，必须依靠拓展竖向空间，尤其是浅层地下空间才能解决问题的地区。

（3）技术要点

与地下空间管理部门进行充分沟通。涉及地上地下空间拓展，需要在项目可行性研究阶段与自然资源和规划部门、人防安全部门等进行沟通协调。

建立良好的住区管理信息系统。收集整理住区的人口、服务设施、市政设施等各方面数据，为需求分析、各类设施与空间协调提供详实基础资料。

基于社区基层管理组织，建立良好沟通反馈机制。社区组织管理人员和居民之间通过充分沟通、相互推进、共同商议住区相关事务，强化全体居民的认同感和归属感。

## 天津碧华里住区竖向空间混合利用（在建）

天津碧华里住区内机动车车位严重缺乏。车辆停放挤占道路、绿地及公共空间。改造聚焦在对停车空间进行立体化处理，在屋面层设置居民活动空间，营造立体停车空间，提高停车效率，以解决既有城市住区停车容量不足问题，有效提升居民停车效率，同时也为居民提供更多的公共活动空间。（图 1.3-3）

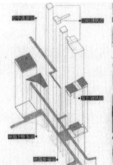

图 1.3-3　天津碧华里住区内分布图

## 泰州关帝庙地下停车库建设项目（在建）

关帝庙西侧现有停车场 1113m²，45 个停车位。为了扩大它的承载能力，满足现有需要，政府将在原地往地下挖 13m，建成地下 5 层的停车库，未来将可以同时停放 180 辆汽车。（图 1.3-4）

图 1.3-4　泰州关帝庙地下停车库建设

## 日本目黑天空庭院

目黑天空庭院位于东京都目黑区，是运用首都高速公路大桥立体交叉桥的顶层部分建设而成。为了活用寸土寸金的市中心土地，并优化该区域的环境，削减立体交通给周边环境带来的影响，连接匝道设置成封闭的盘旋坡道，并规划设计了屋顶花园、中心广场。改造中，针对老旧小区普遍存在的停车难和出行难的问题，利用住区空间混合利用技术，确定了包括新建交通环道、文创孵化区、居住提升区、便民服务区、社区会客厅和滨河休闲区的"一环五区"打造方案，使绿地与停车空间复合，最终形成了宜居社区。在改造中，社区通过整合盘活现有资源，新建设近 400 个车位。（图 1.3-5）

图 1.3-5　再开发示意图

### 1.3.2 公共空间与建（构）筑物复合利用技术

（1）技术内容

在符合相关法律法规和技术标准的前提下，利用既有建筑的屋面或通过增建顶层平台等方式，建设立体公共活动场地。由于存在震动和噪声干扰，可供利用的建筑以住区内的公共建筑或构筑物为主。

（2）适用范围

空间局促，地面已经无法新建设施或者扩充公共空间，既有建（构）筑物具有改造条件的住区。

（3）技术要点

在屋顶进行加建公共活动场地或者绿地的项目，应预留30～50cm的屋顶覆土层，进行房屋结构受力计算、设计，为将来立体活动空间留下余地。加强屋面设计标准的制定监管。相关政府部门制定法定标准，提高设计质量，并进行论证设计后方可进行覆土种植，需要注意顶层防水防震工作；同时，可将海绵城市概念植入景观提升改造方案中。

（4）工程案例

---

### 宁波市江北区白沙街道茗雅苑大厦屋顶改造

建筑屋面整治面积约700m²，主要包括屋顶破旧混凝土保护层拆除、旧防水卷材及变形缝修补、SBS改性沥青防水卷材铺贴、钢筋混凝土保护层施工、增设花箱及座椅，并通过人造草皮铺设突出了屋面彩化改造提升。经整治后的屋面变得整洁有序，整体环境明显美化。（图1.3-6）

图1.3-6 江北区白沙街道茗雅苑大厦屋顶改造

---

屋顶花园叫作"零排放花园"，因为它可以收集污水、雨水，然后作为中水和绿化用水循环运用，是一个环保花园。此外，风车和太阳能电池板可以进行风力发电和太阳能发电，为教学楼楼道中的部分照明供电。

（5）应用效果

集约节约利用居住用地，提升住区品质，激发住区活力，最大程度发挥土地经济效益。结合城市功能合理化配置，形成对城市功能的合理补充。

## 1.4 服务设施区域统筹联合技术

在既有城市住区更新改造中，当公共服务设施不足而又无法通过土地供给来满足的情况下，可采取提升公共服务设施覆盖度和效能的技术。

### 1.4.1 统筹增补相邻层级设施技术

（1）技术内容

从区域统筹的角度，在由市（区）级、15min生活圈、10min生活圈、5min生活圈和居住街坊所组成的层级网络中，通过共享解决某层级生活圈公共服务设施不足的问题。当某一层级的某类公共服务设施不达标且难以改善时，可以通过扩大上一级设施规模来兼顾该级设施的需求；或分散扩充下一级同类设施规模，将对该级设施的需求部分分散到下级设施中去，来缓解该级设施的供需矛盾。例如，当以生活圈为标准对公共服务设施体系进行评估时，发现10min生活圈层级的公共服务设施难以增补，则可以通过对15min生活圈该类设施超额增补的方式来兼顾10min生活圈层级该类设施的需求；或对该10min生活圈内的几个5min生活圈层级的同类设施分别增补规模以分散对10min生活圈层级设施的需求。

（2）适用范围

适用于在成片既有城市住区更新中，部分居住单元公共空间不足且无法通过自身改造加以解决的情况。

（3）技术要点

采用跨级补偿的方式完善公共服务设施时，一般不宜跨越一级以上，即仅在相邻层级之间跨级补偿；跨级补偿后总体设施容量不应小于标准设施总量。

（4）应用效果

通过相邻层级服务设施统筹增补，能够推动更新改造区域公共服务供给能力的提升，降低个别居住单元完善配套设施的难度，促进既有城市住区更新改造的顺利进行。

### 1.4.2 临近社区联合布局、共享利用技术

（1）技术内容

在成片既有城市住区改造中，以生活圈和居住街坊为空间层级单位进行统筹，某个社区公共服务设施不完善，且难以通过改造、增建等方式加以增补时，通过相邻社区共建、合建一处较大服务设施的方式共享，以缓解公共服务供给不足的问题。例如，当某一小型社区无法增补社区服务中心时，可对邻近社区的设施进行超额增建，兼顾这一社区的需求。

（2）适用范围

本技术适用于在成片既有城市住区更新中，部分居住单元公共空间不足且无法通过自身改造加以解决的情况。

（3）技术要点

合建或增建的公共服务设施规模应以服务人口规模为依据确定，具体可按国家标准《城市居住区规划设计标准》GB 50180—2018 的有关规定实施。

（4）应用效果

通过区域统筹，能够推动更新改造区域公共服务供给能力的提升，降低个别居住单元完善配套设施的难度，促进既有城市住区更新改造的顺利进行。

### 1.4.3 提高非社区服务公共设施开放性弥补设施不足技术

（1）技术内容

在成片既有城市住区改造中，以居住街坊为单位进行统筹。当某个社区的某一类公共服务设施不完善，且难以通过改造、增建等方式加以增补，而改造空间范围内有规模较大的非社区服务公共设施时，通过政策倾斜或财政补贴鼓励该设施业主或建设方将部分场地设施对公众开放，以缓解公共服务供给不足。例如，可促使用地、设施充裕的非开放行政办公单位在非办公时段将户外场地作为体育休闲场所开放；鼓励房地产开发者增设公共活动场地，促使商业设施业主在夜间对住区公众开放停车场地等。

（2）适用范围

本技术适用于在成片既有城市住区更新中，部分居住单元公共空间不足且无法通过自身改造加以解决的情况。

（3）技术要点

新建非公共服务设施对公众开放的场地设施，应服务相应设施的技术和容量要求，具体可按国家标准《城市居住区规划设计标准》GB 50180—2018 的有关规定实施。

（4）应用效果

通过区域统筹，能够推动更新改造区域公共服务供给能力的提升，降低个别居住单元完善配套设施的难度，促进既有城市住区更新改造的顺利进行。

# 2 设施美化更新技术

## 2.1 建筑美化更新技术

### 2.1.1 空调室外机位美化更新整治技术

（1）技术内容

对既有城市住区建筑立面上设置不当的空调外机位进行整治，包括确保空调室外机位的结构安全性、保证其通风性能和维修空间、规范冷凝水的排放等，提升住区环境形象。

（2）适用范围

缺乏专门的空调机位或室外机在外墙随意摆放、杂乱无章，未统一组织冷凝水排放，室外机支架年久失修的既有城市住区。

（3）技术要点

空调室外机宜布置在南、北或东南、西南向。应保证机位进排风流畅，无气流短路现象。在排出空气的一侧不应有遮挡物，室外机侧面、背面留有足够进风空间，并应保证围护设施的有效通风面积不小于 60%。

在建筑竖向凹槽内布置机位时，凹槽的宽度不宜小于 2.5m，机位设置于凹槽的深度不宜大于 4.2m。机位的排风口不宜相对，相对时其水平间距应大于 4m。不应对室外人员形成热污染，且不得占用人员公共通行区域，设于公共人行道上方的机位底部距地应大于 2.5m。

室外机支承结构：宜采用钢筋混凝土结构或铝合金、不锈钢结构，支承结构应与主体结构可靠连接。支承结构承载力不得低于室外机自重的 4 倍，且不低于 200kg。设计使用年限宜为 15 年。

机位围护设施支承结构：宜采用铝合金、不锈钢结构，支承结构应与主体结构可靠连接。设计使用年限宜为 15 年。

由城市各级政府组织对具有一定规模的既有城市住区统筹改造。由牵头单位（建设方）选择并协调设计单位开展现状基础调查，征求居民对空调室外机位的安装位置、外观等方面的意见，协调各方利益，根据相关规范编制更新改造方案，经过相关部门批准后逐步实施修缮。

（4）工程案例

### 浙江省田市镇空调外机整治

浙江省田市镇深入推进小城镇环境综合整治工作，在美丽街区立面空调外机整治上，做到广泛宣传、全面排查、摸清底数，多方参与，采用"听、拆、美"三策解决空调外机安全、美观等难题。

"一听"。召开听证会。首先，听取镇整治办工作人员有关小城镇环境综合整治技术指南及空调外机整治具体内容和要求；其次，县综合执法局业务专家讲解空调外机安装位置过低影响行人通过，长期不用的"僵尸机"掉下来伤人的典型事例；再次，听取商家、空调安装技工介绍几种既不影响使用功能又美观安全的安装方法；最后，充分听取群众对空调机整治的意见和建议，经讨论形成一致意见，制定操作性强、成本低的整治方案。

"二拆"。拆移空调外机。一是拆除常年不使用的空调外机"僵尸机"，确保行人安全。排查同时，对部分螺钉松动的空调外机做统一加固处理。二是拆移安装过低影响行人通过的空调外机。对于主街道店面的空调外机统一拆移到门头广告里，做到资源共享，降低立面整治成本。对于其他道路的空调外机则统一拆移到离地2.5m 高处位置，确保行人行道畅通、安全。

"三美"。美化空调外机。一是栅栏美化。主街道把空调室外机和连接管用栅栏隐藏起来，形成统一协调美观的视觉效果。二是贴墙布线美化。根据不同墙体颜色搭配适宜空调连接管，并将连接管沿墙壁平行或垂直拉线，转角设置为90°，同时安装保护装饰管。三是绿化美化。空调外机上种植蔓藤植物，爬升到管道上，形成一道天然的绿色屏障，遮挡阳光、释放氧气，增加空气湿度与负离子浓度，遮挡空调管道，美化环境。（图2.1-1，图2.1-2）

图 2.1-1　空调外机位整治　　　　图 2.1-2　空调外机位绿化美化

## 上海市浦东新区金杨新村街道空调外机整治

上海市浦东新区在老旧小区改造过程中进行居民楼空调外机的整治与美化，对既有城市住区建筑立面上设置不当的空调外机位进行整治，包括确保空调外机位的结构安全性、保证其通风性能和维修空间、规范冷凝水的排放等，同时增加栅栏，保障美观，提升户外环境品质。（图2.1-3，图2.1-4）

图 2.1-3　空调外机位整治　　　　图 2.1-4　空调外机位加装格栅装饰

（5）应用效果

综合整治后的空调外机位将更加坚固美观，与立面的设计元素结合，与建筑风貌相呼应，使既有城市住区整体形象更加和谐统一。

### 2.1.2　智能隐形防盗网美化更新方法

（1）技术内容

智能隐形防盗网是一类防盗网，采用 5cm 的标准间距，单根钢丝可承受 85～120kg 以上拉力。钢丝被剪断时，会发出警报信号并通知住户。

（2）适用范围

适用于窗框或窗户被实体墙包围的既有城市住区建筑，安装操作简单，仅需在窗户周边的墙体上打孔安装，可在既有城市住区建筑中大面积普及。

（3）技术要点

隐形防盗网主要由钢丝绳和铝型材组成。钢丝绳是由特殊的工艺加工而成，内含导电铜丝（只有 0.27mm）可连接报警系统，起到防盗的功能。每根钢丝可以承载 85～120kg 以上的重力，钢丝间隔小（5cm 间隔），可以有效保护儿童的安全，防止儿童在攀爬时发生坠楼事故。

隐形防盗网特别设计了钢丝剪断报警功能。当人为剪断钢丝时，与钢丝连接的智能报警器会发出报警。报警同时以两种方式进行，首先是声音报警，会发出 120dB 的尖锐鸣叫，可以有效吓退盗贼；同时，报警主机会自动启动拨号报警功能，连续拨打预先设置好的 7 组号码（如物业保安、业主手机、办公室电话等），接通后会播放业主事先录制好的报警内容。该防护系统可保障居室安全，同时兼顾消防要求：当房屋内发生火灾时，可以自行剪断钢丝，迅速由窗户逃生。

（4）工程案例

## "社区创安"工程

"社区创安"工程是湖南株洲美化工程的重要组成部分。"社区创安"工程于 2009 年启动，共完成了 27 条街 1751 栋 1.8 万多户 20 多万平方米防盗窗的拆除任务，并全部安装了内嵌式智能隐形防盗窗或隐形智能报警防盗网。在拆除防盗窗和安装技防设施时，施工单位须做到"当日拆除、当日安装"，确因工期紧张的 3 日内安装到位，在此期间，由拆除施工单位负责守护，保证安全。（图 2.1-5～图 2.1-7）

图 2.1-5　为市民免费安装的智能隐形防盗网　　图 2.1-6　智能隐形防盗网配套的报警控制器

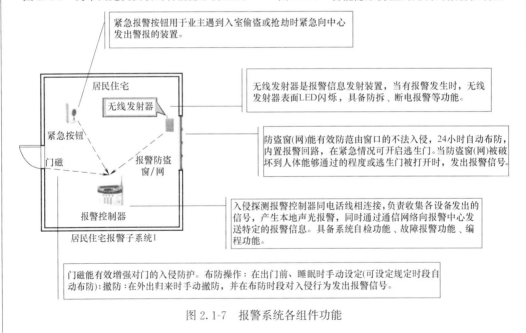

图 2.1-7　报警系统各组件功能

## 海口三角池既有建筑美化

海口市三角池居住区，对现有建筑进行分级，具体包含保护修缮、维持现状、轻度整治、中度整治、重度整治和拆除重建等级别。提取地方特色元素，建立风貌元素库。针对建筑外立面结合海南地域特点，采用多种样式丰富外立面防盗窗。（图 2.1-8）

图 2.1-8　海口三角池既有建筑美化

（5）应用效果

智能隐形防盗网在 15m 以外基本不可见，对建筑风貌影响较小，与传统的不锈钢防盗网相比，更加美观大方，可以提升既有城市住区建筑风貌。

### 2.1.3　建筑墙体美化更新方法——垂直绿化

（1）技术内容

建筑墙体垂直绿化技术是针对既有城市住区建筑的一项生态化外观改造技术，利用植物材料对建筑物的外墙面及内墙面进行绿化和美化。传统的墙体垂直绿化形式主要有攀缘式垂直绿化和框架式垂直绿化。其中攀缘式垂直绿化是指依靠攀缘植物本身特有的吸附作用，对墙壁、柱杆等建筑物或构筑物表面形成覆盖；框架式垂直绿化是指以依附壁面的网架或独立的支架、廊架和围栏等为依托，利用攀缘植物攀爬，形成覆盖面的绿化方式，具体又分为独立型框架式和依附型框架式两种类型。（图2.1-9）

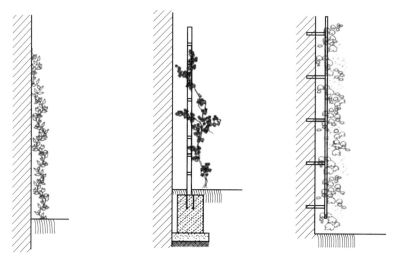

图2.1-9　攀援式垂直绿化（左）、独立型框架式（中）、依附型框架式（右）

随着垂直绿化技术的不断更新，新型垂直绿化技术发展为种植槽式、模块式和铺贴式垂直绿化。其中种植槽式垂直绿化指将植物种植于种植槽中，利用攀缘或悬垂的形式在壁面形成绿化效果；按种植槽和自然土壤的关系，可分为接地型种植槽（图2.1-10左上）和隔离型种植槽（图2.1-10左下）两种类型。模块式垂直绿化是指

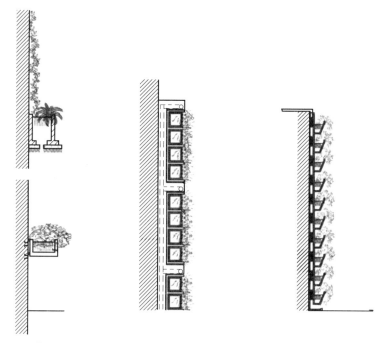

图2.1-10　接地型种植槽（左上）、隔离型种植槽（左下）、模块式（中）、铺贴式（右）

将栽培容器、栽培基质、灌溉装置和植物材料集合设置成可以拼装的单元，依靠固定模块灵活组装形成的壁面绿化方式（图2.1-10中、右）。铺贴式垂直绿化指将防水膜材或板材与柔性栽培容器、栽培基质、灌溉装置集合成可以现场一次性铺贴安装的卷材，根据墙面尺寸不同而灵活裁剪并直接固定于墙面的绿化方式。此外，垂直绿化技术还有"生物墙"和"树墙"等。

墙体垂直绿化技术不仅能够实现既有城市住区建筑外墙的美化功能，改善视觉环境，同时对住区生态品质的提升也大有助益。该技术以植物代替机械，可美化空间环境，调节住区微气候，降低能耗，缓解环境压力，增加更多的生态空间。

（2）适用范围

由于对植物生长环境有一定的要求，垂直绿化技术更加适用于南方既有城市住区的建筑墙体美化更新。同时应考虑避开建筑采光区域，考虑到建设费用、后期养护费用等问题，一般应用于低层、多层建筑。南方既有城市住区多种材质的大面积墙面均可进行垂直绿化，在墙体前面设置网状物或栅栏，使植物缠绕其上。红砖墙、水刷石墙等墙面墙体较为粗糙，可应用各类垂直绿化方式；面砖贴面、瓷砖贴面、涂料饰面等墙体墙面较为光滑，可应用独立型框架式或依附型框架式等垂直绿化方法。

（3）技术要点

垂直绿化植物选择要求：应选择根系牢固、不易落叶、质量轻、耐高温、耐贫瘠、少病虫、适应性强的植物；同时，宜选择降尘降噪性强，具有遮阳、通风、保温隔热功能的植物。应尊重植物自身生长特性，因地制宜地选择植物种类。

施工要求：施工设计时应考虑预计温度、隔离热量，以及空气流通、光线采集、防御湿度侵袭等方面的要求，同时可以在垂直绿化结构中增设多层降噪物质，以达到更好的噪声隔离效果。

各类型指标要求：攀缘式种植植物应沿墙体种植，栽植带宽度应为50～100cm，土层厚度宜大于50cm，植物根系距离墙体应不小于15cm，栽植苗应稍向墙面倾斜。框架式垂直绿化的框架结构应保持同建筑物墙面的间距不小于15cm，框架网眼最大尺寸不宜超过50cm×50cm。隔离型种植槽栽植木本植物的种植槽深度不得低于45cm，栽植草本植物的种植槽深度不得小于25cm，种植槽净宽度应大于40cm。铺贴式垂直绿化应铺设耐根穿刺防水材料，并应符合现行行业标准《种植屋面工程技术规程》JGJ 155—2013中的相关规定。攀缘式、框架式和种植槽式的垂直绿化工程，应在土建工程完工，并且绿化植物经过一个生长周期后验收。模块式和铺贴式的垂直绿化工程，应在土建工程完工，并且在绿化植物当年成活后，郁闭度达到85％以上后验收。

（4）工程案例

---

**垂直绿化应用**

在悉尼"One Central Park"垂直绿化公寓、阿姆斯特丹"De Baarsjes"社区、

深圳蛇口工业区南海意库园区等工程中应用，经济和生态效益显著，具有良好的推广应用前景。（图 2.1-11，图 2.1-12）

图 2.1-11 悉尼 One Central Park 垂直绿化公寓　　图 2.1-12 南海意库园区

（5）应用效果

对建筑的外墙进行垂直绿化处理，不仅对墙面外观美化具有良好效果，也对住区生态环境改善有很大帮助。垂直绿化可以使建筑墙面温度下降 2～7℃，特别是承受阳光长期照射的朝西墙面，效果尤其显著。同时，植物覆盖面处的空气湿度会增大 10%～20%，有利于提高环境舒适度。

### 2.1.4 建筑屋顶美化更新方法——轻型屋顶绿化

（1）技术内容

轻型屋顶绿化，即草坪式屋顶绿化或简单式屋顶绿化。由于此技术对屋顶负荷要求较低、施工操作简便、养护费用低廉，且可以取得良好的生态效益和景观效果，因此适合大面积推广应用，尤其是对于既有建筑较多的地区。佛甲草屋顶绿化苗块技术是目前轻型屋顶绿化的主要形式之一。（图 2.1-13）

图 2.1-13 轻型屋顶绿化（左）、佛甲草屋面（右）

（2）适用范围

屋面静荷载应大于等于 70kg/m²，适合在砖混结构、框架结构、钢结构等平顶屋面或坡度小于 30°的斜屋面上建造。建造不受楼层高度的影响，多层、高层屋顶上均可建造。

（3）技术要点

屋面铺设专用栽培基质层的厚度在 4～5cm，混合基质内要有 30% 以上骨料，同时不含杂草种子。基质密度要求 $0.8×103kg/m^3$ 以下，绿化后增加最大屋面静荷载小于 $80kg/m^2$。必要时，建造佛甲草轻型屋面绿化可以先做防水层。由于佛甲草根系的弱穿刺能力，可以不考虑隔根膜的设置。

屋面绿化的蓄排水层必须采用屋顶绿化专用的蓄排水块（卷）材，型号和规格根据不同屋面的实际状况而定。常用的型号有 H15、H20、H30 等。屋面绿化专用保湿毯，是以棉、涤纶、PVC 网等制成的用于存储水分的卷材，用于屋面绿化的作用是作为柔性保护层和土壤保湿层。产品为黑色卷材，厚度约 4～6mm，中间有一层 PVC 网，常见规格有 $300g/m^2$、$400g/m^2$、$500g/m^2$ 三种；水分保持量约 4.0～5.0kg/m^2$。

由建筑结构师通过实地考察和对建筑屋面承重证明、屋顶结构图进行核实，确保屋面静荷载≥$70kg/m^2$；进行 48h 防渗漏测试；根据业主认可的设计方案进行放样和基层施工；运送并铺设专用轻型栽培基质；种植或铺植佛甲草种苗或苗块；定期维护和保养。

（4）工程案例

### 上海市杨浦区控江二村街道社区的小学屋顶绿化

上海市中心城区经过城市更新后，既有城市住区呈现为高层和多层混合布置的形态，低层或多层建筑的屋顶就构成了城市的第五立面。杨浦区控江二村街道社区内的小学采用了屋顶绿化方式，选择抗风耐旱抗污染的浅根种植品质，不但提升了生态效益，也为周边高层住宅提供了富有生机的绿色景观。（图 2.1-14）

图 2.1-14 控江二村街道社区内构成小学第五立面的屋顶绿化

（5）应用效果

经一两个月的养护后可达到理想的观赏性，不同品种、色彩的佛甲草混合可获得靓丽的景观效果。佛甲草屋顶绿化可以在夏季隔热降温，冬季增温。其中夏季可平均降温 5～10℃，节电 60％以上。

## 2.2 服务设施美化更新技术

### 2.2.1 生态型停车美化更新技术

（1）技术内容

生态型停车场是指在露天停车场采用透气、透水性铺装材料铺设地面，并间隔栽植一定量的乔木等绿化植物，形成绿荫覆盖，将停车空间与园林空间有机结合的场地。生态型停车场的绿化面积大于硬化面积，可取得高绿化的效果；同时具有超强的透水性能，能保持地面干爽；可通过不同的设计方式，对雨水进行科学管理，达到生态性目标。

（2）适用范围

适用于既有城市住区闲置空间的改造，即在闲置用地上采用透水性材料铺装或嵌草铺装。

（3）技术要点

在生态停车场构建过程中，采用"透水"结构做法，并采用透水性材料铺装和嵌草铺装。

碎石垫层＋透水性材料面层铺装：透水铺装材料目前主要有透水沥青、透水混凝土和透水砖。透水沥青又叫"排水降噪路面"，原料中混入特别研制的改性沥青、消石灰和纤维，能有效降低高速行驶的车辆与路面摩擦引起的噪声，并兼备完整的排水系统。透水混凝土是由骨料、水泥、添加剂（外加剂、颜料等）和水拌制而成的一种多孔轻质混凝土，其重量轻，具有良好的透水性。透水砖是由骨料、水泥、水和一定比例的透水剂制成的块状材料，具有良好的透水性、稳固的结构和丰富的色彩。

碎石垫层＋嵌草面层铺装：嵌草铺装主要有块料嵌草铺装、植草砖、植草格和生态植草地坪。块料嵌草铺装采用混凝土块、砖和石块进行铺装，铺筑时在块料间需留3～5cm的缝隙填入基质，在基质中种植草坪。此方法可回收利用建筑垃圾，降低施工成本。植草砖由水泥、细石子和黄砂等在模型中浇筑而成，砖块预留可放入基质的栽植孔种植草坪，透水透气性较好。植草格由改性高分子 HDPE 为原料制作而成，绿色环保、可回收利用，具有耐压、耐磨、抗冲击、抗老化和耐腐蚀等特性，可提升品质、节约资金。高承载植草地坪是一种混凝土现浇并连续孔质的植草系统，可根据承载要求设计混凝土配比及配筋，具有良好的结构整体性、草皮连续性和透水透气性。

施工工序及要点：地基处理——地基整平，碾压密实，密实系数≥0.93；铺设垫层——铺设级配碎石或砂卵石垫层，所需厚度随承载要求而不同；铺设找平层——在垫层上铺设 20～30mm 厚中、粗砂滤层找平，适量洒水，碾压并振捣密实；浇筑混凝土植草地坪——整体浇筑 150mm 混凝土（根据承载要求采用 C20、C25 或 C30）地坪，为满足高承载要求，可通体配筋强化其整体性、稳定性，钢筋网片距底边 50m；草坪铺设——在植草地坪系统内空隙填充土壤，表面可填充适合当地气候的草皮。（表 2.2-1）

嵌草铺装面层施工工艺指标对比分析　　　　　　　　　表 2.2-1

| 指标 | 块料嵌草铺装、植草砖及植草网格 | 高承载生态植草地坪 |
|---|---|---|
| 面层承载力 | 植草腔彼此隔离，易导致基础变形而引起坍塌，表面在重压后，容易出现松动、不均匀沉降或局部断裂使用寿命短<br>规范施工情况下，完成的停车位整体承载力最高可达 10t | 嵌草铺装美观<br>绿化覆盖率高，生态效应好，利于降温；具有良好的防污功能，车子漏水漏油可直接渗入土里，避免造成面层污渍或滑倒行人 |
| 绿化覆盖率 | 植草腔内草生长空间小，生长状况一般<br>混凝土包草模式，单位面积内植草面积占比小于混凝土面积 | 表面承载体为独立的小桩，草生长空间大，生长状况良好<br>草包混凝土模式，单位面积内植草面积占比大于混凝土面积 |
| 工序及成本 | 施工工序多、单项造价低、易损坏；后续需要经常维护，综合总价高 | 施工工序少、单项造价高、使用寿命长；无需维护，综合总价低 |
| 适用范围 | 仅适用于一般停车场 | 适用于各种停车场、消防通道 |

（4）工程案例

## 公安县天露湖生态停车场

天露湖国家生态农业公园落户于湖北省公安县，该项目核心区位于孟家溪镇青龙村。生态停车场占地面积为 6750m²，为较规则的长方形，长 125m，宽 54m。该停车场面积较小，服务对象为停车场附近的小景区游客和公园办公中心施工人员。

为了使本项目效益最大化，节约建设成本，植物品种多选用公安县适应性较强的乡土树种，如杜英、栾树、广玉兰等，同时保留场地原有树种如黄连木等并进行造景。为了保护公园生态环境，停车场的设计需要满足上能遮阴、下能透水的功能。在具体设计中，采用高大且冠幅较大的乔木，如桂花、广玉兰、杜英等，枝干独立、分支点高、少有落花落果，可用作车辆的遮阴树，至少为车辆遮挡三分之一的日晒。下能透水体现在场地的铺装样式与排水形式中，铺装采用透水砖与植草砖相结合，排水采用明沟排水，改善地表径流，避免停车场雨天积水。（图 2.2-1）

图 2.2-1 公安县天露湖生态停车场效果图

（5）应用效果

生态型停车场高绿化、高承载，既具有普通停车场的使用功能，又利用绿化植物改善既有城市住区环境、降低场地及车内温度，符合节约、生态景观的建设理念，值得推广应用。

### 2.2.2 住区智能快递箱美化更新技术

（1）技术内容

随着电子商业的发展，快递业呈现持续上升的态势，尽可能将邮政服务场所纳入更新改造内容，既可解决居民寄件难、取件难的问题，也有利于住区安全、环境整洁与社会管理。

智能快件箱高约 2m，分隔出不同尺寸的格口，格口能够容纳小件物品，柜体两侧安装有视频监控系统，柜体中部是由触摸屏、键盘、支付终端、二维码扫描仪、凭条出口及控制系统等组成的自助支付终端，支持消费者全程自助取货及支付，是一种集快件投递与提取等多种功能于一身的 24h 自助服务设备。智能快件箱的功能包括基本功能、辅助功能和增值服务功能，如图 2.2-2 所示。

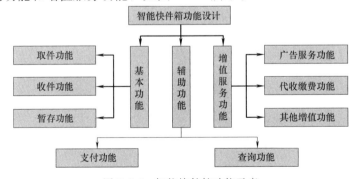

图 2.2-2 智能快件箱功能示意

（2）适用范围

对于原本没有快递设施的既有城市住区，在具有充足的安放智能快递箱空间的前提下，可进行智能快递箱的安放；对于现状快递设施破旧不堪的既有城市住区，可直接进行智能快递箱的美化更新。

（3）技术要点

街道、社区应对智能快件柜设置和后期运营维护发挥作用，合理进行智能快递箱的布局规划，既有城市住区应为其提供适宜的设置场地，降低其进入住区的门槛，有条件的住区可以配套建设电子商务与快递物流终端设施。

（4）工程案例

---

### 上海市浦东新区金杨新村街道社区

上海市浦东新区金杨新村街道所辖的居住小区基本都引进安装了智能快递柜，其覆盖范围满足居民步行五分钟距离之内，极大地方便了居民日常接收快递与寄送物品的需求，提升了互联网时代的生活效率与生活品质。（图 2.2-3）

图 2.2-3  金杨新村街道社区既有小区内的智能快件柜

---

（5）应用效果

智能快递柜保证了住区的干净整洁，解决了既有城市住区收放快递空间不足的问题。

## 2.3  市政设施美化更新技术

### 2.3.1  住区四网融合技术

（1）技术内容

建设"电网＋互联网＋电视网＋电话网"四网融合的光纤通信系统，实现能源与信息通信基础设施深度融合，构筑能源与互联网发展新格局。由机房至入户光缆采用低压电缆复合光缆（简称 OPLC）及管道光缆作为四网融合传输介质，采用 GPON 无源光网络技术组建四网融合通信系统。

　　住区的公变配电房新出 OPLC（光缆复合低压电缆），沿新建低压电缆走廊敷设，沿线新装光电交接箱、安装挂墙式通信箱，根据梯口户数通信箱内配置多个 1：8 分光器作为三大电信运营商/电话/电视预留接口，入户光缆为 4 芯用于四网融合业务。（图 2.3-1）

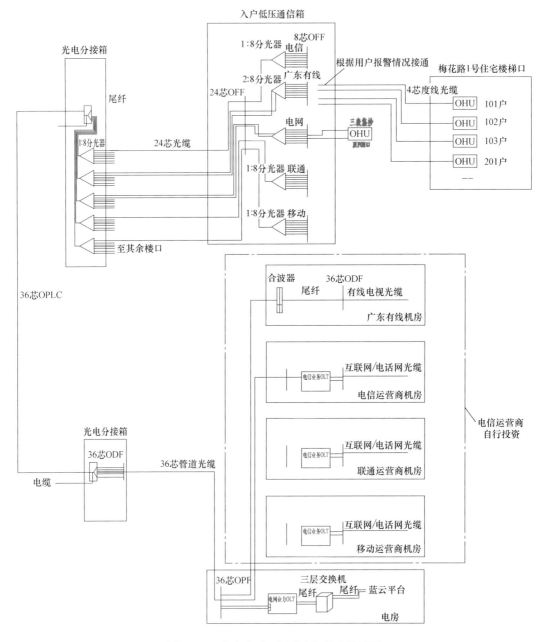

图 2.3-1　广东省"四网融合"技术路线图

（2）适用范围

适用于因电力架空线、通信光纤、同轴电话线等多类架空线路，导致线路冗杂、线路乱摆乱放、运维不到位等问题，影响社区美观，同时造成安全隐患的既有城市住区，通过"四网融合"整体改善和提升住区空间景观，并致力于打造具备"高新技术"特征的住区模式。

（3）技术要点

OPLC光纤复合低压电缆集光纤、配电线路于一体，融合了光纤通信与电力传输的功能，具有占用空间小、避免二次布线的优点，符合资源共享、绿色、环保理念。OPLC光纤复合低压电缆示意图如图2.3-2所示。

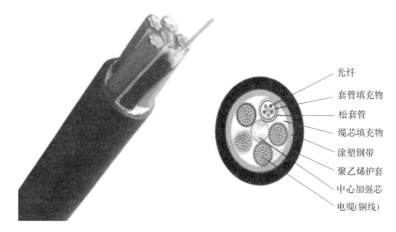

图2.3-2　OPLC光纤复合低压电缆示意图

2014年国家出台了《额定电压1kV（$U_m = 1.2kV$）及以下光纤复合低压电缆》GB/T 29839—2013的国家标准，规定了额定电压0.6/1kV及以下的光纤复合低压电缆的代号、规格、型号和标记、材料、技术要求、标志、交货长度、试验、检验规则、包装、运输和贮存。自此，光纤复合低压电缆成为具备国家标准的产品。"十二五"初期，国家电网出台电力光纤到户试点建设方案，并相继在河南、天津、沈阳等多个区域开展了基于OPLC技术的电力光纤到户试点建设，并取得了良好成效。自2014年起，南方电网也相继在中新知识城、增城等区域开展了基于OPLC技术的四网融合建设工作，项目已顺利投产至今运行良好。

（4）工程案例

**广州市越秀梅花村、广州市旧南海县社区、广州市荔湾永庆坊片区**

2017年底，广州成为唯一入选国家住房和城乡建设部老旧小区改造试点的一线城市。2019年6月，国务院常务会议对推进城镇老旧小区改造进行了部署，提出要

"重点改造建设小区水电气路及光纤等配套设施"。在广州市政府的支持下，2019年，广州电力公司与通信运营商、有线电视运营商通力合作，在越秀梅花村、旧南海县社区、荔湾永庆坊片区等多个老旧小区开展了"四网融合"项目建设。

政企联动。广州电力公司推动政府先后出台系列政策，推广采用"四网融合"模式整治老旧小区"三线"问题，同时配合政府编制相关的方案和技术指引，从技术规范、投资模式、运维管理、保障机制、业务运营等方面为"四网融合"改造推广提供明确指引；广州电力公司与广州 11 个区政府签订战略合作协议，共同推动示范项目落地。

随着"四网融合"示范项目的推进，老旧小区居民的体验也得到很大改善。改造后小区干净整洁，也消除了安全隐患。（图 2.3-3，图 2.3-4）

图 2.3-3　老旧小区"蜘蛛网式"线路　　　图 2.3-4　改造后的旧南海县社区

（5）应用效果

节省社会资源，提升社区美观度。结合既有城市住区现状供电系统及光纤通信线路敷设情况，通过投运 OPLC 光纤复合低压电缆，实现电力网、互联网、电视网、电话网的融合，充分利用既有住区有限的地下管线资源，不仅解决住区线路脏、乱、多的问题，提升住区的美观度，同时节省社会资源，减少重复投资。

通道独立，公平开放，不影响各运营商的自由接入用户。各运营商采用同一光缆的不同纤芯进行信号传输，各运营商 OLT、ONU、分光器独立配置，公平开放，以供用户自由选择业务类型。

实现线路的统一建设及管理，降低运维成本。OPLC 为四网统一维护管理提供基础，可有效降低建设成本、运维成本，实现社会成本最优化。由供电局对光纤复合电力配电网进行集中建设及管理后，不仅在建设初期减少了多家运营商在住区内的通信线路建设成本，同时也由供电局承担了后期住区内电力、通信线路的统一运行、维护、检修等工作，为各运营商、住区居民提供了便利。

**2.3.2　既有城市住区智能化垃圾分类技术**

（1）技术内容

手机 APP 系统：手机 APP 系统以垃圾分类工作为根本，分用户和管理员界面，主要功能涵盖扫码取袋、废品回收、垃圾分类、抽检评分、每日一袋、闲置好货以及积分体系等。（图 2.3-5，图 2.3-6）

图 2.3-5　手机 APP 系统界面

图 2.3-6　主要功能示意图

后台管理系统：后台管理系统实现与手机 APP 系统、智能设备的数据实时传输、管理和远程监控；实现对用户的垃圾分类信息进行管理、对垃圾分类社区工作宣传设施评分、溯源评分、清运工作评分等功能。（图 2.3-7）

图 2.3-7　后台管理系统界面

垃圾分类监控中心：垃圾分类监控中心是垃圾分类综合服务体系，可帮助管理人员实现对居民信息进行数据采集，对居民垃圾（袋）投放数据、垃圾分类抽检评分数据、线上线下居民学习交流数据、可回收品收集减量数据、各类可回收垃圾回收占比、分类收集分类运输管理数据、餐厨垃圾处置数据等进行实时监控，此监控中心可免费升级为街道级监控，可控 50 个小区。具体建设方案及相关配置由双方协商制定。（图 2.3-8）

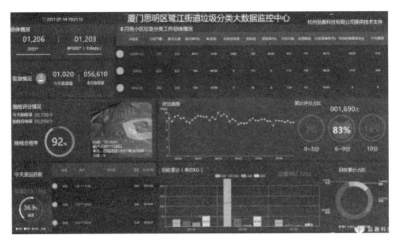

图 2.3-8　垃圾分类监控中心界面

（2）适用范围

智能化生活垃圾分类工作可以进一步改善人居环境和生活品质，美化城市既有城市住区风貌，提升新型城镇化质量和生态文明建设水平。

（3）技术要点

智能垃圾袋发放设备：智能垃圾袋发放设备可以发放厨余和其他类型垃圾袋，以旧南海县社区的具体情况为例，约 70 户配备一台智能垃圾袋发放机，即配备智能垃圾袋发放机 26 台及配套垃圾袋，每户居民每月可通过手机 APP 或智能卡在智能垃圾袋发放机上领取厨余垃圾袋和其他垃圾袋各 30 只，垃圾袋的颜色根据当地政策或采购方要求确定并生产。（图 2.3-9）

产品功能：智能取袋，用户可通过手机 APP 扫描取袋；内置读卡器，可刷卡取袋，方便不同人群使用。无线通信，采用 4G 无线通信，24h 全天服务，设备状态实时更新。数据绑定，设备可扫描识别垃圾袋的唯一二维码。视频播放，屏幕左侧全天宣传垃圾分类知识，右侧实时展示住区用户垃圾分类得分排名。

智能可回收垃圾投放箱：智能可回收垃圾回收箱可投放纸张、玻璃、金属、塑料四种常见可回收垃圾。设备通过识别手机 APP 或智能卡上的二维码打开不同箱门，垃圾投放后自动称重并上传数据。以旧南海县社区具体情况为例，将在社区人流集中处或社区出入口分别配置智能可回收垃圾投放箱 2 台。

产品功能：无线通信，设备采用 4G 无线通信，24 小时全天服务，状态实时更新。自动称重，用户投放垃圾后，设备自动称重并语音播报重量；称重数量实时上传至系统后台和用户账号。满箱预警，每个箱门上方装有满箱感应，满箱后向后台发送信息，此时该箱门不可开启，并在显示屏提示满箱。数据绑定并实时传输，居民用手机 APP 系统或智能卡扫描投放，投放种类和重量会和居民信息实时绑定记录并上传到后台，后台可查询每次投放信息，方便统计。

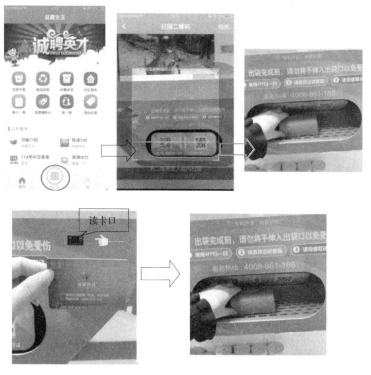

图 2.3-9　手机 APP 或智能卡取袋操作流程

家用垃圾桶：以旧南海社区为例，共计 1840 户，按照每户一只配备家用两分类垃圾桶 1840 只，桶的颜色标识按照当地政策或者采购方要求制作。（图 2.3-10）

图 2.3-10　智能可回收垃圾投放箱（左）和家用垃圾桶（右）

（4）工程案例

## 深圳市盐田区互联网＋垃圾分类项目

前端分类投放全覆盖。深圳市盐田区采取"互联网＋"智能化管理模式，在全区投放了 618 套智能化垃圾分类回收设备，分布在各个物业小区、城中村、机关企事业单位、学校等场所。盐田区定期组织小区物业和居委会、志愿者等进小区、访住户,开展"资源回收日"等系列宣传活动,提升居民责任意识。按照物业小区数量,以1:1的比例聘用督导员、5:1的比例配备指导员,每天早晚居民垃圾投放"高峰时段",在设备旁指导分类。同时为提升市民的参与感和获得感,对参与分类的民众赠送"碳币"和小礼物,努力引导居民自觉参与、源头分类、家庭分拣、精确投放,养成垃圾分类良好习惯。

中端分类收运全覆盖。对不同分类垃圾进行专车专运,有效避免"先分后混"而造成"二次污染"。

末端分类处理全覆盖。垃圾分类处理集中在循环基地进行,包括可回收物精细化分类、废旧家具拆解、有害垃圾无害化暂存、园林绿化垃圾粉碎就地处理等,基本实现分类垃圾资源化利用。

全程智能监管全覆盖。每个后端处理环节的实时影像都通过监控镜头传回中控中心。"实时监控、防止回流",垃圾减量效果显著。前端分类设备安装称重统计系统,处理基地安装过磅计量系统,可实时检验二者统计数据是否相符;垃圾收运车辆上安装定位系统,以规范收运路线,消除垃圾非法外运隐患。

开发监管平台。为实现对垃圾分类的前、中、后端有效管理,开发"互联网+垃圾分类"大数据监管平台和手机APP监管平台,构建全过程、全链条智能化监管体系。(图2.3-11)

图2.3-11 深圳市盐田区互联网+垃圾分类效果图

## 上海市浦东新区金杨新村街道社区的垃圾分类管理

上海市浦东新区金杨新村街道社区建立了垃圾分类收集管理体系,垃圾收集点全部更换为分类收集装置。其中可回收垃圾还配置了智能收集装置,可以即时称重、给予市民会员卡现金返利或积点回馈,鼓励居民的垃圾分类行为;垃圾收集点可覆盖全部的居住小区,每天定时开放,同时有志愿者进行监管,并配备完善的视

频监控设备，协助居民养成良好的垃圾分类习惯。（图 2.3-12）

图 2.3-12　金杨街道社区的垃圾分类回收点、宣传牌和监控设备以及可回收垃圾智能收集箱

（5）应用效果

有效保证住区环境卫生干净整洁，实现垃圾减量与再利用，有效提升垃圾智能化分类收集覆盖率、城区餐厨垃圾资源化利用率、生活垃圾无害化处理率。

## 2.4　道路系统美化更新技术

（1）技术内容

花境是园林绿地中又一种特殊的种植形式，是以树丛、树群、绿篱、矮墙或建筑物作背景的带状自然式花卉布置，是模拟自然界中林地边缘地带多种野生花卉交错生长的状态，运用艺术手法提炼、设计成的一种花卉应用形式。

入口、路缘花境：入口、路缘花境是单面观赏花境，位于道路边缘或公园入口左右两边，呈长轴型。多以建筑物、矮墙、树丛、绿篱等为背景，前面种植较低矮的边缘植物，整体造型前低后高。

街心花境：道路中央花境起到了分割道路的作用，一般为双面观赏花境。双面观赏花境是指可供两侧或多面观赏的花境。

道路转角花境：为不遮挡视线、保证通行安全，道路转角花境一般较低矮，以观赏草本为基本配置模式，只在拐角内部种植观叶观花乔木。

（2）适用范围

既有城市住区入口处若空间充足，则可视空间情况进行花境设计；与建筑具有一定距离的路缘处及道路街心、环岛、转角处，在不遮挡视线的情况下可进行花境设计。

（3）技术要点

改造的道路花境采取有主题的设计，整体造型骨架多采用山石、金属雕塑，搭配与主题相关的造型小品，如动物、荷叶、书卷、白墙黑瓦等。花境从空间层次可以分为三层：前景、中景、背景。单面观花境是把最高的植物种在后面，双面花境则是种在中间，两者都是通过与景石、景墙、立体雕塑结合，作为主景或背景；高低错落、叶色多样的球状、篱状灌木构成中景；最矮的植株种在前面或四周，适当地把一些高茎植物前移，花境的整体景观显得色彩明艳、层次分明、错落有致。（图 2.4-1）

图 2.4-1　道路转角景墙花境图（左）、单面景墙花境（右）

（4）工程案例

### 佛山市禅城区城门头西路

禅城区园林绿化养护中心首次在"两园"试点打造了约 3500m² "花境"，缤纷的花色和持久的观赏期深得街坊们青睐。经过一年时间的不断学习和摸索，园林部门首次将这绣花般的造景技术推广运用在道路绿化中，在区内城门头西路、佛山大道、岭南大道这 3 条道路成功打造了近 500m² 的"花境"。

"花境"模拟自然界野生花卉交错生长的状态，经过艺术提炼而成，以多年生花卉为主，搭配其他花卉、花灌木、观赏草等。（图 2.4-2）

图 2.4-2　城门头西路道路花境

（5）应用效果

丰富既有城市住区色彩、提升既有城市住区景观品质。花境与文化艺术结合，增强了景观的魅力。道路花境植物应多样化，植物特性与文化艺术相合，加强花境植物后期管养，形成长效景观，以提升住区景观品质。

## 2.5 既有城市住区现状三维扫描技术

（1）技术内容

三维扫描是指集光、机、电和计算机技术于一体的高新技术，主要用于对物体空间外形和结构及色彩进行扫描，以获得物体表面的空间坐标。前期勘测运用的移动三维扫描技术，具有更快的扫描仪、更简单的操作和更多的通用性。生成 3D 点云以及轨迹文件，提取的文件与所有主要的行业标准后处理软件兼容。（图 2.5-1）

图 2.5-1 三维扫描技术示意

（2）适用范围

由于 ZEB-REVO 具有设备便携、操作简单、采集效率高、灵活性高等特点，广泛适用于建筑、BIM、封闭空间信息采集、室外大比例尺测图、地铁隧道、矿山、计量、林业、船舶、事故现场等领域。

针对既有城市住区风貌提升与环境美化，移动三位扫描技术可迅速构建建筑立面矢量数据，便于对立面进行精确的改造设计。（图 2.5-2）

（3）技术要点

三维扫描设备可采集环境信息的最大距离为 30m，数据采集率为 43200 点/s，可采集环境信息角度视野为 270°×360°，即水平方向可环绕一周，垂直方向可采集角度为 270°。三维扫描设备提供可拆卸手柄，也可以是杆式或车载。

（4）工程案例

图 2.5-2　三维扫描技术效果

## 锦州市北镇庙三维数字化保护项目

北镇庙三维数字化保护项目采用了三维扫描技术，针对北镇庙现存的古建筑、石碑、遗址、牌坊等文物进行三维数字化采集，分别采用地面大空间三维激光扫描仪、手持三维扫描仪、无人机等设备获取文物的三维点云数据、三维模型等信息。

工程师利用 Artec 手持三维扫描仪对北镇庙现存的石碑进行三维扫描获取三维模型。在完成地面三维激光扫描仪、手持三维扫描仪对古建筑、石碑的细节精细化信息采集后，采用无人机倾斜摄影建模技术对整个古建筑群进行快速三维信息采集建模。（图 2.5-3）

图 2.5-3　根据点云数据获取影像（左）、Artec 手持三维扫描仪（右）

（5）应用效果

三维扫描技术可以在几分钟内完成测量，比传统测量或地面激光扫描更加便捷高效，相对于传统的数据采集设备，其效率有数十倍的提升，扫描效果呈现的质量更高。

# 3 停车泊位容量提升技术

## 3.1 升级停车设施设备，提高停车泊位容量技术

### 3.1.1 建设安装自走式停车设施设备提升泊位容量技术

（1）技术内容

利用既有城市住区腾退用地、闲置用地、拆违用地。当占地面积较大，短边长度大于 18m 时，可建设安装自走式停车设施设备（可采用简易钢结构形式作为停车设备，免予办理规划审批手续）。同时应关注交通组织，当停车场临主干路时，可在侧面开口，避免排队车辆溢出至主干路。停车设施设备布局形式可根据需要采用平楼板、斜楼板、错层式。自走式机动车停车设施设备具有存取车方便、迅速，无噪声、无故障、无需维修，使用年限长，管理方便（可实现无人智能管理）的特点。

（2）适用范围

政府在既有城市居住区周边利用通过拆违、腾退得到的用地或闲置用地，或通过分层规划，在广场、公园、绿地下建设安装，用地面积较大的，可建设安装自走式停车设施设备（如北京市东城区青龙胡同停车场）；既有城市住区项目整体改造，可整体开挖住区花园、地面停车场等开放空间，配套设置机动车出入口，改造后车位数能大幅增加（如比利时安特卫普学校改造为居住建筑时增建地下车库）。

（3）技术要点

自走式停车设施设备需要较大的用地面积，往往由政府主导，由政府提供土地，常涉及拆迁、腾退。可由政府来建设安装并主导运营，也可采用政府与社会资本合作（PPP）方式，政府让渡一段时间内的停车费用收益权，由社会资本来进行建设安装和运营，从而占用较少的财政资金。

停车设施设备建设安装后，应充分考虑居民支付水平，确定停车价格，合理确定停车费用。对于满足条件的居民（如家庭户籍以及名下唯一车辆登记地址均在停车设施设备周边），提供较为优惠的长期停车价格。

（4）工程案例

### 海口市三角池智慧停车库

海口市三角池居住区，通过地下空间挖潜，建立智能停车系统三角池智慧停车库。仅占地面一间房的空间，地下有 300 个停车位。车停入地上车库后，人即可离

开，智能设备可帮助车自行停入地下车位。（图 3.1-1）

图 3.1-1　海口三角池智慧停车库

## 北京市青龙胡同自走式停车设备

北京市东城区青龙胡同停车设备位于北京市二环内核心区，西侧是雍和宫和簋街，东侧是东直门商圈，日间社会公共停车需求旺盛；夜间周边胡同居民停车需求旺盛。该停车场由北京市政府于 2016 年投资，占地 2500m²，采用简易钢结构，错层式紧凑布局，地上 4 层提供约 300 个停车位。（图 3.1-2）

图 3.1-2　北京青龙胡同自走式停车设备

## 比利时安特卫普学校改造为居住增建地下车库

该项目名为 Mere Jeanne housing project at Tabakvest，是一个将学校更新改造成住宅的项目，以前校园的教室、剧院、体育场和学校教堂现在被改造成了 37 个住宅单元。在改造时，开发商将原有学校的操场进行整体开挖。在长 50m、宽 18m 的操场下建设了具有 42 个泊位的机动车地下一层停车场。该停车场用地紧凑，独立承重。在地下停车场能够看到相邻建筑地下一层的墙面，即地下停车场与相邻建筑之间实现了零间距的土地紧凑利用，这需要高超的施工技术，同时也突破了我国现行的建筑规范。（图 3.1-3）

图 3.1-3　地下停车场位置示意图

该地下车库仅设置了一个单车道出入口，同样突破了我国现行规范。但是该项目通过智能车库门装置和城市道路空间，巧妙地解决了错车问题：车库门保持关闭状态，仅有车辆进出时才开启。如果同时有两辆车，一辆车要进入车库，一辆车要驶出车库，那么车库门会保持关闭状态，阻止车辆进入，让其在城市道路上等候（居住区道路车流量小，30s 左右的等候并不会造成拥堵）。待另一车辆驶出后，门外车辆方可进入车库。同时，车库坡道上方采用了绿化设计，增添了小区的绿化和品质。（图 3.1-4）

图 3.1-4　地下车库出入口

（5）应用效果

自走式停车设施设备使用、维护方便，运营维护费用低，存取车迅速，仅需投入少量的管理资源。同时，自走式停车库停放较为简单，对社会车辆、临时访客较为友好。自走式停车库投入后不仅能够缓解停车紧张的问题，而且因为其使用管理简单，能够适时向社会开放，运营成本低，也可减小居民的负担。

### 3.1.2 安装升降横移类机械式停车设备提升泊位容量技术

（1）技术内容

利用既有城市住区无景观和遮挡问题的零散用地安装升降横移类机械式停车设备（图 3.1-5），或将层高、防火分区、疏散满足条件的地下停车库改造扩容，可采用地上式（二～五层）、半地下式（地上一～二层，地下一～三层）。

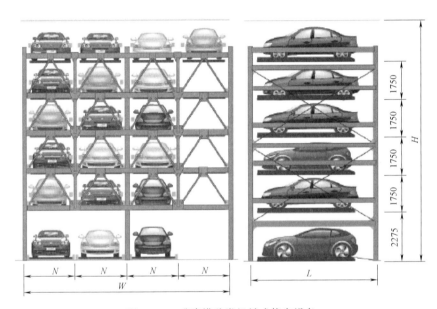

图 3.1-5 升降横移类机械式停车设备

（2）适用范围

原有居住区露天停车场改造；不存在遮挡问题的院内空地（小区独立空地，机关单位）；地下车库新建或改建。

（3）技术要点

机械停车设备市场占有率：83%；单车最大进出时间：35～170s；

造价：地上两层约 2 万元/泊位，地下一层或地上两层约 2.5 万元/泊位；维护成本：30～50 元/月/泊位；

施工周期：1～2 月。

落实途径：升降横移类机械式停车设备可灵活布置，若在既有城市住区中的居住小区内建设安装，设计、建设安装、运营方案应充分征求居民意见。成立业主大会和业委会的居民小区，由业主大会和业委会来组织居民意见征集；尚未成立的，可由社区居委会来组织。

居民利用自有用地安装升降横移类机械式停车设备，可采用简易审批手续，免予调整用地性质手续，但应严格满足消防和设备质检要求。若设备不超过两层，不需要开展基础工程，建设安装过程较为简单。

建设安装资金可由业主提供，或者由社会资本提供，通过停车收益收回。设备的运营一般交给小区物业，同时停车设备企业定期进行维护保养。

（4）工程案例

### 北京市中海雅园居民自发建设安装升降横移类机械停车设备

北京中海雅园是 1999 年建成的高档小区，总占地面积为 6.25hm²，整个小区由 8 栋 16～18 层的高层住宅和 9 栋 10～11 层的小高层住宅组成，总户数 1112 户，居住人口约 4000 人。中海雅园院内已有的大约 620 个停车位主要包括：地下停车库约 100 个车位，东侧一个早年修建的简易升降机械式停车设备，约 130 车位。由于修建年代早，其车位尺寸偏小，无法停放长度 5m 或 SUV 类型的大型车辆；西侧有一个地面停车场，仅有 10 个泊位。由于小区里停车位不足，小区北门外的北洼西路两侧长期停放车辆，造成本来就不算宽敞的北洼西路行车困难。车位短缺问题已严重影响周边行车秩序和居民日常生活，更给小区消防带来严重隐患，解决停车难的问题迫在眉睫。

根据业主委员会的申请和呼吁，业主通过众筹形式，利用地面停车场安装机械停车设备，将原先 10 个泊位增加到 50 个泊位，每个车位的安装成本 3.1 万元。业主约 5 万元购买 30 年使用权，设备公司赠送 2 年的维护服务，后续 30～50 元/泊位/月，2 小时就全部售完。目前该停车设备由物业管理，停车设备企业定期维护，运行良好，业主自助操作存取车。（图 3.1-6）

图 3.1-6　北京中海雅园居民自发建设安装的升降横移类机械停车设备

### 3.1.3 简易升降类机械式停车设备建设安装技术

（1）技术内容

利用既有城市住区各类零散用地（包括建筑间空地、小区边界条形用地、消极空间、拆违空间、北方锅炉房堆场）建设、简易升降类机械式停车设备。可采用地面1层，地下1~3层的安装形式（图3.1-7）。该技术具有以下特点：

故障少：只有升降两个动作，传动和维护要求低、故障率低；

无遮挡：只有出入车几分钟内相应的车位才会升起，没有遮挡问题；

无噪声：机器都在地坑里，运转的声音地面几乎听不到；

出车速度快：每套设备都能独立升起，同时可取多辆车，司机不用等待；

可靠的防雨水系统：排水系统确保雨水流不到坑里；少量雨水渗入可随时排放。

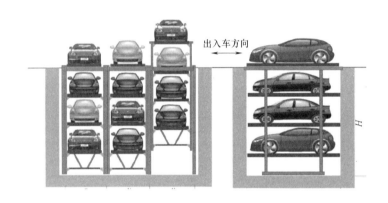

图 3.1-7  简易升降类停车库

（2）适用范围

简易升降类机械式停车设备因为其浅开挖、无遮挡、无噪声的特点，可以在小区内的各个零散用地上进行安装，例如小区内沿小区边界条形场地、建筑前空地，各类机关单位院内也可安装。

（3）技术要点

机械停车设备市场占有率：10%；单车最大进出时间：30~110s；

造价：地下2层、地上1层约3万元/泊位，地下3层、地上1层约4万元/泊位；维护成本：30~50元/月/泊位；

施工周期：2~3月。

落实途径：首先需考察适用的土地，重点排查地下是否有重要市政管线和化粪池，若仅是小区内部管线，也可通过工程手段进行改线；然后需要进行方案设计和居民意见征集，得到三分之二的居民同意后，可以进行项目报批、安装手续，安装完成后转交给运营单位进行运营管理。

（4）工程案例

### 北京市东城区车辇店胡同停车场

车辇店胡同停车场于 2011 年建成，占地 2698m²，采用地下 3 层、地上 1 层简易升降类机械式停车设备，提供机械车位 170 个，单车最大存取时间仅 40s。该项目地处居民生活胡同区，随着人民生活水平不断提高，停车位严重不足，经常因随意停车造成交通拥堵。同时居民对设备的噪声、遮挡问题也十分敏感。而地下 3 层、地上 1 层简易升降类停车设备的选用，较好解决了这些问题，在原有面积上提供了 192 个停车位，缓解了当地停车难的问题。此外这种设备平时降至地下，地上无遮挡，传动噪声小，适宜安装在距离居民楼很近的地方：如老旧小区、胡同、大院等现有停车场地的改造；简单实用，维护方便。

车辇店胡同停车场是北京市解决胡同停车问题的第一个胡同停车场，采用地下三层、地上一层简易升降类机械停车设备。由政府提供土地，投资设备，然后承包给企业运营。停车场紧邻胡同住宅，旨在解决周边居民基本车位问题，同时白天社会车辆也能停放。安装初期，个别居民对停车场存在顾虑，担心会有噪声和遮挡问题。但是项目建成后，停车场运营良好，设备噪声低，不仅仅满足国家标准，居民在住宅内，根本听不到设备运转的声音。目前该停车场的车位已全部出租给周边近 200 户居民，避免胡同的停车秩序进一步恶化。（图 3.1-8，图 3.1-9）

图 3.1-8　复位状态无遮挡问题

图 3.1-9　抬升状态

（5）应用效果

简易升降类机械停车设备对场地面积要求极小，而且不存在遮挡、噪声问题。排除小区重要地下管线问题后即可安装，而且同时兼备造价低和空间利用率高的特点，在既有城市住区停车设施升级改造中存在巨大潜力，建成后能够实现车位倍增，在一定程度缓解停车供需矛盾。同时配合交通组织优化，逐步消除占用应急车道、慢行空间和公共空间停车的现象，大幅改善小区停车秩序。

## 3.2 道路空间挖潜提升泊位容量技术

（1）技术内容

当前既有城市住区部分道路树池与路缘石之间间距较大，建筑前区宽度过大，车道数过多，双行交通组织混乱，不仅造成断面资源浪费，还引起错车困难、居民进出不便、交通拥堵等交通秩序问题。可通过适当削减车道数、改双行为单行、压缩消极断面空间（树池与路缘石距离、建筑前区）等方式为设置路内或路侧停车位腾出空间，适度增减路内或路侧停车位，同时优化交通组织。需配套住区交通组织、停车组织，降低对住区内交通通行的影响。

（2）适用范围

部分内部道路较宽，且饱和度较低的住区；部分产权单位过多，围墙过多，交通秩序混乱的住区，单位分房时代留下了大量的此类住区，每个产权单位仅有一到两栋楼，但却通过围墙将不同单位分隔开，造成道路狭窄，交通流线复杂混乱。可拆除围墙，优化交通流线，并将拆除围墙腾出来的断面资源设置路边停车位。

（3）技术要点

环境影响度：较低，利用现有道路空间，未占用公共和绿化空间。

改造成本：较低，主要是道路改造的工程费用，约1万元/车位～2万元/车位。

管理水平要求：低。

运营维护成本：低。

既有城市住区内道路产权复杂，道路更改往往需要政府主导。由城市政府或基层政府主导，在交管部门配合下，制定道路断面更改、交通组织优化方案，充分征求居民意见，并通过相关审批后，方可实施改造。

（4）工程案例

---

### 海口市三角池居住区周边泊位共享停车

三角池居住区通过道路分级、规范住区周边交通秩序、整理周边停车位、统筹管理、整理零散空间、实现再利用等方式，最终整理地上地下共1000个停车位。（图3.2-1）

---

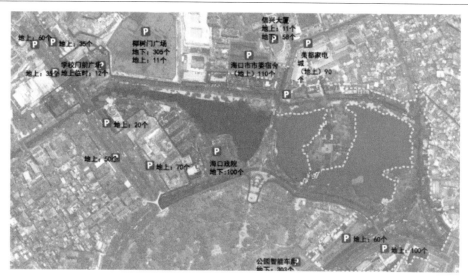

图 3.2-1 海口三角池居住区周边泊位共享停车

## 杭州市塘河新村、余杭塘路社区停车改造案例

塘河新村、余杭塘路社区位于杭州市拱墅区小河街道，建成于 20 世纪八九十年代，具有建筑间距小、人口密度高、老年人居住比例较高等老居住小区的典型特征。"塘河新村、余杭塘路社区交通综合治理"是 2014 年杭州老居住小区交通综合整治工程的典型案例。

项目位于杭州市主城中心区北部，占地面积 24.5hm²，整治范围内包含两个老小区，总户数为 4088 户，居住人口 11037 人，现状停车位 137 个，现有车辆 800 余辆，停车缺口 600 余个。塘河路、三宝西路、塘河二弄等 3 条小区级道路，在城市规划中的用地属性为城市支路，现状车道宽度均为 7m，另有塘河一弄、塘河三弄等 2 条组团级道路。3 条支路现状均双侧停车，随着近年来机动车数量的增多，路侧停车增加，中间车行通道不足 3m，消防和生命通道得不到保障，早晚高峰拥堵频发，小区内机动车倾轧绿化带的现象普遍。（图 3.2-2）

打通目前小区内各居住组团的封闭小门，在小区塘河路、塘河二弄、三宝西路三条道路上设置收费道闸，并通过单向循环组织交通，确保动静态交通有序化。通过道路拓宽、利用建筑后退距离、占用少量绿化空间等措施，增加划线停车泊位 276 个。通过错时停车、利用公园绿地等地下空间建设公共停车库等挖掘停车泊位 308 个。同时，通过庭院空间有序化等新增划线停车泊位 194 个。以上措施实施后，可新增停车泊位 778 个，加上现状泊位，可基本实现停车供需平衡。（图 3.2-3）

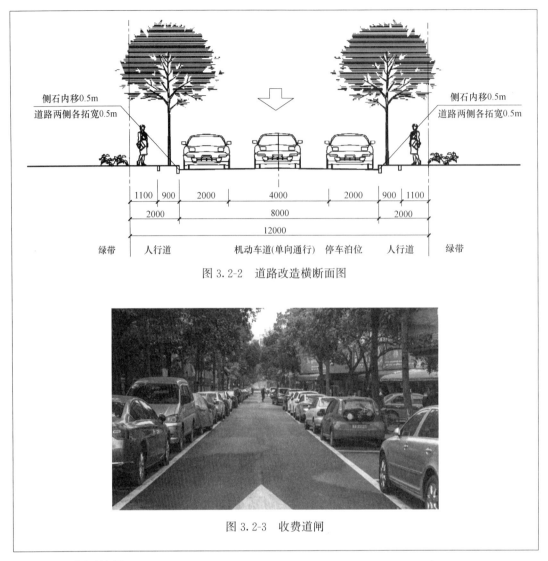

侧石内移0.5m
道路两侧各拓宽0.5m

侧石内移0.5m
道路两侧各拓宽0.5m

| 1100 | 900 | 2000 | 4000 | 2000 | 900 | 1100 |

| 2000 | 8000 | 2000 |

12000

绿带　人行道　　机动车道（单向通行）　停车泊位　人行道　绿带

图 3.2-2　道路改造横断面图

图 3.2-3　收费道闸

（5）应用效果

道路空间挖潜提升泊位容量技术虽然实施期间会短暂影响交通秩序，但主要是利用现有道路、围墙空间，建成后给住区带来的不良影响较小。

实施完成后，一方面能够增加泊位供给，另一方面，通过单行交通组织、拆除围墙等措施，能够大幅改善交通秩序，减少居民出入的延误时间，降低道路交通安全隐患。

## 3.3　错峰复合利用提高停车泊位容量技术

（1）技术内容

周边公建设施泊位共享技术。周边公建设施泊位共享技术，可应用于周边公共服

48

务设施用地、办公设施用地较多的既有城市住区。因为公共服务设施、办公设施所配备的停车场，使用高峰集中在日间，而住区停车高峰集中在夜间，时空分布的差异为泊位共享提供了基本条件。但是，由于所属主体不同，涉及安全、收费等诸多问题，协调住区与周边公建设施停车共享，需要政策、管理等多方面的支撑。

周边道路错时共享技术。周边道路错时共享技术，可应用于周边道路通行能力有富余的既有城市住区。在住区周边道路的次支路施划夜间停车泊位，在夜间交通量较低时可停放车辆，缓解既有城市住区夜间泊位的紧张情况。由于道路停车管理主体一般为城管部门、交警部门或停车管理公司，因此，在共享政策、管理方面比公建设施泊位共享的难度要低，可行性较高，并且在许多城市得以推广应用。

周边公共停车场泊位共享技术。周边公共停车场泊位共享技术，可应用于周边配备公共停车场的既有城市住区。若公共停车场在日间或夜间具有停放余力时，可对周边住区的居民停车开放，缓解既有城市住区的停车压力。由于公共停车场的管理主体一般为停车管理公司，在尊重其盈利的条件下，可以商定合适的停放费用和停放政策，可行性很高。但是，由于公共停车场资源有限，并不是所有住区周边都能具备公共停车场，因此应用程度并不高。

（2）适用范围

利用周边道路技术需要城市交通管理部门较大的管理投入，仅适用于停车供需矛盾突出的住区，并且该住区周边存在夜间可利用的城市次干路和支路，不应在对外交通干道、城市主干道上设置夜间临时停车位。利用周边公建和公共停车场技术适用于周边存在夜间车位富余公建和公共停车场的小区。

（3）技术要点

共享停车设施与住宅建筑距离：不宜超过300m，即步行5min距离；对于基本停车位缺口超过30%的居住区，不宜超过500m。

道路等级及饱和度：仅能在未承担城市防灾、疏散功能的次干路或支路上施划共享车位；日间道路饱和度不超过0.85，且夜间施划共享车位后，道路饱和度不得超过0.6。

管理需求：道路共享技术需要交通管理部门的管理执法，若夜间临时停放车辆未在早高峰之前驶离，会对城市高峰期交通带来巨大影响；周边公建和公共停车场车位共享往往涉及居民停车优惠价格的谈判与长期更新，以及居民资质的动态核查。

落实途径：利用周边道路技术因涉及利用公共道路，需要城市政府或基层政府主导，并征得城市相关部门的同意，若涉及小区内部道路的，还需征求居民意见。利用周边公建的，往往需要城市政府和基层政府搭建平台，给予居民适当优惠，核实符合条件的居民资质。利用周边公共停车场的，可通过政府优惠或市场方式解决，市场方式适用于一二线城市居民收入较高的小区。

（4）工程案例

## 深圳市共享平台案例

深圳交警自 2009 年建立全市停车场监管系统以来，已接入 5712 余家经营性停车场互联网数据，日均采集过车数据量达 660 万余条，成功搭建了海量的停车基础数据库。

在此基础上，深圳交警深度应用停车大数据，推进交通管理、便民服务发展，已推出景区和大型活动停车预约服务，缓解高峰期交通拥堵及停车难问题；停车数据共享应用，为市民提供无感支付、停车诱导等服务；以深圳市儿童医院等为试点预约停车，打通停车场与医院挂号之间的数据连接，缓解就医停车难问题等。

深圳交警计划推出"重点区域"便民化错峰停车服务，利用时空错峰特点，推进商业集市、购物广场、写字楼停车资源整合，为周边老旧小区、医院等停车供需矛盾较为突出的场所提供错峰停车服务。

此外，还将提供"共享闲置车位"，推动绿色出行。通过平台互联互通，利用 AI 智能分析，以地铁沿线周边停车场为主线，向市民提供地铁沿线周边停车场闲置车位信息服务，引导、鼓励市民就近停放，换乘地铁，促进绿色出行。

## 深圳市黄贝街道实现公建和小区共享错峰停车

黄贝街道是典型的老旧街道，由于早期规划的停车位无法满足现有车辆停放，"停车难"已成为社会治理的难点，也是辖区老百姓关心的民生问题。据统计，黄贝街道现有停车位的住宅小区 103 个，提供停车位 13868 个，已登记车辆总数 23424 个，车位缺口 11230 个，缺口较大。居民住宅区内由于停车难，车辆在夜间占用消防通道造成安全隐患。

为解决居民小区停车难这一民生痛点，黄贝街道迅速响应区委区政府相关部署，街道召集辖区各企事业单位、物业小区开展专题调研，对目前停车难问题的现状进行了梳理，指出党建引领物业小区治理的关键是要积极发挥街道党工委、社区党委、小区党支部统筹协调作用，在组织引领、协商共议、规则制定、执行控制等各环节中担当"统筹"和"主导"，在解决方法上要做好"摸家底"、"听意见"、"定方案"、"多协调"和"组织好"工作，发挥社会资源优势，切实解决居民停车难等民生问题。

征得辖区各方的意见建议，2020 年 1 月 19 日上午，黄贝街道在深圳古玩城开展党建引领物业小区"错峰停车"签约仪式。深圳古玩城、瑞思大厦等 2 家车位提供单位分别与辖区新秀村、东方都会、新湖村、黄龙小区、卧龙阁、深港建筑宿舍等 6 家居民小区签订《"错峰停车"共建协议书》。

（5）应用效果

错峰复合利用提高停车泊位容量技术能够充分发挥既有停车设施的潜力，从而提供既有城市住区停车设施的供给水平。尤其是在用地较为混合的既有城市住区，通过错峰复合利用，能够大幅提高面向居民夜间停车的车位供给。并且，该方法在设备、设施上的投入较少，包括部分交通管理标志标线、智能交通管理设施投入。但是相较于其他技术，错峰复合利用提高停车泊位容量技术对长期的交通管理投入要求较高。

# 4 能源系统升级改造技术

## 4.1 能源强度负荷预测技术

（1）技术内容

针对既有城市住区的负荷特点、信息获取的难易度、影响程度等，开发了基于抽样调研和蒙特卡罗模拟的人行为随机特征和建筑内房间占用表生成方法，并结合围护结构传热等负荷计算的其他部分，完成了住区建筑群完整的负荷计算，开发了既有城市住区负荷强度预测分析技术，可以更准确地反映住区随机占用及人的行为，用于提取住区中居民在宅及对能源设备使用的用能模式，并通过实际应用确定技术的可靠性与实用性。与以往研究多侧重于建筑围护结构物性与室外气象条件，而对住区中影响负荷最重要的因素——居民行为模式过分简化的传统方法相比，本技术可以在负荷预测过程中添加新的评价维度。对基于调研提出的典型既有城市住区夏季冷负荷进行了模拟与分析，结果表明，本技术相比通用能耗模拟软件中内置的人行为模型更具有合理性，对空调启停行为模拟并不直接取决于室外天气，避免了能耗模拟软件法对于住宅建筑空调行为出现的大量房间同时启停的不合理现象。（图 4.1-1）

（2）适用范围

该技术适用于我国各建筑气候区，各年代建立的既有城市住区能源系统升级改造项目。住区规模应至少包含一个以上的住宅组团，户数大于 200 户。技术应用时，应由改造设计单位协调提供建筑围护结构相关信息，住区既往改造信息以及住区人口结构构成等。

（3）标准依据（现行标准）

1）《既有建筑绿色改造评价标准》GB/T 51141

2）《民用建筑供暖通风与空气调节设计规范》GB 50736

3）《既有居住建筑节能改造技术规程》JGJ/T 129

4）《居住建筑节能检测标准》JGJ/T 132

（4）技术要点

1）对既有城市住区基本信息的调研和获取

影响住区能源负荷的基本信息包括住区建造年代、既往改造情况、围护结构物性参数等，这些信息作为负荷预测的根本，需要预先获得。同时，影响住区能源负荷波

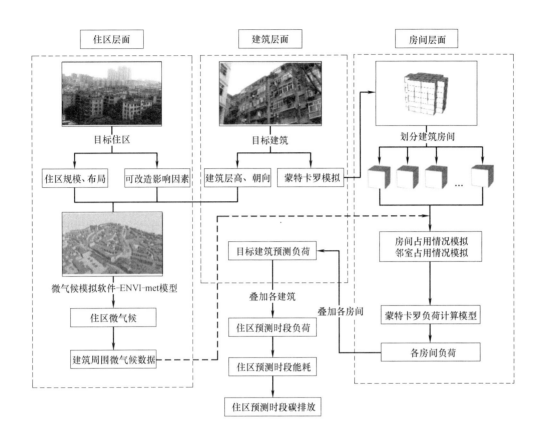

图 4.1-1 技术框架图

动的另一个重要因素就是住区居民的构成，它直接影响了住区建筑内人员占用情况，并间接影响了人员对室内环境的要求以及用能习惯、用能模式。为了对既有城市住区负荷进行准确预测，需要对既有城市住区人员结构进行调研，并对居民生活习惯、用能习惯进行抽样调研，调研设计的主要方面如表 4.1-1 所示。通过调研，生成如图4.1-2 所示的住区人行为模型输入参数。

| | | 调研涉及的主要方面 | 表 4.1-1 |
| --- | --- | --- | --- |
| 居民 | 家用设备 | 制冷、采暖 | 建筑 |
| 家庭结构 | 设备种类与数量 | 使用方式 | 自然采光条件 |
| 活动时刻表 | 使用时长 | 设备类型 | 开窗模式 |
| 节假日外出情况 | 使用方式 | 使用习惯 | 户型 |
| 洗浴频率 | 热水器类型 | 使用时长 | 窗户类型 |
| 节能意识 | | | |
| 做饭习惯 | | | |

| A. 住区整体人口结构 | | B. 各活动类型人员活动信息 | | | C. 各年龄人员信息 | | |
|---|---|---|---|---|---|---|---|
| | | a. 居家人员 | | b. 外出工作人员 | a. 年轻人　b. 中年人　　c. 老年人 | | |
| 1. 家庭结构（x 个年轻人，y 个中年人，z 个老年人） | 1. 上午外出概率 | 4. 上午外出时长 | 7. 上午外出时刻 | 1. 工作日期类型 | 1. 在宅时位置偏好（客厅/卧室） | | |
| 2. 年轻人中居家/外出人员比例 | 2. 下午外出概率 | 5. 下午外出时长 | 8. 下午外出时刻 | 2. 外出工作时刻 | 2. 夜间睡眠时空调是否定时，定时时长 | | |
| 3. 中年人中居家/外出人员比例 | 3. 晚上外出概率 | 6. 晚上外出时长 | 9. 晚上外出时刻 | 3. 到家时刻 | 3. 不同室外温度下开启空调概率 | | |
| 4. 老年人中居家/外出人员比例 | | | 10. 起床时刻 | 4. 起床时刻 | 4. 空调房室温偏好 | | |
| | | | 11. 入睡时刻 | 5. 入睡时刻 | | | |

图 4.1-2　住区人行为模型输入参数

2）人员在宅时刻表的生成

虽然通过抽样调研获得的单个人员全天的时刻表理论上可以作为时刻表的依据直接输入，但人员在一天中的作息时刻往往存在随机性，并且依据固定时刻表形成的住区整体占用情况其数值不够平滑，形成的结构很难充分反映住区负荷的随机性。住区中的各类人员由于处于同一气候区、同一文化，且经济条件往往近似，同类型人员理论上存在近似的模式，本技术并不探讨人的行为对于住区负荷的影响，而是尝试通过可行的信息获取手段，探究住区中潜在的模式对于负荷的影响，因此将调研得到的单个人员时刻表进行拆分，将各项汇总为其对应活动类型人员的整体时刻表分布。经过对家庭各成员在宅时刻表的模拟，可形成如图 4.1-3 所示的各类型人员全天随机时刻表。

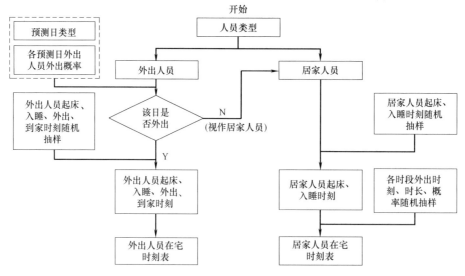

图 4.1-3　各类型人员全天时刻表随机建立过程

54

3）房间占用时刻表与设备使用时刻表的生成

对各时段各成员依次模拟其在户中的位置后，根据户中所有成员的信息，可以生成户中各房间的占用时刻表。各房间的占用时刻表还包含各时刻房间中的人数以及年龄，进而结合预测时段室外气温，可对房间的空调设备启停进行模拟。居民在家中的空调行为是一个非常复杂的行为。室外与室内空气参数、不同人员的热舒适度、在屋内停留的时间等诸多因素，影响了屋内的一个或多个居民是否共同决定开启空调。基于"同一类型人员在某一温度下，通常有固定比例的人倾向开启空调"的假设，本技术将房间内人员开启空调的随机行为，简化成不同类型的人员在不同室外温度下开启空调概率的关系。房间空调开启及设定温度随机模型流程如图 4.1-4 所示。

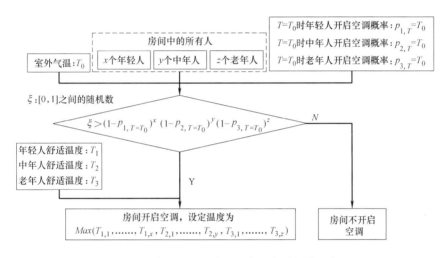

图 4.1-4　房间空调开启及设定温度随机模型流程

4）负荷计算误差检验

A. 基于当地典型气象年气候数据的负荷分析结果：

年逐时冷、热负荷与实测结果误差（$RSME$）＜5

月逐时冷、热负荷与实测结果误差（$RSME$）＜8

日逐时冷、热负荷与实测结果误差（$RSME$）＜20

单日峰值冷、热负荷与实测结果误差＜10%

B. 基于当地气象预报气候数据的负荷预测结果：

日逐时冷、热负荷与实测结果误差（$RSME$）＜20

（5）应用效果

基于本技术开发的既有城市住区负荷预测软件操作简单，可供实际工程中不具备能耗模拟软件基础的工程人员使用，在初步的实地数据调研和人口结构、用能习惯基本调研后，可以对改造住区进行快速评估与分析。软件可根据用户输入的建筑、布局、气象信息,对住区的供热、空调、电力、燃气负荷进行快速预测,供能源系统运维人员制定节能策略。软件可根据当地的典型气象年气候数据及住区信息,对全年各项负荷进行快速的预测及分析,支持对用户所输入的改造方案进行节能效果计算,为制定改造方案提供评估,具有广泛的应用前景。

## 4.2 清洁能源综合利用与规划技术

(1) 技术内容

既有城市住区清洁能源综合利用与规划新技术是针对不同既有城市住区的能源种类和形式,采用调研和实测的方法,研究与既有城市住区能源强度负荷相匹配的清洁能源高效利用技术。

既有城市住区清洁能源技术紧密围绕减小区域的碳排放、建设文明生态城区的目标,加强对可再生能源的利用,实现城市既有居住建筑可利用能源的高效利用与可持续发展,最终实现资源低消耗和低碳排放;同时,既有城市住区清洁能源技术遵循"开源节流、梯级利用、因地制宜、系统集成"的科学用能和系统规划思想。

本技术是在既有城市住区清洁能源替代规划中,采用情景分析方法,即通过对既有城市住区基本特征、用能负荷变化、气候分区、GDP、经济等多方面因素的综合假设,根据规划的部门结构,能够预测清洁能源需求,分析清洁能源供需平衡,从而实现对清洁能源适用潜力的整体规划,预测 10 年、20 年及 30 年清洁能源使用比例,提供能源高效利用策略。(图 4.2-1)

(2) 适用范围

本技术适用于我国各建筑气候区,各资源分布区既有城市住区能源系统升级改造项目,需对既有城市住区所处地资源情况调研分析,并结合能源负荷强度预测等技术,从而实现对清洁能源适用潜力的整体规划,预测 10 年、20 年及 30 年清洁能源使用比例,提供能源高效利用策略。

(3) 标准依据(现行)

1)《既有建筑绿色改造评价标准》GB/T 51141

2)《民用建筑供暖通风与空气调节设计规范》GB 50736

3)《能源管理体系 要求及使用指南》GB/T 23331

4)《既有居住建筑节能改造技术规程》JGJ/T 129

5)《居住建筑节能检测标准》JGJ/T 132

6)《既有住宅建筑功能改造技术规范》JGJ/T 390 等

(4) 技术要点

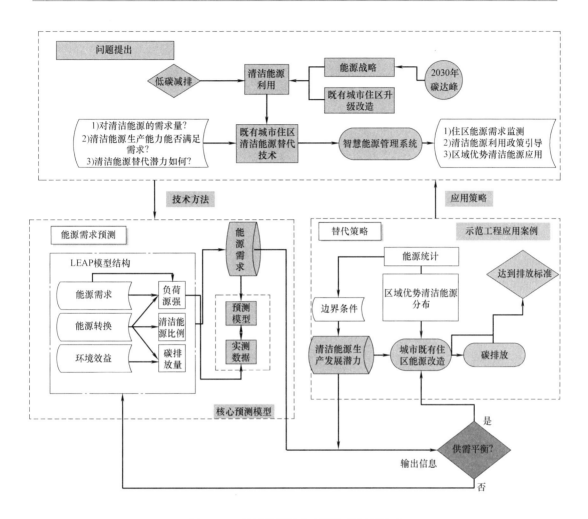

图 4.2-1 清洁能源综合利用与规划新技术

a) 应符合《既有建筑绿色改造评价标准》GB/T 51141、《民用建筑供暖通风与空气调节设计规范》GB 50736、《能源管理体系 要求及使用要求》GB/T 23331、《既有居住建筑节能改造技术规程》JGJ/T 129、《居住建筑节能检测标准》JGJ/T 132、《既有住宅建筑功能改造技术规范》JGJ/T 390。

b) 可再生能源利用系统的生活热水比例≥20%；太阳能热利用系统供暖空调冷热量比例≥10%；地源热泵系统的空调用冷量和热量比例≥20%。

c)《新能源示范城市评价指标体系及说明（试行）》要求：新能源利用量占总消费比重≥6%。

d) 能源效率提高：20%以上。

e) 清洁能源每节约 1 度电，减少 $CO_2$ 排放量为 0.997kg。

（5）应用效果

清洁能源综合利用与规划技术通过问卷调研的方式收集既有城市住区居民改造意向和改造需求数据，并对数据进行深入挖掘，利用 logistic 回归进行数据的深入分析，提出针对不同气候分区和不同能源负荷需求的清洁能源替代策略，并在长岛既有城市住区综合改造实际工程中应用。长岛既有城市住区综合改造工程清洁能源使用占比达到 100%，每年可替代 22 万 t 标准煤，减少 58 万 t $CO_2$ 排放、2000t $SO_2$ 排放、1600t 氮氧化物排放。此技术对其他地区既有城市住区清洁能源利用技术具有指导意义。

## 4.3 多能互补能源规划技术

（1）技术内容

多能互补能源规划技术以"校核能源系统多能互补改造可能性→能源系统负荷评估及预测→既有城市住区资源分析→既有城市住区微气候及其他影响因素→既有城市住区能源系统升级改造经济及碳减排计算"为思路，借助智慧能源数据及平台，对既有城市住区内用能数据（采暖、电力、燃气、空调能耗）实时监测和控制，基于前述"能源强度负荷预测技术"和"清洁能源综合利用与规划技术"，以终端碳减排和经济回收期为优化目标，分析多种能源利用技术组合方式，优化运行策略，实现节能减排。（图 4.3-1）

（2）适用范围

本技术适用于我国各建筑气候区，各资源分布区既有城市住区能源系统升级改造项目，需借助能源负荷强度预测技术、清洁能源综合利用与规划技术和智慧能源管理平台，从而实现对区域热网、区域电网、分布式能源系统的信息进行采集、分析和处理，进而实现多种能源互补改造策略，实现节能减排。

（3）标准依据（现行）

1）《既有建筑绿色改造评价标准》GB/T 51141

2）《民用建筑供暖通风与空气调节设计规范》GB 50736

3）《能源管理体系　要求及使用指南》GB/T 23331

4）《既有居住建筑节能改造技术规程》JGJ/T 129

5）《居住建筑节能检测标准》JGJ/T 132

6）《既有住宅建筑功能改造技术规范》JGJ/T 390

7）《民用建筑能耗标准》GB/T 51161 等。

（4）技术要点

多能互补能源规划技术改造前后集中供热系统能源利用效率和非化石能源利用率见表 4.3-1、表 4.3-2。

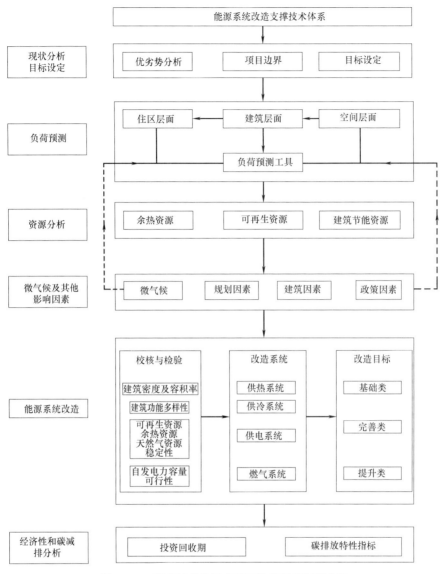

图 4.3-1  既有城市住区多能互补能源规划新方法

**集中供暖系统能源利用效率**                        表 4.3-1

| | |
|---|---|
| 既有集中供暖系统能源利用效率 | 60%～70% |
| 改造后集中供暖系统能源利用效率 | ≥80% |
| 未来集中供暖系统综合能源利用效率 | ≥90% |

**非化石能源利用率**                        表 4.3-2

| | |
|---|---|
| 既有城市住区非化石能源利用率 | 14%～15% |
| 改造后住区非化石能源利用率 | ≥20% |
| 未来住区非化石能源利用率 | ≥40% |

（5）应用效果

多能互补能源规划技术基于终端碳减排及投资回收期分析，并校核住区微气候及其他影响因素对能源系统利用效率的影响，提出了基于基础类、完善类、提升类三类改造目标的能源系统技术体系。

## 4.4 基于神经网络的能源数据预测技术

（1）技术内容

太阳能供热系统运行控制策略是智慧供热关键技术之一，调配蓄热能力和优化控制辅助能源运行需要对太阳能系统集热量、用热负荷进行预测。太阳能集热和用热负荷变化涉及气候参数、环境参数、太阳能集热系统性能参数以及运行参数等，很难建立物理模型进行分析预测。基于太阳能供热系统的运行监测数据、建筑物供热量数据，采用大数据分析，利用机器学习方法与深度学习方法建立各类数据的特点及其相互之间隐含的关系。基于人工神经网络具有良好的非线性映射能力、自学习、自适应能力，进行太阳能集热系统供热能力与所需供热量预测。结果表明，从经济性角度出发，在缺乏太阳辐照数据的情况下，利用天气预报数据预测太阳能集热系统供热量是可行的。同时，对建筑物室内所需供热量的预测精度也较高。

（2）适用范围

本技术适用于太阳能供热系统运行控制策略的优化过程中的各类能源数据预测，同时还可用于各领域中输入参数是类似时序数据的问题中，既适用于相近的两条数据之间是时间递进关系的情况，也适用于相近的两条数据之间没有时间递进关系的情况。

（3）标准依据（现行）

1)《智慧城市　公共信息与服务支撑平台 第1部分：总体要求》GB/T 36622.1

2)《智慧城市　技术参考模型》GB/T 34678

3)《智慧城市　建筑及居住区综合服务平台通用技术要求》GB/T 38237

4)《智能家居自动控制设备通用技术要求》GB/T 35136

5)《信息安全技术　物联网感知层网关安全技术要求》GB/T 37024

（4）技术要点

1）基于神经网络技术的供热量预测

在智能供热系统中，实际的应用是：在设定的室内温度和外部天气环境下，预测所需要的供热量。采用 LSTM 神经网络方法对供热量进行预测，结果如图 4.4-1 所示。可以看到整体趋势一致，但是有一定的误差。基于 LSTM 神经网络预测结果的均方根误差值（$RMSE$）为 0.005。图 4.4-1 中的横坐标表示的是样本号，纵坐标表示的是预测能量值，单位是 GJ。

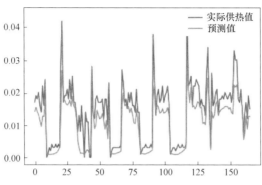

图 4.4-1　基于 LSTM 方法的供热量数据预测结果

2）基于神经网络技术的太阳能集热预测（图 4.4-2）

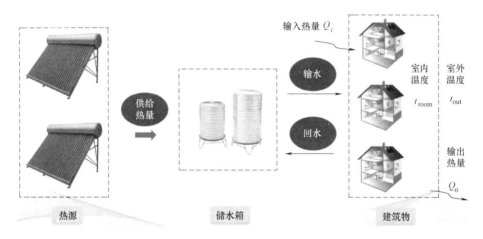

图 4.4-2　太阳能集热供暖系统示意图

采用 GRU 神经网络构建太阳能集热数据预测模型。搭建的 GRU 神经网络结构为：前三层为 GRU 层，后两层为全链接层。预测结果如图 4.4-3 所示，横坐标代表预测样本，纵坐标代表太阳能集热值，单位是 GJ。可以看出，即使在没有太阳辐照数据的情况下，太阳能预测数值与真实值也有很好的跟随性。预测数据的 $RMSE$ 值为 1.77。

3）太阳能供热系统能源优化策略分析

在住区的供热系统数据给定的情况下，结合气象数据，可以对住区所需的供热量进行预测；同时，可以对住区的太阳能供热系统的同一时间点的得热量数值进行预测，预测方法在上面已经介绍过。根据供热量与得热量的大小关系，分以下三种情况进行讨论：

（a）供热量 $Q_{供}$ ＝ 得热量 $Q_{得}$，则不开启电加热的热源辅助系统；

（b）供热量 $Q_{供}$ ＞ 得热量 $Q_{得}$，则不开启热源辅助系统，将由太阳能集热系统得

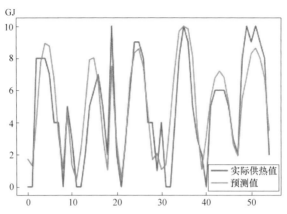

图 4.4-3　基于 GRU 神经网络的太阳能集热预测结果

到的用于供热之后的多余能源储存起来；

（c）供热量 $Q_{供}$＜得热量 $Q_{得}$，则在低谷电期间提前开启热源辅助系统，用于供给不足的热量。

在情况（c）中，预测的供热量小于得热量的情况下，提前在低谷电期间开启电加热热源辅助系统是从经济性的角度考虑，用低电费期间得到的热量供给由太阳能集热器得到的热量不足的部分。

4）应用效果

基于神经网络与深度学习的能源数据预测方法分别应用于供热系统的供热量数据预测与太阳能集热系统集热数据的预测。鉴于太阳能热利用系统很少安装太阳辐照表，本技术直接用气象数据预测太阳能系统得热量数据，事先验证了气象数据与太阳能辐照值之间的关系，然后基于多种神经网络方法构建了气象数据与太阳能系统集热器得热量之间的回归关系。综上所述，利用天气预报数据并结合住区供热监测数据，预测太阳能集热系统得热量的方法是可行的。结合集热数据与供热数据的预测，可以从经济性的角度优化太阳能供热系统的能源运行策略，实现智慧供热。

# 5 管网系统升级换代技术

## 5.1 管网检测鉴定技术

（1）技术内容

针对既有城市住区管网交错复杂、信息不明、状态劣化、环境敏感等问题，突破现有人工检测为主的技术瓶颈，研发了有压管网无线检测传感阵列原型，构建既有城市住区管网快速检测技术，通过检测获取管道结构破损状态数据，提出住区管网破损泄漏评估鉴定方法，实现对既有城市住区管网快速、准确评估，为管网的维护修复提供技术依据。

该技术主要包括数据搜集与分析、检测传感器布设、检测区域划分、检测区域检测线路优化、数据采集、破损状态分析与评估，具体操作流程如图 5.1-1。

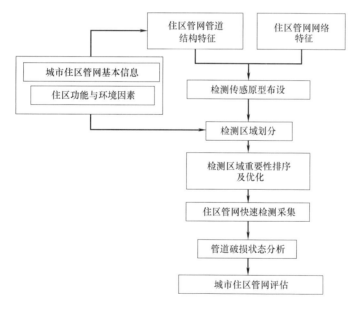

图 5.1-1　既有城市住区管网检测鉴定技术操作流程

针对目前既有城市住区管网人工检漏检测效率低、漏检率高和误检率高的技术现状，研发针对既有城市住区管网无线检测传感阵列设备，以无线检测传感阵列为基础，系统构建了住区管网检测评估方法，实现区域快速检测与准确诊断的技术突破。（图 5.1-2）具体技术指标如下：

1）检测阵列单次检测范围不小于 10m；

2）检测阵列单次检测时间小于 5min；

3）通过本技术采集数据系统诊断分析，实现管网不同漏损量的分类诊断；

4）管网漏损定位精度在 1m 范围内，可采用加密布设进一步提高定位精度。

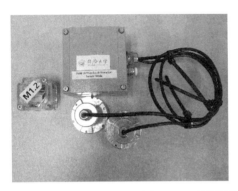

图 5.1-2　管网检测无线传感阵列设备

（2）适用范围

该技术适用于既有城市住区管网系统内埋深不大于 1.2m、管道压力不小于 0.15MPa 的有压管道，数据采集时环境噪声不宜大于 40dB，可采用隔声球降低环境噪声。符合条件的其他区域的市政管网也可采用。

（3）标准依据（现行）

1）《室外给水设计标准》GB 50013

2）《城镇燃气设计规范》GB 50028

3）《城市地下管线探测技术规程》CJJ 61

4）《城镇供水管网漏损控制及评定标准》CJJ 92

5）《城镇供水管网漏水探测技术规程》CJJ 159

6）《城镇燃气管网泄漏检测技术规程》CJJ/T 215

（4）技术要点

本技术实施流程有如下四个环节：①管网基础信息获取与分析。②漏损检测技术方案选择。③管网运行安全风险评价与最优检测路径搜索。④漏损检测方法实施与数据分析。具体实施流程如图 5.1-3 所示。

采用地面阵列检测时，需要符合以下要求：

1）地面声学阵列在漏水点普查时，布设间距不宜大于 6m。精确定位时，布设间距不宜大于 0.3m；地面声学阵列宜采用三角形布设，数量不宜少于 10 个。

2）地面声学阵列单个采集器单点采集时间不应小于 20s，且数据采集不应少于 3 组；声学单次采集区域内的地面声学阵列采集器应同步采集数据，综合分析多个采集器的数据后，通过声场判定泄漏，并进行泄漏定位。

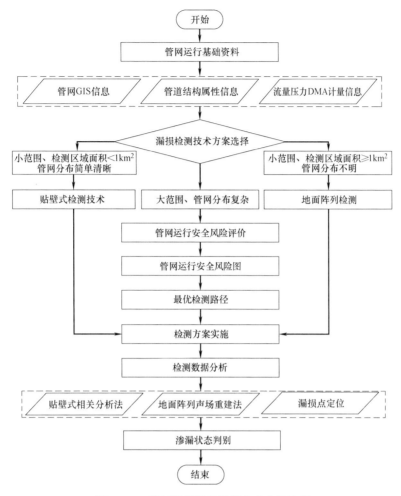

图 5.1-3 管网漏损智能检测方法实施流程

（5）应用效果

基于声场和振动原理，首创有压管网检测无线传感阵列设备、地面声学阵列检测技术和病害定量诊断模型。提出了基于全局因子和区域大小宽容度的管网风险最优检测路径搜索算法，实现了既有城市住区管网的快速检测，可大幅度提高检测效率 3 倍以上；提出了基于声场的有压管道破损面积与泄漏量的定量诊断模型，实现了既有城市住区管网的准确评估。有压管网检测无线传感阵列设备可以实现 DN250 及以下有压管网微声和微振双参量检测，最大检测深度超过 1.2m，单个设备最大单次检测范围地面 10m、贴壁 200m，单次检测时间小于 3min，定位误差小于 1m。该成果有效提高管网检漏的精度、抗干扰性和工作效率，成果突破了国外设备与技术的壁垒，为我国住区管网检测提供技术支撑。

我国城市供水管网漏损中，住区管网漏损占比为 50%～70%，针对量大面广、渗漏问题突出的城市住区管网提出既有城市住区管网检测鉴定技术，通过漏损检测与诊断，提升了检测效率，有效降低漏损率，节约能源与资源，保障居民用水与用气。同时，通过燃气管网的泄漏检测，避免重大事故发生。该技术已在上海市普陀区、黄浦区开展应用示范，取得了良好的效果，应用前景广，为管网的维护修复提供了技术支持。

## 5.2 管网高精度水力平衡调试技术

（1）技术内容

针对目前既有城市住区热力管网人工水力平衡调试精度低的实际现状，构建"面向对象"数学方法的高智能管网系统仿真模型，该模型采用"机理建模＋辨识修正"方式建立供热管网仿真模型，"机理建模"即管网控制方程组包括每个对象化的元件所特有的非稳态控制方程；在"辨识修正"中，不断通过实际工况下运行数据与理论模型输出数据之间的辨识，再调整理论仿真模型中的参数，使模型的输出与现场实际测量数据一致或偏差最小，最终可获得管段压力、流量沿管程的实际分布。

基于以上技术，采用在线迭代寻优确定阀门最佳开度的方式，形成水力平衡调试方法。即通过以某种频率采集供热管网多个测点的压力、温度和流量数据，结合空间管网拓扑结构，采用"面向对象"仿真方法精确模拟实际工况。通过测量平衡阀两端的阻力压力和平衡阀开度，计算流经支路和末端平衡阀流量和压差，以实际流量与设计流量误差精度小于等于 10% 作为收敛条件，不断迭代寻优计算最佳的阀门开度，指导实际调试中的阀门控制，提高水力平衡调试效率和精度。

（2）适用范围

本技术针对城市住区管网维护修复中有压管网水力平衡难保障的问题开发，适用于住区内供热、给水管网，也可适用于普遍的有压市政管网。

（3）标准依据（现行）

《居住建筑节能检测标准》JGJ/T 132

（4）技术要点

本技术最大程度上减少了水力振荡和温度漂移，保证系统的稳定、高效、节能运行。主要分为以下步骤：

1）管网信息建模

管网拓扑信息由热力公司提供，根据供热管网 CAD 图或已有的 GIS 系统导入进行建模。环境和设备数据信息一般可从供热云平台数据中台或 SCADA 系统中获取。结合以上收集到的信息将各个供热末端组态图抽象成具体模型，如图 5.2-1 所示。基于此模型建立供热末端模型，对二次网侧阀门或水泵进行控制。

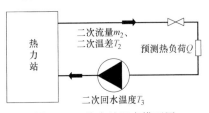

图 5.2-1　热力站组态模型图

2）模型参数校核

基于历史数据对当前模型进行仿真计算，校核当前模型的拓扑连通性、管道热损失、管道粗糙度、管道高度等参数。另外，还需要对管网中的设备进行校核测试：1）循环水泵特性测试。测试循环水泵在不同频率/转速条件下，流量和压差分布，形成水泵不同频率的运行曲线。2）阀门特性测试。测试各调节阀在不同开度下，管路流量和压差数据，形成阀门不同开度的特性曲线。通过模型参数校核，完成对管道、元件各属性参数的调整，最终得到一个与实际管网有较高匹配度的管网模型。通过给管网模型赋予实际参数，即可仿真模拟得到一个近似真实的工况，为以下水力校核提供基础。

通过系统收集到的数据，展开水力校核。将当前模型基于数据平台提供的最近的历史数据（压力、流量、温度等）进行稳态水力计算，对数据平台提供的流量和压力数据进行校核。对校核出来存在问题的流量、压力数据，可通过与供热公司交流并进行实地勘查，对仪器仪表及设备计量、调控进行排查。

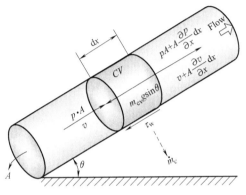

图 5.2-2 管段内流体微元分析与机理建模

3）流体微元受力分析模型

管段内流体微元受力分析如图 5.2-2 所示，在计算各管段水力参数中，采用质量守恒方程、动量守恒方程、能量守恒方程联立求解的方式。

4）二次网阀门开度控制

根据各个散热末端阀门型号参数及厂商提供的文本资料，可对应各个散热末端阀门参数。再根据公式计算出阀门两端压差。

基于校核后的阀门性能曲线与建立好的机理模型，通过各个散热末端的热负荷预测及管网水力模型进行二次网阀门开度控制，具体流程示意图如图 5.2-3 所示。

（5）应用效果

基于"面向对象"数学方法的高智能管网系统仿真模型，采用在线选

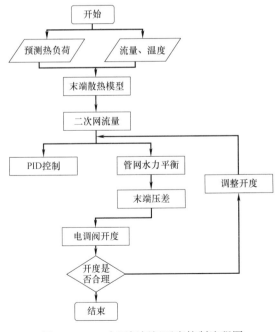

图 5.2-3 二次网侧阀门开度控制流程图

代寻优确定阀门最佳开度的方式，形成的水力平衡调试方法，将现场实测与理论计算进行有机结合。经过现场调试验证，热力入口水力平衡度从 77.8% 不达标优化为全部满足规范中水力平衡度 0.9～1.2 的要求，且实现换热站循环水泵运行功率降低约 7%，调试及节能效果显著。

## 5.3 管网更新模拟工具

（1）技术内容

既有城市住区地下管网的更新改造模拟技术主要分为以下几个步骤：首先对既有住区地下管网承载力进行评估，并提出区域地下管网承载力的初步改造方案；其次结合地下管网承载力的评估结果，综合考虑其他物理约束、经济约束和安全规范约束，采用栅格法和蚁群算法结合的方式构建基于姿态空间分解的无碰路径模型，可实现复杂环境下快速搜索满足约束条件的最短、可达性较高和安全性较高三种路径。最后，开发既有住区地下管网更新改造模拟工具软件，将改进的蚁群算法等以 MATLAB 算法的形式嵌入开发的软件中，可在该软件环境下实现不同路径的寻优，进而对既有住区地下管网的路径进行规划。

本技术以各类管线的运行状态、管理状态、空间因素、环境因素、社会因素等为约束条件，应用自主研发的既有住区地下管道网承载力评估模型和综合布局模型，为工程设计人员提供多类地下管线的综合布局模拟结果，实现地下管网更新改造辅助决策。该模拟工具的核心为地下管线综合布局模型，该模型以管线供应需求为输入，以管线的空间因素、环境因素、社会因素等为约束条件，为管线设计人员提供优化的管线布置方案，主要工作流程如图 5.3-1 所示。

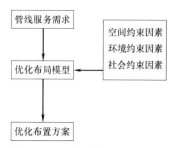

图 5.3-1 既有城市住区管网更新模拟工具软件主要工作流程图

（2）适用范围

针对既有城市住区地下空间资源紧张、管线敷设密度大、管位纵横交错、管线运行环境复杂等特点，面向管线服务能力不足、材质老旧等更新改造实际需求，适用于既有道路下地下管网更新改造决策支撑。

（3）标准依据（现行）

1）《城市工程管线综合规划规范》GB 50289

2）《城市综合管廊工程技术规范》GB 50838

（4）技术要点

1）既有城市住区地下管网承载力分析

既有城市住区地下管线主要有给水、排水、热力、天然气、电力、通信、有线电视以及其他等共 8 类管线，由于各类管线结构及运行特点等差别很大，这里选取给水和燃气两类管线为例进行承载力综合评估。首先通过理论分析、统计资料、专家咨询等方式，依据指标体系构建原则对指标进行筛选，并建立评价指标体系；然后采用模糊层次分析法计算单一权重，使用 Delphi 法计算综合权重计算区域承载力；最后结合既有城市住区地下管网改造原则，根据承载力计算结果提出区域地下管网承载力的初步改造方案。

2）既有城市住区地下管网更新改造辅助决策模型

基于既有城市住区地下管网敷设的特点，结合地下管网承载力的评估结果，综合考虑其他物理约束、经济约束和安全规范约束，采用工程经验引导、数学模型建立、模型算法推导与仿真验证相结合的方法构建基于改进的蚁群算法的无碰路径模型，可实现复杂环境下快速搜索满足约束条件的最短、可达性较高和安全性较高三种路径，大大提高更新路径规划的搜索效率和准确性。

3）既有城市住区地下管网更新改造模拟工具

在前期研究既有城市住区地下管网更新改造辅助决策模型的基础上对软件需求进行分析，构建涵盖登录页、地图页、分析历史页、基础数据页和关于软件页在内的系统功能结构。该软件通过对 Mapbox.GL 地图下的路径图层进行提取，然后将改进的蚁群算法等以 MATLAB 算法的形式嵌入开发的软件中，可在该软件环境下实现不同路径的寻优，进而对既有城市住区地下管网的路径进行规划。（图 5.3-2～图 5.3-6）

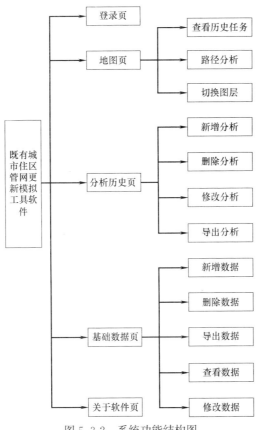

图 5.3-2　系统功能结构图

图 5.3-3　账号登录页

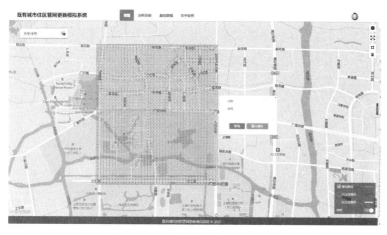

图 5.3-4　路径最短的管网规划图

图 5.3-5　可达性最高的管网路径规划图

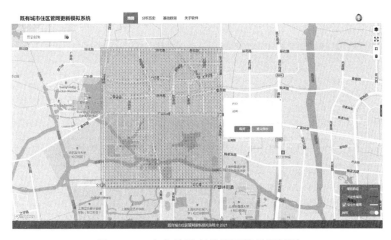

图 5.3-6　安全性最高的管网路径规划图

（5）应用效果

针对既有城市住区地下管网的特点及更新改造需求，拟实现多约束条件下的地下管网优化布局方案生成，减少地下管网规划人员前期工作量，从而为管线专项规划的调整、现状管线的废除、改建、拆迁、扩建方案提供决策依据。

## 5.4　管网三维正向设计技术

（1）技术内容

既有城市住区管网三维正向设计技术按照既有城市住区特点，融合设计流程，针对压力流管道、重力流管道、浅埋沟道式缆线管廊、组合排管式缆线管廊四类管线，分别考虑既有拆除、既有保留和新建三种工程阶段，实现了管道系统交互式生成、基于现有图形要素生成和基于数据文件批量生成三种建模方式，并基于所设计生成的管道系统提供编辑修改、管道附属设施插入、系统快速选择、冲突即时监测和工程量统计等分析工具，辅助设计人员构建三维设计模型，提高既有城市住区管道三维设计效率，为运维管理平台提供 BIM 基础数据。总体技术路线如图 5.4-1 所示。

压力管道包括给水管道、燃气管道、热力管道等，重力管道包括雨水管道和污水管道，缆线管廊则主要是电力、通信缆线的组合敷设方式。由于 Rhino 平台未内置相应的管道功能，因此，第一步，需基于各类管道特点构建管道基础建模功能，要提高设计效率，除了实现管道的分类识别外，还需要实现一些自动化辅助功能，如管道自动连接、自动生成三通弯头配件、配件可定制、参数化设置坡度等；第二步，针对上述四类管道分别考虑现状（分为现状保留和现状拆除）和新建两种工程阶段，实现管道系统的交互式生成（主要针对新建）、基于现有图形要素生成和基于数据文件批量生成（主要针对现状）；第三步，实现管道系统的修改、管道附属设施的插入生成等；

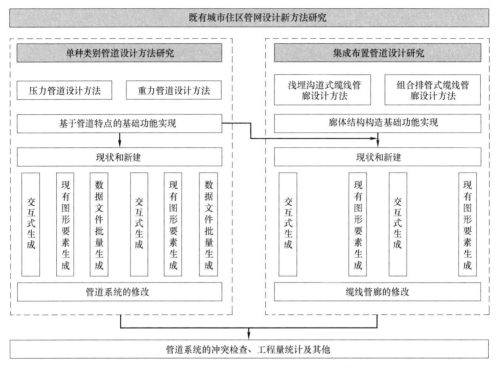

图 5.4-1　既有城市住区管网三维正向设计技术总体技术路线

最后基于所设计生成的管道系统提供快速选择、冲突检查和工程量统计等工具。

（2）适用范围

适用于既有城市住区管网系统改造可能涉及的压力流管道、重力流管道、浅埋沟道式缆线管廊、组合排管式缆线管廊四类管线设计。压力流管道包括给水管道、燃气管道、热力管道；重力流管道包括雨水管道和污水管道。

（3）标准依据（现行）

1）《室外给水设计标准》GB 50013

2）《室外排水设计标准》GB 50014

3）《城镇燃气设计规范》GB 50028

4）《城市综合管廊工程技术规范》GB 50838

（4）技术要点

1）参数化设计机制

在管道和缆线管廊设计过程中，应充分利用参数化机制帮助设计人员快速生成和修改设计，因此所设计软件将利用 Grasshopper 的参数化功能，对最终生成的模型在软件内部维持必要的设计信息。随着设计过程的进行，维持住全部设计元素的内在参数化逻辑较困难，对系统运行效率也不利，因此，所设计软件采用两阶段参数化设计机制，如图 5.4-2 所示。

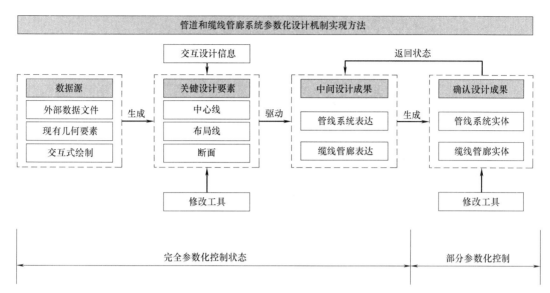

图 5.4-2 管道和缆线管廊系统参数化设计机制

第一阶段为完全参数化控制状态，即中间设计成果完全受关键设计要素驱动，对关键设计要素的修改，可即时更新相应设计成果。第二阶段为部分参数化状态，此时设计成果已进行了确认，但确认的设计成果中包含了必要的设计信息，可以使用工具进行提取和再次返回中间成果状态，从而完成修改替换。

2）信息存储和传递机制

对于关键设计要素线来说，维持对象类型、管道类别、管道直径、工程阶段、是否生成等文字信息，对于管道实体来说，附着管道类别、管道直径、工程阶段等文字信息，这些信息以用户属性的方式存储在相应的几何元素上。对于缆线管廊，其设计横断面包含较多几何信息，采用文字方式进行描述相对啰唆，因此以图形信息的方式保存在设计要素线的用户字典中。

除上述存储信息的方式之外，对于生成的管道实体、中心线、管道附属等几何要素，分别指定图层信息，图层按层次组织，格式采用"系统类别-工程阶段-对象类别"。所有生成的管道实体和关键设计要素绑定，实现住区管线参数化回溯修改的功能。信息存储和传递机制如图 5.4-3 所示。

3）软件应用范围

实现了压力流管道、重力流管道、浅埋沟道式缆线管廊、组合排管式缆线管廊四类管线的集成设计；考虑了既有保留、既有拆除、新建三种工程阶段；通过工程应用和迭代升级，验证和完善软件功能及所提出的设计方法，可满足既有城市住区管线设计的各类需求。

（5）应用效果

以可视化编程平台为基础，基于统一的建模平台，开发出一套流程上吻合设计思

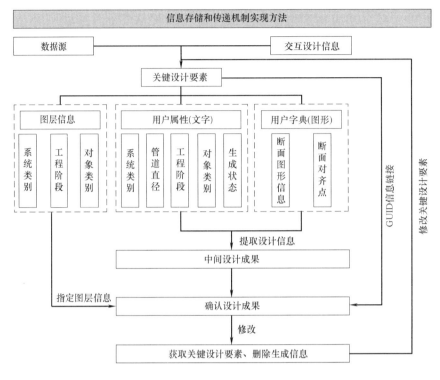

图 5.4-3　信息存储和传递机制

图 5.4-4　软件缆线管廊设计界面

路、表达上满足设计要求的既有城市住区管线三维设计所需要的工具集合（图 5.4-4），提高了三维设计效率，可以为既有住区管网运维管理提供基础数据。

## 5.5　缆线集约化敷设技术

（1）技术内容

综合管廊是 21 世纪新型城市市政基础设施建设现代化的重要标志之一，将管线集约化地容纳在综合管廊中，不但美化了环境，也避免了由于埋设或维修管线而导致路面重复开挖的麻烦；由于管线不接触土壤和地下水，因此避免了土壤对管线的腐蚀，延长了使用寿命；综合管廊的建设还为规划发展需要预留了宝贵的地下空间。根据《城市综合管廊工程技术规范》GB 50838 相关规定，城市综合管廊分为干线综合管廊、支线综合管廊、缆线型管廊三大类（图 5.5-1），根据不同的需求和建设条件，可以选择相应的建设类型。其中缆线管廊在同一通道中集中布置电力及通信缆线，使得电力、通信通道"合二为一"，在缆线容量相同情况下降低了对道路下方空间的需求。既有城市住区内的道路绝大多数为次干路、支路、居民区道路，这些道路由于断面较小无法建设干支型综合管廊，且在这些道路上建设干支型综合管廊也不具备较高的性价比。因此这些非主干道路从缆线规模、缆线性质及经济适用角度均适宜建设缆线管廊。目前缆线管廊仅在现行《城市综合管廊工程技术规范》GB 50838 中进了定义，而在国内主流规范、标准中未对缆线管廊的设计进行明确规定，但缆线管廊在全国已经开始了规划及建设。因此，本技术结合其在国内的推广建设经验，对其关键技术要点进行梳理，提出了系列设计方法，并在纳入管线的种类、组合形式、低影响实施、独立管理等方面进行了创新和突破。

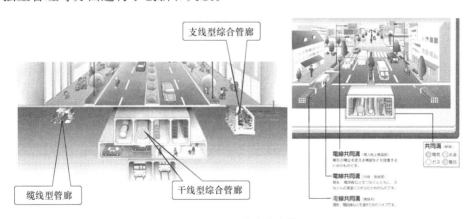

图 5.5-1　城市综合管廊体系

缆线管廊的关键特征是电力、通信末端缆线通道"合二为一"，以实现节约土地、缆线共同敷设及共同管理。本技术将 GB 50838 中缆线管廊的定义进行扩展，在"浅埋沟道方式"缆线管廊的基础上扩展出"组合排管式"缆线管廊方案。随后，对两种缆线管廊的总体工艺进行研究，形成了标准化、模数化的断面型式，并利用分隔工作井与主通道的特殊处理来满足电力、通信管线管理单位提出的两类管线集约化敷设的同时可分开运行、管理的特殊需求。

（2）适用范围

适用于城市次干路、支路、居民区道路以及其他有集约化敷设需求但作业面受限的城市道路，用于电力电缆、通信缆线和小直径（$DN \leqslant 300$）的给水管或消防管的集约化敷设，也可用于承接干支型管廊的分支缆线为两侧地块进行服务。

（3）标准依据（现行）

1)《城市综合管廊工程技术规范》GB 50838

2)《110kV 及以下电缆敷设》12D101

3)《电力工程电缆设计标准》GB 50217

（4）技术要点

1）针对浅埋沟道式缆线管廊，对其总体工艺进行研究，从各类道路的管线容量维度研究缆线管廊的断面形式，综合考虑了散热、安装要求、后期维护的空间需求等因素，给出了对应缆线需求孔数下的最优选型，可快速实现各类道路下缆线管廊的断面设计；（图 5.5-2）

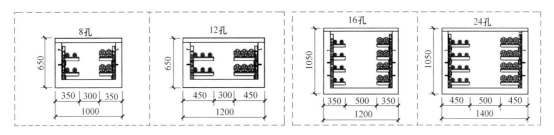

图 5.5-2　不同缆线需求孔数下浅埋式缆线管廊的最优选型

2）针对组合排管式缆线管廊，开发了电力和通信管线的标准模块以替代传统管枕＋钢筋混凝土包封的敷设方式，可实现不同孔数的电力和通信管线的模数化组合，便于现场进行快速拼接，缩短现场作业时间；（图 5.5-3）

3）提出了一种基于独立工作井的穿越式缆线管廊，将电力、通信主通道合二为一，利用电力（通信）缆线引出的下方无用空间作为通信（电力）管线通道穿越的空间，在该空间内完成通信（电力）缆线敷设、续接及缆线引出，实现电力、通信缆线共用路由的同时减小其各自所需管位宽度；（图 5.5-4）

4）提出了一种基于电力及通信组合工作井的缆线管廊，将主通道和工作井合二为一，但考虑到电力、通信部门独立管理需求，在工作井内做特殊形状的分割墙。组合工作井沿道路方向预留缆线正线主通道接口，正线主通道接入组合工作井后，电力、通信排管分别接入对应的电力、通信工作井。组合工作井沿道路垂直方向设置电力、通信引出通道至本侧及道路对侧地块，缆线引出通道与正线主通道在工作井内上

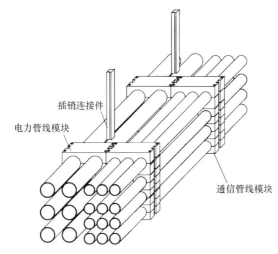

图 5.5-3　组合排管型缆线管廊（6孔电力＋12孔通信）

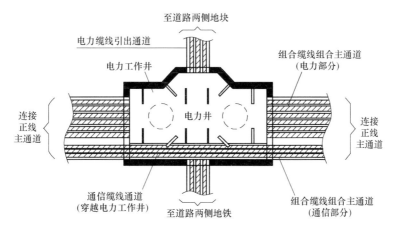

图 5.5-4　电力工作井平面布置图

下错开。电力工作井、通信工作井顶部均设有两处井盖，用于工作人员出入口、敷设缆线以及人员下井前通风；（图 5.5-5）

　　5）给水末端管线与电力、通信末端缆线同样具有规模小、敷设面广的特点，且给水管线与电力、通信管线在性质上互不冲突，在技术上可以共同敷设。结合既有城市住区的管线容量需求，本技术中分别给出了小区内、外道路下同时容纳给水、电力、通信管线三类管线的缆线管廊标准断面，其中小区内道路下的断面如图 5.5-6所示。

　　（5）应用效果

　　根据各类道路的管线容量需求，可快速形成缆线管廊正线段断面及特殊节点的设计方案，并给出标准化、模数化的构件组合，完成包括给水管（消防管）、通信、电力三类管线的集约化敷设，结合预制拼装技术，实现现场的快速、低影响开发建设。

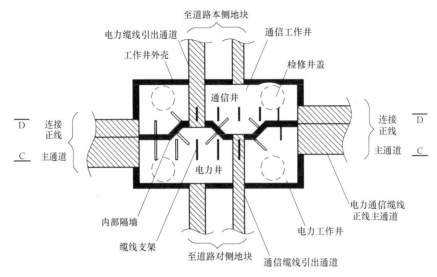

图 5.5-5　电力及通信组合工作井内部平面布置图

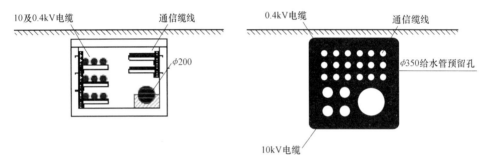

图 5.5-6　小区内道路缆线管廊断面图

同时，技术内包含的两种独立管理的特殊缆线管廊，还可满足电力、通信缆线共用线位同时分开运行、管理的要求。

# 6 海绵化升级改造技术

## 6.1 海绵化改造评估技术

（1）技术内容

海绵城市建设已经成为我国生态文明建设的重要实现途径，但不同于新建地区，既有城市住区开展海绵化改造常常会面临单一化、一刀切等问题。海绵化改造评估技术，是从改造需求出发，针对住区内的公共区域和既有住区分别构建评估方法。针对住区公共区域，侧重于区域层面，重点关注的是公共空间，为地方改造公共空间提供决策支撑。针对老旧小区评估，侧重于小区层面，重点关注小区内的下垫面及径流控制利用条件，可与既有住区环境品质提升、功能完善等同步更新改造，对既有住区海绵化改造提供前评估方法，作为小区海绵化改造评估的参考依据。

（2）适用范围

本技术适用于既有城市住区的海绵化改造，包括住区公共区域和老旧小区两部分。

（3）标准依据（现行）

《既有城市住区海绵化改造评估标准》T/CECS 903。

（4）技术要点

将改造问题评估与改造条件评估相耦合。改造问题评估按照积水问题评估、水环境质量评估、居民评价三部分开展并区分公共区域和既有住区的具体评估指标。以积水问题为例，公共区域以评估积水频次、积水点个数为主，既有住区重点评估最大积水时间、最大积水深度及建筑底层、地下车库进水情况。条件评估分为外部政策条件和本底条件，公共区域本底条件主要评估地形坡度、土壤渗透性、可调蓄空间及排水系统，既有住区本底条件主要评估建筑基底安全距离、屋面条件、绿地条件、铺装条件及地下空间条件。（图 6.1-1～图 6.1-3）

（5）应用效果

本技术为既有城市住区项目改造提供了量化评价依据，评估方法兼具技术理性与社会感知评价双重要素，充分体现既有城市住区改造特点，扎实推进民生福祉改造工程。

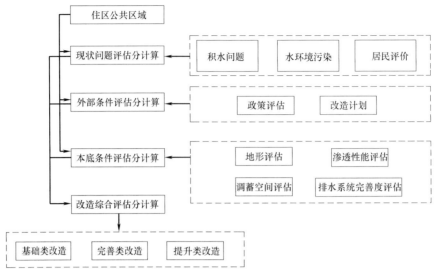

图 6.1-1　住区公共区域海绵化改造评估流程图

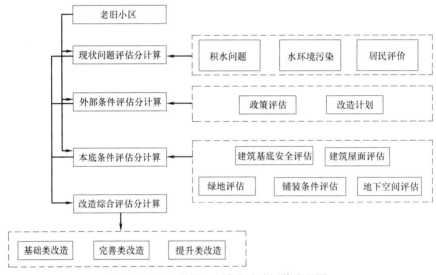

图 6.1-2　既有住区海绵化改造评估流程图

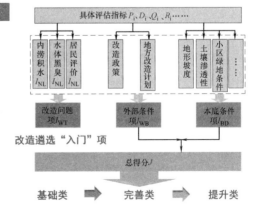

图 6.1-3　分级改造响应逻辑框架图

## 6.2　海绵化改造分类技术

（1）技术内容

在深入调查、综合统筹、全面精准、前后关联的总体思路下，制定了既有城市住区海绵化升级改造设计方法，提出了分类实施策略，基于分类实施策略思路，给出了分类实施原则、关键要点、设计流程和技术路径，为开展既有城市住区海绵化升级改造提供技术支撑。（图 6.2-1）

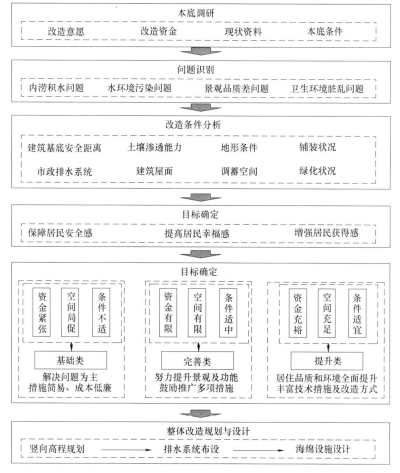

图 6.2-1　分类设计流程图

（2）适用范围

适用于既有城市住区的老旧建筑与小区、公园与绿地、道路与广场等场所。

（3）标准依据（现行）

1）《海绵城市建设技术指南——低影响开发雨水系统构建（试行）》

2）《建筑与小区雨水控制及利用工程技术规范》GB 50400

3）《海绵型建筑与小区雨水控制及利用》17S705

4）《城市道路与开放空间低影响开发雨水设施》15MR105

（4）技术要点

通过现场踏勘和基础资料的收集分析，提出分类实施策略，筛选分类改造技术措施，优化设计参数，让海绵化改造的设计目标更加贴近实际需求，更加有效地落实下去。

1）既有城市住区海绵化升级改造分类实施策略

从既有城市住区的居民改造意愿、改造资金额度、下垫面绿化率、环境卫生条件、室外排水系统现状、地下空间开发强度六个方面出发，按照分类施策方法，划分为基础类、完善类、提升类，将设计从简单的"菜单式"计划，变为"基本菜单＋特色菜单"的精准方案。在具有明确涉水问题、需要开展海绵化改造的基础上，基础类改造指场地空间局促、改造本底条件一般、资金紧张，重点选择价格低廉的简单技术措施以解决问题为主；完善类改造指本底条件相对较好，有一定的改造资金支持，可选择相对多样的措施，在解决涉水问题的同时，其他方面的问题可有选择地解决；提升类改造指本底条件好，资金充裕且具备景观融合、环境改善、功能提升的改造空间，采用丰富的海绵化技术措施及改造方式，实现居住品质和环境全面提升。

2）既有城市住区海绵化升级改造设计方法

既有城市住区包括建筑与小区、道路与广场、公园与绿地、排水系统与水系，其中前三者作为城市雨水渗、滞、蓄、净、用的主体，对实现源头流量控制和污染物削减具有重要作用。既有城市住区海绵化改造，应优先采取屋顶绿化、雨落管断接、透水铺装、雨水蓄用、植草沟等措施，提高下垫面的雨水积存和蓄滞能力；其次，改变道路排水路径，增强道路绿化带对雨水的消纳功能；再次，提高非机动车道、人行道、停车场、庭院等区域透水铺装率，并结合雨水管进行收集、净化和利用，减轻对市政排水系统的压力，满足住区排水防涝要求；最后，实施雨污分流，控制初期雨水污染，雨水经过岸线净化后排入水体。（表6.2-1，图6.2-2）

分类技术措施表　　　　　　　　　　　　　　　　　　　　　　　表6.2-1

| 技术类型 | 单项设施 | 功能 | | | | 分级 |
| --- | --- | --- | --- | --- | --- | --- |
| | | 集蓄利用雨水 | 补充地下水 | 削减峰值流量 | 净化雨水 | |
| 雨水收集入渗设施 | 透水砖铺装 | ○ | ◎ | ◎ | ◎ | 基础类 |
| | 植草透水铺装 | ○ | ◎ | ◎ | ◎ | 基础类 |
| | 下沉式绿地 | ○ | ● | ◎ | ◎ | 基础类 |
| | 透水水泥混凝土 | ○ | ○ | ◎ | ◎ | 完善类 |
| | 透水沥青混凝土 | ○ | ○ | ◎ | ◎ | 完善类 |
| | 渗管/渠 | ○ | ◎ | ◎ | ◎ | 完善类 |
| | 渗井 | ○ | ● | ◎ | ◎ | 完善类 |
| | 高强度透水铺装 | ○ | ◎ | ◎ | ● | 提升类 |
| | 花园式绿色屋顶 | ○ | ○ | ◎ | ◎ | 提升类 |
| | 渗透塘 | ○ | ● | ◎ | ◎ | 提升类 |
| | 透水塑胶铺装 | ○ | ○ | ◎ | ◎ | 提升类 |

续表

| 技术类型 | 单项设施 | 功能 | | | | 分级 |
| --- | --- | --- | --- | --- | --- | --- |
| | | 集蓄利用雨水 | 补充地下水 | 削减峰值流量 | 净化雨水 | |
| 雨水调节排放设施 | 植草沟 | ◎ | ○ | ○ | ◎ | 基础类 |
| | 生物滞留设施 | ○ | ● | ◎ | ◎ | 基础类 |
| | 雨水花园 | ● | ○ | ◎ | ◎ | 完善类 |
| | 景观湿塘 | ● | ○ | ● | ◎ | 提升类 |
| | 景观调节池 | ○ | ○ | ● | ◎ | 提升类 |
| 净化回用设施 | 初期雨水弃流设施 | ◎ | ○ | ○ | ● | 基础类 |
| | 雨水罐 | ● | ○ | ◎ | ◎ | 基础类 |
| | 一体式雨水收集净化渠 | ○ | ○ | ● | ● | 完善类 |
| | 雨水净化回用池 | ● | ○ | ◎ | ◎ | 提升类 |

注：●——强；◎——较强；○——弱或很小

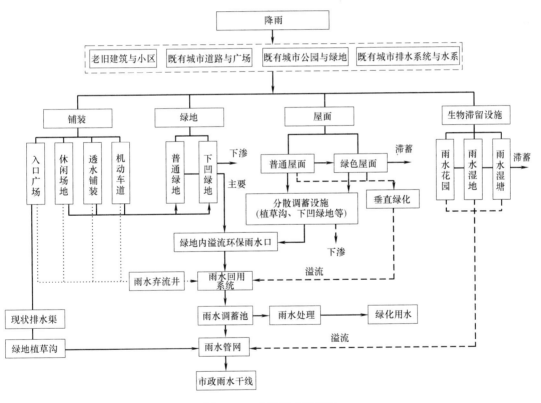

图 6.2-2　改造技术路线图

（5）应用效果

既有城市住区海绵化升级改造分类技术方法是基于对国内典型海绵试点城市的既有城市住区海绵化改造的调研，如北京、上海、南宁、玉溪等的问题与需求分析所提出的，本着因地制宜、因地施策原则，按分类形式将改造划分为"基础类、完善类、提升类"三种类型。该技术方法的实施为切实做到既有城市住区适宜化海绵化改造，重点提升住区绿化品质，改善休闲娱乐环境，满足居民对优美生态环境的需求，增强人民群众的获得感和幸福感具有重要意义和价值。

## 6.3 海绵设施与景观系统有机融合技术

（1）技术内容

目前海绵城市建设更多聚焦在城市层面，对既有城市住区的海绵设施关注不足。海绵设施与景观元素之间在空间布局、功能使用、外观形象、植物景观等方面都存在融合不够的问题，海绵城市相关导则较为普适，对既有城市住区这种用地功能复合化的地区指导不深入。

海绵设施不仅发挥着功能性作用，还可以成为场地景观的有机组成部分，发挥塑造特色、体现文化、激发活力、美化环境、促进身心健康等作用。该技术从海绵设施与建筑、绿地、道路广场、景观水系、景观小品、通用设施六方面的融合出发，综合考虑气候分区、场地条件、空间特征、建筑特点等，形成了既有城市住区中海绵设施与景观系统有机融合的技术方法。（图 6.3-1）

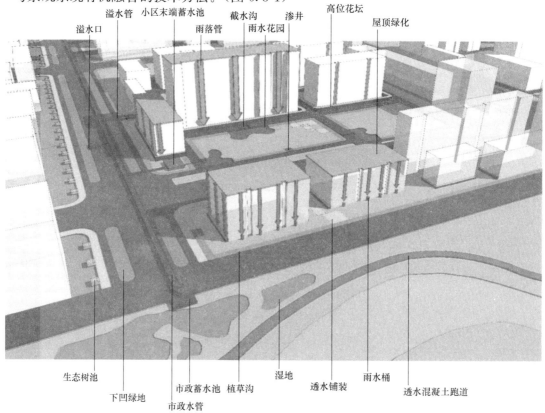

图 6.3-1　海绵设施与景观系统有机融合途径示意图

（2）适用范围

本技术可用于既有城市住区低影响开发雨水系统构建、既有城市住区改造中的海绵设施建设以及融合海绵理念的景观绿化建设，在我国各个气候区的既有城市住区开敞空间中均适用，场地规模一般在 $2km^2$ 以内。

（3）标准依据（现行）

1）《城市居住区规划设计标准》GB 50180

2）《公园设计规范》GB 51192

3）《城市绿地规划标准》GB/T 51346

4）《城市道路与开放空间低影响开发雨水设施》15MR105

（4）技术要点

在海绵城市建设中，充分考虑其与景观中的建筑、绿地、道路广场、水系、小品及通用设施的融合，在传统景观设计中融入海绵雨水处理的功能，在海绵城市建设中融入生态景观的思想，共筛选出 22 项海绵设施，60 余项融合设计类型。从布局、功能、外观角度，对各海绵设施提出设计要求，兼顾海绵与景观功能，通过科学布局形成既有城市住区低影响开发雨水循环系统。

1）海绵设施与建筑有机融合途径（图 6.3-2）

| 海绵设施 | 绿色屋顶 | 雨落管 | 高位花坛 |
|---|---|---|---|
| 布局<br>功能<br>外观 | 建筑屋顶<br>都市农业，雨水体验景观<br>结合屋顶形式、艺术造型设计，融入整体环境 | 上接屋顶，下接集水设施或绿地<br>结合浇灌，声景观营造，雨水小品<br>与建筑色彩、材料、形式协调，融入地域文化 | 建筑旁<br>结合休闲座椅，种植体验<br>花坛造型艺术化，尺度适宜，乡土材料运用 |
| 示例 | 基础型<br>花园型 | 截污槽型<br>檐沟型<br>种植体型<br>创意型 | 座椅型<br>艺术型 |

图 6.3-2　海绵设施与建筑有机融合途径

### 2）海绵设施与绿地有机融合途径（图 6.3-3）

| 海绵设施 | 雨水花园 | 下凹绿地 | 透水栅格 | 植被浅沟 |
|---|---|---|---|---|
| 布局<br>功能 | 顺应地形，设于汇水区<br>结合休闲游憩、科普教育、生物多样性 | 顺应地形，设于地势低处<br>结合科普教育 | 设于需透水且承重处<br>雨水渗透，可作为铺装使用 | 设于地势低处，路侧低于路基结合旱溪，景观美化 |
| 外观 | 艺术化设计，结合景观小品，运用乡土材料 | 与周边景观融合，植物弱化边界 | 运用乡土材料和地域元素，艺术样式设计 | 选用乡土植物，与周边景观环境融合 |
| 示例 | 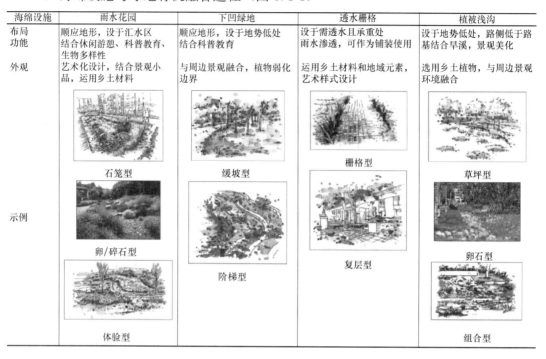<br>石笼型<br><br>卵/碎石型<br><br>体验型 | 缓坡型<br><br>阶梯型 | 栅格型<br><br>复层型 | 草坪型<br><br>卵石型<br><br>组合型 |

图 6.3-3　海绵设施与绿地有机融合途径

### 3）海绵设施与道路广场有机融合途径（图 6.3-4）

| 海绵设施 | 透水铺装 | 道牙开口 | 排水沟 | 导流槽 | 生态停车场 |
|---|---|---|---|---|---|
| 布局 | 满足荷载前提下，适用于大部分区域 | 沿雨水径流，开口宽度、间距与道路纵向吻合 | 沿雨水径流 | 凹槽深度与宽度尺寸与场地结合 | 可与渗沟结合 |
| 功能 | 场地功能空间划分，雨水渗透 | 雨水引流 | 绿化与排水结合 | 雨水引流 | 停车、透水、增绿 |
| 外观 | 色彩、图案多样化，乡土材料和地域元素运用 | 隐于植物，艺术样式设计 | 隐于植物，图案设计 | 乡土材料和地域元素运用，艺术化设计 | 乡土材料和地域元素运用，艺术样式 |
| 示例 | 色彩型<br><br>图案型<br><br>组合型 | 简洁型<br><br>艺术型 | 图案型<br><br>种植型 | 隐蔽型<br>槽底变化型<br><br>造型变化型<br><br>组合型 | 透水铺装型<br><br>嵌草铺装型<br><br>绿地集水型 |

图 6.3-4　海绵设施与道路广场有机融合途径

### 4）海绵设施与水系有机融合途径（图 6.3-5）

| 海绵设施 | 干塘 | | 湿塘 | |
|---|---|---|---|---|
| 布局<br>功能<br>外观 | 顺应地形,地势低处<br>滞蓄洪水、净化雨水、科普教育<br>与景石、植物、栈道、平台、汀步结合,乡土材料和地域元素运用 | | 顺应地形,地势低处<br>滞蓄洪水、净化雨水、科普教育、亲水互动<br>与水景、植物、景石、栈道、平台、汀步结合,乡土材料和地域元素运用 | |
| 示例 | 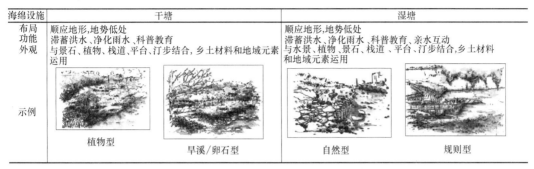 | | | |
| | 植物型 | 旱溪/卵石型 | 自然型 | 规则型 |

图 6.3-5　海绵设施与水系有机融合途径

### 5）海绵设施与小品有机融合途径（图 6.3-6）

| 海绵设施 | 假山置石 | 雕塑 | 构筑物 |
|---|---|---|---|
| 布局<br>功能<br>外观 | 可与汇水处结合<br>园林造景、与集水结合、攀爬互动体验<br>尺度、色彩与环境融合、乡土材料和地域元素运用 | 节点处<br>园林造景、与集水结合、互动体验<br>尺度、色彩与环境融合、乡土材料和地域元素运用、艺术造型 | 结合园林布局<br>水景、亭廊等结合汇水<br>尺度、色彩与环境融合 |
| 示例 | 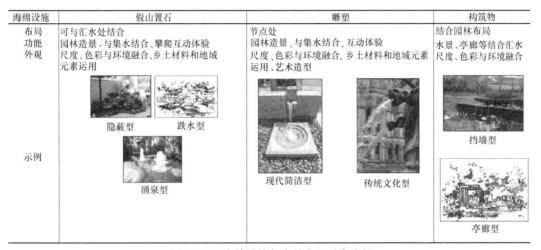 | | |

图 6.3-6　海绵设施与小品有机融合途径

隐蔽型　　跌水型　　涌泉型　　现代简洁型　　传统文化型　　挡墙型　　亭廊型

### 6）海绵设施与通用设施有机融合途径（图 6.3-7）

| 海绵设施 | 标识牌 | 缓冲导流设施 | 雨水篦子 | 生态树池 | 绿化覆盖层 |
|---|---|---|---|---|---|
| 布局<br>功能<br>外观 | 出入口、路口、海绵设施处<br>科普教育<br>尺度、色彩与环境融合、乡土材料和地域元素运用、艺术造型 | 雨水冲刷较严重处<br>缓冲雨水动能,避免绿地冲刷<br>融于环境,提炼展示地域文化元素,艺术造型 | 汇水处<br>汇水<br>尺度、色彩、造型与环境融合、地域元素 | 人流汇集处树池<br>雨水渗透,结合休闲座椅<br>尺度、色彩与环境融合,乡土材料运用,艺术造型 | 覆盖树池<br>防止扬尘、保湿<br>颜色合宜、乡土材料运用 |
| 示例 | 简洁型　互动型<br>艺术型 | 置石型<br>石笼型　艺术型<br>缓冲池型 | 图案型<br>隐蔽型 | 砾石覆盖型<br>金属盖板型<br>透水铺装型 | 树皮覆盖型<br>砾石覆盖型 |

图 6.3-7　海绵设施与通用设施有机融合途径

（5）应用效果

目前我国正在广泛开展老旧小区的升级改造，也更加注重以人为本的住区规划和更新美化，海绵化是其更新改造的重要方面。海绵设施与景观系统的有机融合，兼顾景观与居民日常活动需求，可有效解决整体景观效果不佳、公众接受度低、老百姓认同感较差等问题，发挥海绵设施多重效益，为高品质的城市建设提供技术支持，具有广泛的应用前景。

## 6.4 植物配置技术

（1）技术内容

我国既有城市住区呈现风貌各异、空间多样化的特点，在海绵化改造中利用植物满足海绵功能的同时，还应体现地域特色、空间特征和居民需求，这具有相当大的复杂性，亟需总结适合既有城市住区海绵改造的植物选择和应用方法，以期指导设计者在受限的种植条件下，营造出具有地域特色、适宜场地且高效的海绵植物景观。

针对全国 10 个气候区，以国内外雨洪管理和海绵城市相关理论为依据，充分整合各地植物名录、现有研究成果等，遴选海绵化改造适用的 1000 余种植物，并对典型植物群落提出植物选择、典型搭配、应用建议和配置示例。（图 6.4-1）

（2）适用范围

适用于全国范围的各个气候区，可在既有城市住区改造绿化工程中广泛应用，包括居住区、办公、商业、学校等各类场所，以及城市道路、广场、公园绿地等。在保证绿色屋顶、高位花坛、植被浅沟、下凹绿地、雨水花园、生态停车场、干塘、湿塘等海绵设施功能发挥的同时，亦能形成良好的景观效果。

（3）标准依据（现行）

1）《城市居住区规划设计标准》GB 50180

2）《公园设计规范》GB 51192

3）《园林绿化木本苗》CJ/T 24

4）《环境景观——绿化种植设计》03J012-2

（4）技术要点

综合植被气候带、海绵设施类型、住区各场地特征三大要素，从气候带分布、植物习性、形态特征等出发，逐层递进遴选海绵适用植物库，包括水生、耐水湿、喜湿、耐旱等不同生物特性、适用不同海绵设施的植物数据库。

植物库重点记录生态习性、生物特征、观赏特性、园林用途、适用地区、适用海绵设施类型等指标，便于对实际项目的具体指导。结合海绵设施、场地特征进行植物

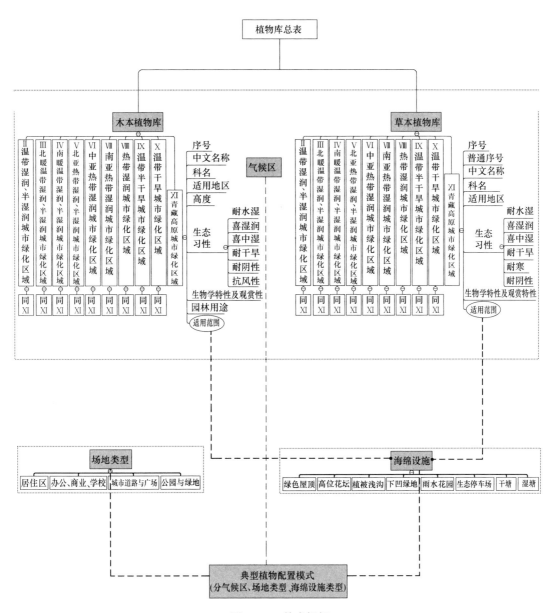

图 6.4-1　技术框架

配置，形成菜单式选择，让设计师、建设者能快速匹配出适用特定住区、特定场地海绵化改造的植物搭配模式，营造出与场地氛围融合的植物景观，并结合示例提出典型海绵设施植物选择与应用要点。（图 6.4-2，表 6.4-1）

（5）应用效果

目前我国尚无针对海绵设施的适用植物指导文件，植物作为海绵设施的重要组成部分，植物库的构建可用于全国各气候区不同场地条件、不同海绵设施的群落搭配，应用前景广泛，具有非常强的实践指导性。

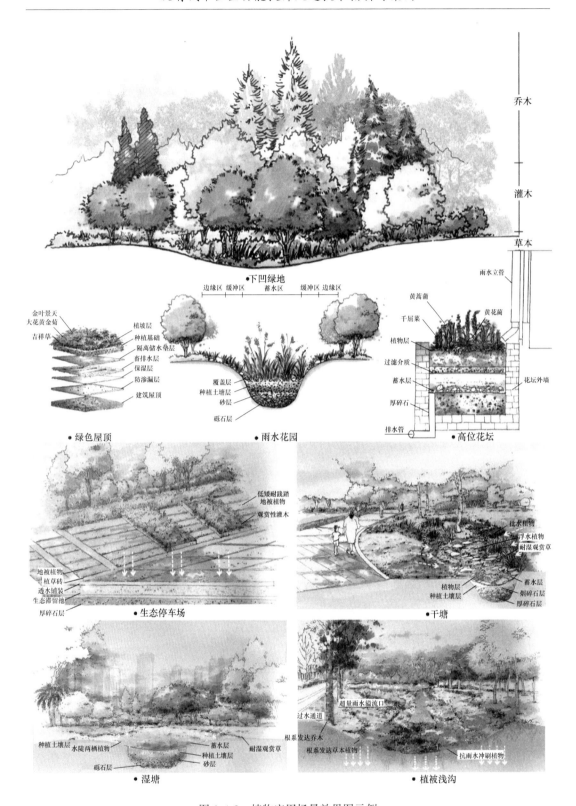

图 6.4-2  植物应用场景效果图示例

**常用低影响开发草本植物性状表示例**

表 6. 4-1

| 序号 | 中文名称 | 科名 | 适用地区 | 耐水湿 | 喜湿润 | 喜中湿 | 耐干旱 | 耐寒 | 耐阴性 | 生物学特性及观赏特性 | | 适用范围 |
|---|---|---|---|---|---|---|---|---|---|---|---|---|
| | | | | 生态习性 | | | | | | | | |
| | 常绿灌木 | | | | | | | | | | | |
| 1 | 夹竹桃 | 夹竹桃科 | 长江以南地区 | • | | | | | 喜光 | 枝条灰绿色,叶面深绿,原种花粉红色,有白花,重瓣栽培绿品种,夏季开花,花有香气,果期一般在冬春季 | 庭院观赏、丛植 | 下沉式绿地、滨水绿地 |
| 2 | 南天竹 | 南天竹科 | 长江流域及其以南地区 | | • | | | | 喜光、耐阴 | 枝叶秀丽,冬季叶变红,花白色,果红色 | 庭植 | 下沉式绿地、雨水花园、滨水绿地 |
| 3 | 海桐 | 海桐花科 | 江西北部、东南沿海地区 | | • | | | | 喜光、耐半阴 | 叶革质,倒卵形,下端圆,簇生于枝顶呈假轮生状,伞形或伞房状或伞形花序顶生,密被黄褐色柔毛,花白色,有芳香 | 绿化树、观赏树、绿篱 | 下凹式绿地、绿色屋顶、植被缓冲带、旱溪 |
| 4 | 含笑 | 木兰科 | 南部地区 | | | | | | 耐阴 | 树皮灰褐色,分枝繁密,芽、嫩枝、叶柄、花梗均密被黄褐色绒毛,叶革质,狭椭圆形或倒卵状椭圆形 | 庭植观赏、绿化树 | 植被缓冲带 |
| 5 | 胡颓子 | 胡颓子科 | 长江流域及其以南各省 | | | | • | | 喜光、耐半阴 | 小枝具刺,叶椭圆形,叶背银白,芬芳,果椭球形,红色 | 庭园观赏 | 下沉式绿地、雨水花园、滨水绿地 |
| 6 | 云南黄素馨 | 木犀科 | 华南、西南 | | | | • | | 喜光、稍耐阴 | 小枝四棱形,具沟,光滑无毛,叶对生,三出复叶或小枝基部具单叶,叶片近革质,两面几无毛 | 攀援棚架、盆栽 | 植被缓冲带 |

续表

常绿灌木

| 序号 | 中文名称 | 科名 | 适用地区 | 生态习性 | | | | | | 生物学特性及观赏特性 | 适用范围 | |
|---|---|---|---|---|---|---|---|---|---|---|---|---|
| | | | | 耐水湿 | 喜湿润 | 喜中湿 | 耐干旱 | 耐寒 | 耐阴性 | | | |
| 7 | 大花六道木 | 忍冬科 | 华东、西南及华北地区 | | | | • | • | 喜光、耐阴 | 幼枝红褐色,有短柔毛;叶片倒卵形、墨绿有光泽。花粉白色,钟形,有香味。花萼大而宿存。圆锥花序,开花繁茂,5~11月持续开花 | | 雨水花园、绿色屋顶 |
| 8 | 中华蚊母 | 金缕梅科 | 湖北和四川、长江流域 | | • | | | • | 喜光、耐阴 | 嫩枝粗壮,被褐色柔毛。老枝暗褐色。叶革质,矩圆形,长2~4cm,宽约1cm。雄花穗状花序长1~1.5cm,花无柄。蒴果卵圆形 | 庭植观赏、园景树 | 雨水花园 |
| 9 | 洒金珊瑚 | 山茱萸科 | 全国各地 | | • | | | | 喜光 | 小枝对生或长圆状椭圆形,叶片卵状椭圆形。叶革质,叶面光亮,无毛。具黄色斑纹,叶柄腹部具沟。圆锥花序生;花瓣紫红色或暗紫色 | 庭植观赏、园景树 | 绿色屋顶 |
| 10 | 金边黄杨 | 卫矛科 | 华北至西南 | | | | • | • | 喜光、耐阴 | 小枝略为四棱形,枝叶密生,树冠圆球状。具钝齿,倒卵形,叶缘金黄色。边缘有光泽。聚伞花序腋生,具长梗,花绿白色。蒴果球形,淡红色,假种皮橘红色 | 园景树 | 绿色屋顶 |

## 6.5　海绵化智能监测技术

（1）技术内容

针对海绵城市建设中，部分城市（地区）存在的重建设、轻管理情况，提出智能监测技术，支持海绵城市建设的运行保障和系统评估。海绵化智能监测技术是通过对排水体系和雨污水管网运行情况、雨水调蓄重要节点及建设项目排出口等重要位置进行监控，以实际监测数据反映海绵城市的建设成果，分析运行效果，优化运维策略，为城市水资源、水环境、水安全的综合管理和海绵城市建设成效的评定提供数据支撑。（图 6.5-1）

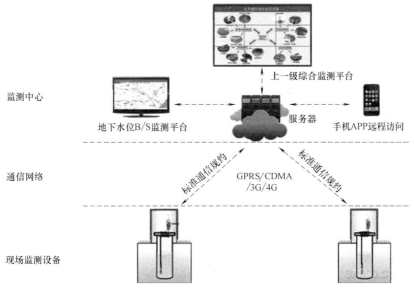

图 6.5-1　监测系统构成

（2）适用范围

适用于既有城市住区海绵化升级改造项目的后期监测管理以及地块、流域的海绵城市建设项目的海绵化监测。

（3）标准依据（现行）

1）《海绵城市建设绩效评价与考核办法（试行）》建办城函〔2015〕635 号

2）《海绵城市建设评价标准》GB/T 51345

3）《海绵城市建设技术指南——低影响开发雨水系统构建（试行）》

4）《室外排水设计标准》GB 50014

5）《城镇内涝防治技术规范》GB 51222

（4）技术要点

1）监测方法

监测方案充分结合相应排水分区的海绵城市建设整体方案，预期监测数据的获取与分析应充分反映实施效果。监测方案主要内容包括排水分区概况与监测目标、资料收集、监测内容、监测方法、监测设备安装与运维管理、监测数据采集与分析、监测方案优化调整、监测工作组织与质量保证等内容。

适用于既有城市住区海绵化改造效果评价的监测内容分为项目、设施及管网关键节点监测三大类，每类典型项目选择 2～3 个项目进行监测，监测指标见表 6.5-1。监测采样频率按监测点出现径流后，采用 0min、5min、10min、20min、30min、60min、90min、120min 的时间间隔进行监测。如果日降雨历时较长，则根据实际情况，产流后的 0.5h 内取样不低于 2 次，前 1h 不低于 4 次，之后的采样间隔适当增大，累计采样不低于 8 次。

既有城市住区海绵化监测目标 表 6.5-1

| 监测类别 | 监测内容 | 监测目标 |
|---|---|---|
| 项目监测 | 监测区域内的降雨量、温湿度、土壤渗透性、内涝情况 | 1）项目、排水分区模型的参数确定与验证；<br>2）设施对项目径流污染、径流体积、径流峰值、积水内涝、热岛效应、地下（潜水）水位下降等的控制效果；<br>3）场降雨或年连续降雨水量平衡等；<br>4）渗透能力的衰减规律 |
| 设施监测 | 进出水等的水量、水质、调蓄水位监测 | 1）径流峰值流量、径流体积、峰现时间控制效果；<br>2）场/年污染物总量控制效果；<br>3）单一不透水下垫面的径流污染特征；<br>4）设施设计降雨量、排空时间等设计参数对控制效果的影响 |
| 管网关键节点监测 | 上游下游出口、雨水排放口及污水管网关键节点的水量、水位、水质监测 | 1）排水分区模型的参数确定与验证；<br>2）项目与设施对排水分区径流污染与合流制溢流污染、径流体积、径流峰值等控制效果等 |

2）监测数据采集与传输

针对既有城市住区海绵化改造效果监测的数据采集、数据传输、数据记录等功能需求，监测系统计量监测装置包括计量监测装置的数据采集、计量监测装置到数据采集装置之间的传输、数据采集器到数据中心之间的传输三个层级。计量装置和数据采集器之间应采用符合各相关行业智能仪表标准的各种有线或无线物理接口。数据采集器应使用基于 IP 协议承载的有线或者无线方式接入网络。数据采集器应支持根据数据中心命令采集和主动定时采集两种数据采集模式，且定时采集周期可以从 10min 到 1h 灵活配置。（图 6.5-2）

3）监测数据评估依据

监测数据的分析结果应符合现行《海绵城市建设评价标准》GB/T 51345、《海绵城市建设绩效评价与考核指标（试行）》、《海绵城市建设技术指南——低影响开发雨水系统构建（试行）》。监测数据经分析计算，路面积水控制与内涝防治应满足现行

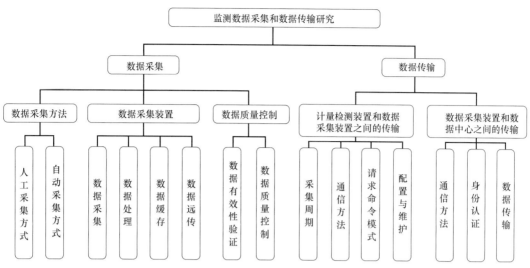

图 6.5-2 监测数据采集和数据传输研究技术路线图

《室外排水设计规范》GB 50014 与《城镇内涝防治技术规范》GB 51222 的要求。雨水排水设计重现期对应的降雨情况下，不应有积水现象；内涝防治设计重现期对应的暴雨情况下，不得出现内涝。

（5）应用效果

结合项目建设条件，按"项目—设施—管网关键节点"的系统化在线监测布点思路（表 6.5-2），构建包括雨量、液位、流量、悬浮物、溶解氧等内容的在线监测网络，实现海绵城市建设动态情况的数据采集、远程传输和预警报警，实现建设效果可视化展示、监测数据集成显示、考核指标动态评估、现场运行情况采集等功能，为海绵城市建设效果的定量化绩效评价与考核提供长期在线监测数据和计算依据，并为设施运行情况的应急管理决策提供参考。

既有城市住区海绵化智能监测点位布置 表 6.5-2

| 监测点位 | 监测方式 | 监测项目 |
| --- | --- | --- |
| 项目建设范围内 | 在线雨量计，水质在线监测，$PM_{10}$ 在线监测仪，负离子测试仪（布置密度为 5km²） | 水情、水质、空气质量 |
| 屋面天沟/雨落管 | 水质在线监测 | 水质 |
| 积水改造道路 | 在线水位计 | 水位 |
| 道路雨水口 | 远传水表计量，水质在线监测 | 水量、水质 |
| 绿地雨水口 | 远传水表计量，水质在线监测 | 水量、水质 |
| LID设施进/溢水口 | 远传水表计量，水质在线监测 | 水量、水质 |
| 住区外排水管 | 在线流量计 | 流量、压力 |
| 管道典型节点 | 在线流量计 | 流量 |
| 回用水管道 | 在线流量计 | 流量 |
| 外排水管道 | 在线流量计 | 流量 |

# 7 智慧化和健康化升级改造技术

## 7.1 室外物理环境健康化评价方法

（1）技术内容

目前既有城市住区普遍存在以下几个对室外物理环境影响较大的不利因素：建筑密度大、人口密度大、规划设计不合理、使用过程中设施设备老化、物业管理服务差等。较差的室外环境导致居民室外活动舒适性差、对室外活动空间的使用较少、产生空间与设施浪费、不利于居民身心健康等问题，既有城市住区室外物理环境的提升迫在眉睫。

针对以上背景，本技术为适用于既有城市住区改造的室外物理环境综合评价方法，建立既有城市住区室外物理环境分级评价指标体系；采用层次分析法确定指标权重，综合考虑居民与专家的意见；提出综合评分的计算方法，以全面评估既有城市住区室外物理环境总体的舒适性；进一步提出适用的优化改造措施及其选择方法，以辅助改造的决策与实施。

（2）适用范围

本技术的适用范围为建成于 1980—2000 年的既有城市住区。由于建设于 20 世纪 70 年代及以前的住区使用年代已经很长、现状较差，改造成本大而效果有限；2000 年以后的新建住区品质较好，改造需求极少；20 世纪 80 年代和 90 年代的住区涉及居民规模较大，且还有较长的使用年限，但其品质不佳，需要提升，是既有城市住区改造的主要对象。

在住区改造的各个阶段，都需要一套合理、适用的既有城市住区室外物理环境评价方法作为辅助与参考。既有城市住区改造时，首先需要判断其环境品质是否满足要求、哪些方面存在不足之处，其次需要预估改造措施对室外物理环境的提升效果以进行选择决策，最后在改造完成后仍需要进行使用后评价来判断工作的效果。

（3）标准依据（现行）

1）《城市居住区规划设计标准》GB 50180

2）《绿色生态城区评价标准》GB/T 51255

3）《声环境质量标准》GB 3096

4）《绿色建筑评价标准》GB/T 50378

5）《环境空气质量标准》GB 3095

6）《城市夜景照明设计规范》JGJ/T 163

7）《城市道路照明设计标准》CJJ 45

8）《城市居住区热环境设计标准》JGJ 286

9）《健康建筑评价标准》T/ASC 02

（4）技术要点

本技术包含以下四个要点：

1）分级评价指标体系建立

基于科学性、适用性、可预测性、易操作性、系统性的原则，选取了涵盖声、光、热和空气品质四方面的评价指标，并根据从低到高不同水平的室外物理环境需求对选取的既有城市住区室外物理环境评价指标进行分级（如图7.1-1所示）。基础级指标为住区需要满足的居民生活基础要求，舒适级指标在此基础上提出了舒适度要求，高品质级指标进一步对高品质环境提出要求。

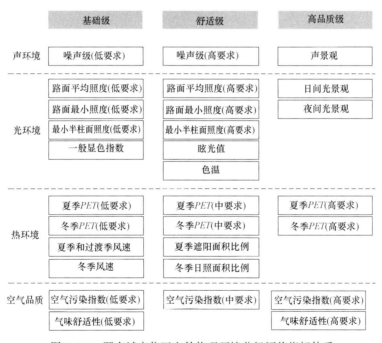

图 7.1-1　既有城市住区室外物理环境分级评价指标体系

2）指标权重确定

指标权重采用层次分析法确定。目标层为既有城市住区室外物理环境，准则层为声环境、光环境、热环境、空气品质，方案层为各项评价指标。在本方法中，选择五分法进行意见收集，收集了100位居民和14位专家的意见，其中男性和女性各50%，分层次将指标进行两两对比，得出指标间的比较矩阵，通过层次分析法软件 yaahp10.1 进行权重计算；对专家和居民的意见分别给出0.5的权重系数，通过算术平均法分别计算专家组、居民组给出的权重，最终计算得出的各指标权重结果如表 7.1-1 所示。

评价指标综合权重　　　　　　　　　　　　　　　表 7.1-1

| 准则层 | | 方案层 | | | | | |
|---|---|---|---|---|---|---|---|
| 指标 | 权重 | 基础级指标 | 权重 | 舒适级指标 | 权重 | 高品质级指标 | 权重 |
| 声 | 0.26 | 噪声级 | 0.26 | 噪声级 | 0.26 | 声景观 | 0.26 |
| 光 | 0.18 | 路面平均照度 | 0.05 | 路面平均照度 | 0.05 | 日间光景观 | 0.1 |
| | | 路面最小照度 | 0.05 | 路面最小照度 | 0.03 | 夜间光景观 | 0.09 |
| | | 最小半柱面照度 | 0.04 | 最小半柱面照度 | 0.04 | / | / |
| | | 一般显色指数 | 0.04 | 色温 | 0.03 | / | / |
| | | / | / | 眩光值 | 0.04 | / | / |
| 热 | 0.18 | 夏季 PET | 0.05 | 夏季 PET | 0.05 | 夏季 PET | 0.08 |
| | | 冬季 PET | 0.06 | 冬季 PET | 0.05 | 冬季 PET | 0.11 |
| | | 夏季和过渡季风速 | 0.03 | 夏季遮阳面积比例 | 0.04 | / | / |
| | | 冬季风速 | 0.05 | 冬季日照面积比例 | 0.04 | / | / |
| 空气 | 0.38 | 空气污染指数 | 0.27 | 空气污染指数 | 0.38 | 空气污染指数 | 0.23 |
| | | 气味 | 0.11 | / | / | 气味 | 0.15 |

3）既有城市住区室外物理环境现状调查

开展包括声、光、热和空气品质四个方面的室外物理环境测试，并通过问卷调查和访谈收集既有城市住区居民室外活动情况和其对物理环境满意度的评价。对于客观项指标，在四个季节按照规范各进行一次现场测试，对于主观项指标，通过问卷调查的方式，建议在夏、冬各进行一次，每次每住区发放 20 份，共 160 份，问卷调研内容包括居民基本信息、室外活动情况、指标满意度和重要性评价。

4）综合评分计算

评价指标的计分按照以下方法：对于客观指标，根据现有标准和研究及住区实际情况，采用区间评分的方式，每个级别下每个指标以 10 分为一档，根据指标值所在的区间对应分数作为得分。主观指标采用居民满意度调研得到，最终得分通过主观评价分数根据指标满分按比例折算。

综合评价时根据环境各分项指标得分加权加和计算各级分值，基础级、舒适级指标满分均为 40 分，高品质级满分 20 分，总分 100 分。因为更低等级的指标没有达到基本要求的情况下，住区品质受限，高等级指标的提高对于总体室外物理环境品质影响不大，可以不列入考虑范围。因此高等级指标可以计入总分的前提为低级指标达到30 分。综合评价得分计算方法流程图如图 7.1-2 所示。

（5）应用效果

以杭州市四个典型住区的调研、测试及评价为例，四个住区各指标得分和综合评分如图 7.1-3、图 7.1-4 所示。从分项得分来看（图 7.1-3），四个住区在 PET、冬季风速、空气方面质量均较高；照度非常差，噪声级、夏季和过渡季风速较差，同时噪

98

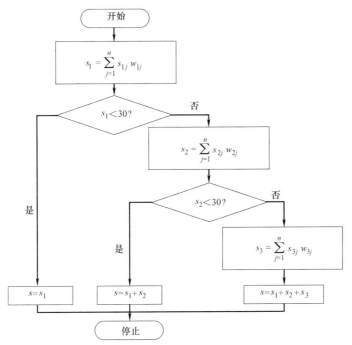

图 7.1-2 综合评分计算流程图

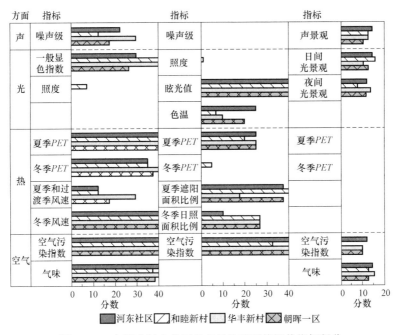

图 7.1-3 各既有城市住区的室外物理环境评价指标得分

声、照度在评价体系中权重较大,因此失分严重,对室外物理环境品质有较大不利影响,亟需改善。从综合得分来看(图 7.1-4),仅华丰新村基础级指标达到 30 分,可以计入舒适级指标,但舒适级指标均不足 30 分,无法计入高品质级指标。其他三个住区基础级指标得分 27.2～28.7 分,接近 30 分,说明其室外物理环境基础水平较

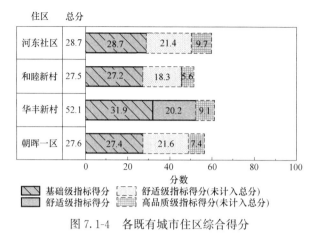

图 7.1-4　各既有城市住区综合得分

低，但经过针对性提升后可以满足要求。

　　该方法综合考虑了声、光、热、空气品质四个方面对既有城市住区室外物理环境的综合影响，并通过建立分级评价指标体系，使该方法适用于不同品质需求的住区，避免低级指标难以满足时，高等级指标得分虚高导致舒适度与得分不符的情况。该综合评价方法可以应用于既有城市住区室外物理环境现状诊断、改造措施效果预测与选择、改造后综合效果评价等多个阶段，为其改造提供参考和依据。

## 7.2　室外物理环境健康化提升技术

　　（1）技术内容

　　根据既有城市住区现状和改造需求，需要选择适宜的室外物理环境优化措施。既有城市住区环境面临声、光、热和空气品质四方面的问题，需要针对各方面进行改善。在对既有城市住区进行环境提升措施选择时，应先通过既有城市住区改造的室外物理环境综合评价方法评估得出住区环境水平后，根据其主要问题和环境情况，筛选可供选用的优化措施；再通过计算、软件模拟等方法对优化措施效果进行预测，通过其对室外物理环境综合评分的提高进行衡量；计算每项措施的成本，进一步计算成本效益，并进行分类和排序；最终，结合住区优化目标、成本效益排序和各项措施的互斥或可合并使用等关系，选择环境提升措施组合。

　　本技术基于成本效益分析法，通过现场调研收集其现状数据、明晰主要问题，并通过预计室外物理环境综合评分的提高衡量优化措施效果，并进行成本效益分析，为优化措施组合的选取提供依据，形成"既有城市住区调研—分级及综合评价—措施成本效益分析—优化措施组合选择"的既有城市住区室外物理环境提升技术体系。

　　（2）适用范围

　　本技术适用范围为既有城市住区改造中存在声、光、热和空气品质四个方面常见问题的情景，可从一系列适用的环境措施清单中选取适宜的改造措施。该技术可以运用于建设投资、政策决策、规划方案等多种决策场景。成本是既有城市住区改造实际工程中的重难点问题，为节约成本、追求良好的效果，可采用成本效益分析法进行优化措施的选择。

（3）标准依据（现行）

1)《城市道路照明设计标准》CJJ 45

2)《城市居住区热环境设计标准》JGJ 286

3)《既有住宅建筑功能改造技术规范》JGJ/T 390

4)《既有住区健康改造评价标准》T/CSUS 08

（4）技术要点

1）筛选可供选用的优化措施

根据住区室外物理环境、布局、区位等具体情况在既有城市住区室外物理环境优化措施清单中选择适用的措施。既有城市住区室外物理环境优化措施及其优点、局限、效果预测方法如表 7.2-1 所示。

既有城市住区室外物理环境优化措施清单　　　　　　　　表 7.2-1

| 方面 | 针对问题 | 措施 | 优点 | 局限 | 效果预测方法 |
|---|---|---|---|---|---|
| 声 | 城市道路交通噪声 | 声屏障 | 降噪效果良好 | 影响视觉效果；影响通风 | 软件模拟、计算 |
| | | 低层沿街商铺 | 降噪效果良好 | 营业产生噪声、空气污染 | 软件模拟、计算 |
| | | 绿化减噪 | 物理、心理两方面减噪；景观、生态作用 | 效果有限；空间要求 | 软件模拟、计算 |
| | 轨道交通振动 | 减振沟/减振墙 | 有效减振 | 有空间、深度要求 | 软件模拟、计算 |
| | 内部道路交通噪声 | 组织内部交通 | 人车分流，动静分区 | 空间要求 | 软件模拟、计算 |
| | | 集中停车场 | 减少宅前道路车辆；减少空气污染、路面投影 | 空间要求 | 软件模拟、计算 |
| | | 禁止车辆穿行 | 从根本上降低噪声；减少空气污染、路面投影 | 居民出行不便 | 实测估计 |
| | | 吸声降噪路面 | 有效降噪 | 耐用性较差 | 软件模拟、计算 |
| | | 调整活动空间布置 | 动静分区 | 空间要求 | 软件模拟、计算 |
| | | 声屏障/景观墙/堆坡 | 丰富景观效果 | 空间要求 | 软件模拟、计算 |

| 方面 | 针对问题 | 措施 | 优点 | 局限 | 效果预测方法 |
|---|---|---|---|---|---|
| 声 | 市政施工噪声 | 声屏障 | 阻隔一部分噪声传播 | 效果有限 | 软件模拟、计算 |
| | 内部装修噪声 | 控制施工时间 | 减少部分时间噪声 | 施工时段仍有噪声 | 实测估计 |
| | | 规范施工程序 | 阻隔一部分噪声传播 | 效果有限 | 计算 |
| | 设备噪声(空调) | 规范安装位置 | 减少人行区域噪声 | 对较远距离效果不明显 | 软件模拟、计算 |
| | | 隔声棉/减振垫 | 减少噪声产生 | 需要每户安装 | 计算 |
| | 蝉鸣 | 人工捕捉、胶粘捕捉、铺网捕捉等 | 有效降低蝉鸣声 | 需要每年定时除蝉 | 实测估计 |
| | 广场舞音乐 | 设置集中、固定场地 | 动静分区 | 空间要求 | 软件模拟、计算 |
| | | 景观墙声屏障 | 减少声传播;减小音响音量 | 空间要求;视觉景观影响 | 软件模拟、计算 |
| | | 提倡低音量设置 | 成本低、从根源减噪 | 需要居民配合 | 实测估计 |
| | 声景观营造 | 增加绿化、丰富树种 | 增加自然声 | 需避免蝉鸣声过大 | 估算 |
| | | 采取降噪措施 | 增加安静程度和协调程度 | 各措施局限如上 | 估算 |
| | | 活动场地分区 | 根据活动情境需求营造声景观 | 空间要求 | 估算 |
| 光 | 照度不足 | 美化景观设计 | 增加景观设计优美程度;有利于光景观 | / | 估算 |
| | | 增加灯具 | 成本低 | 需要原有灯具符合要求 | 软件模拟、计算 |
| | | 更换灯具、重新进行照明设计 | 灯具设置更合理;视觉上更美观 | 成本较高 | 软件模拟、计算 |
| | | 定期修剪乔木、维护灯具 | 成本低、保证较长时间内的光环境 | 要求社区管理质量 | 实测估计 |
| | | 根据住区居民生活习惯进行照度设计 | 在照度和室内光侵入间寻找平衡 | 平衡点确定难 | 软件模拟、计算 |
| | | 采用光线主要向下的灯具;灯具靠近路中央 | 保证照度的同时减少光侵入 | / | 软件模拟、计算 |
| | 眩光/显色指数/色温不符合要求 | 更换灯具 | / | / | 查阅参数 |

续表

| 方面 | 针对问题 | 措施 | 优点 | 局限 | 效果预测方法 |
|---|---|---|---|---|---|
| 光 | 光景观营造 | 绿化和景观小品 | 提高视觉景观,丰富阴影形态;有利于声景观 | / | 估算 |
| | | 避免树冠过密 | 提高明亮程度 | 影响夏季遮阳 | 估算 |
| | | 设置水体 | 提高视觉景观,丰富阴影形态;有利于热环境 | 需要维护 | 估算 |
| | | 对视野中连续大面积的建筑、地面和天空进行遮挡、阴影打断 | 提高视觉景观,丰富阴影形态 | / | 估算 |
| 热 | 夏季遮阳不足 | 乔木遮阳 | 适用性广;维护费用低;改善景观环境 | 遮阳效果有限 | 计算 |
| | | 构筑物遮阳 | 结合休息座椅;遮阳效果好 | 位置固定,早晚遮阳差;冬季遮挡阳光 | 计算 |
| | | 混合遮阳 | 满足夏季遮阳和冬季日照;便于设置座椅;优化景观效果 | 夏季遮阳效果相对有限 | 计算 |
| | 通风较差 | 夏季盛行风向减少灌木和低矮乔木 | 避免阻挡气流 | 效果有限 | 软件模拟、计算 |
| | | 种植与风向平行的行列树 | 促进通风 | 效果有限 | 软件模拟、计算 |
| | | 导风墙 | 引导气流方向 | 空间要求 | 软件模拟、计算 |
| | | 采用通风围墙 | 避免阻挡气流 | 对声环境不利 | 软件模拟、计算 |
| | 热岛效应 | 增加绿化 | 有利于遮阳、蒸腾作用降低气温 | 湿度增加、风速降低 | 软件模拟、计算 |
| | | 透水铺装 | 降温、减少地表径流、防止积水 | 效果有限 | 软件模拟、计算 |
| | | 高反射率材料铺装 | 减少地面长波辐射 | 周边建筑、树木升温 | 软件模拟、计算 |
| | | 增加水体 | 局部有效降温;丰富景观 | 需要维护 | 软件模拟、计算 |
| | | 减少与周边自然水体间的灌木、低矮乔木 | 利用水体产生的低温气流 | 环境条件要求 | 软件模拟、计算 |
| | 冬季日照不足 | 采用冬季落叶乔木 | 有效增加日照、不影响夏季遮阳 | / | 软件模拟、计算 |
| | | 调整活动空间布置 | 利用日照良好的空间 | 空间要求 | 软件模拟、计算 |
| | 风速过大 | 防风林/挡风墙 | / | 空间要求 | 软件模拟、计算 |

| 方面 | 针对问题 | 措施 | 优点 | 局限 | 效果预测方法 |
|---|---|---|---|---|---|
| 空气品质 | 外部空气污染 | 增加绿化 | 通过植物表面沉积作用和空气动力扩散效应提高空气品质 | 低风速地区影响通风排浊;空间要求 | 软件模拟、计算 |
| | | 空气质量监控系统并实时显示 | 指导居民室外活动 | 空气品质没有提高 | / |
| | 内部车辆尾气排放 | 减少车辆穿行 | 针对性解决问题 | 需要社区管理作为保障 | 软件模拟、计算 |
| | 公共厨房油烟排放 | 加装油烟净化装置 | 针对性解决问题 | 需要社区管理作为保障 | 实测估计 |
| | 公共厕所、垃圾桶异味 | 定期清理 | 针对性解决问题 | 需要社区管理作为保障 | 估算 |
| | 内部施工场地扬尘 | 采取扬尘控制措施 | 针对性解决问题 | 需要社区管理作为保障 | 实测估计 |

2）优化措施效果预测

声环境方面，可采用 Cadna/A 软件进行噪声环境模拟，需要对模拟区域的网格大小、植被、建筑物、周边道路的位置和具体数据进行合理设置。然后将模拟结果与春季和秋季实测结果的平均值进行对比，以验证模拟效果。（图 7.2-1，图 7.2-2）

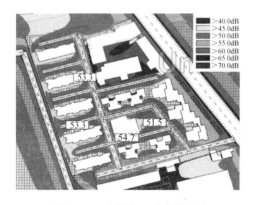

图 7.2-1 案例住区噪声模拟图

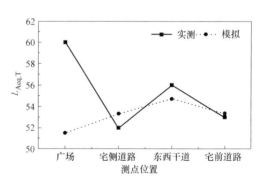

图 7.2-2 案例住区噪声值实测结果与模拟结果对比

热环境采用 ENVI-met 软件进行模拟，在软件中根据该住区具体情况进行建模并进行模型验证。选取夏季典型气象日和冬季典型气象日数据对该住区进行热环境模拟。在该住区模型中增加不同的热环境优化措施，以相同的气象参数和模拟时间进行热环境模拟并计算 $PET$，选取数据进行分析。（图 7.2-3）

类似地，光环境也可通过 Ecotect 等光环境模拟软件对改造效果进行预测，空气品质可通过各类 CFD 软件进行模拟预测。

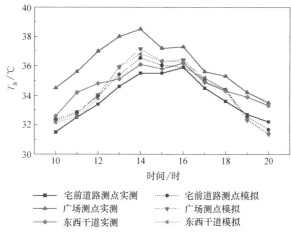

图 7.2-3 该住区气温实测结果与模拟结果对比

3）基于成本效益分析的优化措施选择

成本是既有城市住区改造实际工程中的重难点问题，为节约成本、追求良好的效果，可采用成本效益分析法进行优化措施的选择（图 7.2-4）。在进行以上步骤后，还需：①计算各项措施的成本；②对有效措施进行成本效益计算并进行排序和分类；③根据成本效益、改善目标、措施间关系等因素选取优化措施组合。

图 7.2-4 成本效益分析法流程图

进行既有城市住区的优化措施效果预测计算时，某项措施对住区不同位置的效果不同时，采用几何平均法计算其对住区影响的平均值，再进行效益计算。成本包括材料费、人工费、机械使用费、施工管理费用等所有成本在内。每项措施的效益通过实施后预计可提升住区室外物理环境综合评分的分数来衡量。

（5）应用效果

运用基于成本效益分析的优化措施选择法，选取河东社区为例进行分析。河东社区的主要问题是声环境和光环境，此外热环境也有改善空间。考虑到河东社区绿化面积大、用地集约等特点，筛选出一系列可用措施。首先对各种措施的效果进行软件模拟或设计计算，结果如图 7.2-5 所示。然后根据每项措施的预计效果计算预计可提升的分数，每项措施的效益通过预计可提升住区室外物理环境综合评分的分数来衡量，提升分数采用插值法计算。将每项措施的成本除以提升分数，得到单位效益所用成本，如表 7.2-2，根据成本效益排序和住区需求，筛选出成本效益最高的组合：集中停车场＋灭蝉＋重新设置灯具＋冬季落叶乔木。综合考虑各项措施的共同作用，预计可提高室外物理环境综合得分约 18.1 分。

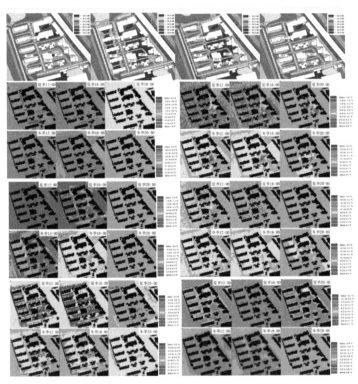

图 7.2-5　河东社区各措施效果的软件模拟结果

| | | | | | 表 7.2-2 |
|---|---|---|---|---|---|
| | | | **适用措施的成本效益计算** | | |
| 方面 | 措施 | 成本/元 | 措施效果<br>（几何平均） | 效益/分 | 单位效益成本<br>/(元·分$^{-1}$) | 成本效<br>益分类 |
| 声 | 广场声屏障 | 10500 | 噪声值降低 0.3dB(A) | 0.26 | 40384 | 优 |
| | 集中停车场 | 10800 | 噪声值降低 4.1dB(A) | 3.6 | 3000 | 优 |
| | 组织交通 | 115000 | 噪声值降低 2.1dB(A) | 1.82 | 63186 | 优 |
| | 改为沥青道路 | 670000 | 噪声值降低 0.6dB(A) | 0.52 | 1288461 | 差 |
| | 改为降噪路面 | 900000 | 噪声值降低 3.1dB(A) | 2.7 | 333333 | 中 |
| | 灭蝉 | 30000 | 夏季噪声值降低 5.0dB(A) | 1.1 | 27273 | 优 |
| 光 | 重新设置灯具 | 66000 | 照度，一般显色指数，<br>色温达到满分 | 11.4 | 5789 | 优 |
| 热 | 透水路面 | 1393800 | 夏季 PET 降低 1.2℃，<br>冬季 PET 降低 0.1℃ | 0.7 | 1991142 | 差 |
| | 增加喷泉 | 144000 | 夏季降低 0.1℃ | 0.05 | 2880000 | 差 |
| | 冬季落叶乔木 | 1160000 | 冬季 PET 升高 3.6℃，<br>广场和宅侧道路冬季日<br>照达到满分 | 2.3 | 504348 | 中 |
| | 密集复层绿化<br>（新增树木使用<br>落叶乔木） | 3320000 | 夏季 PET 降低 1.4℃，<br>夏季遮阳达到满分 | 0.8 | 4150000 | 差 |

运用本技术的既有城市住区室外物理环境提升措施选择方法，可以用最少的成本实现对既有城市住区室外物理环境的整体性能最大程度的提升。

## 7.3　既有城市住区改造碳排放计算方法

（1）技术内容

我国既有住区改造需求迫切且住区改造拥有较大的节能减排潜力。住区改造的碳排放核算方法构建了适用于中国住区改造的碳排放清单以及碳排放影响评价模型。根据资源、气候及既有住区的碳源碳汇特点，建立既有城市住区碳排放核算清单，构建了既有城市住区碳排放因子数据库及使用运行阶段碳排放评价模型，能对景观绿化、住宅建筑、水资源、固体废弃物、基础配套和交通出行六个方面的住区单项碳排放情况进行核算，也能对住区整体碳排放水平进行评价，从而客观地反映住区使用阶段的碳排放情况。同时，根据资源、气候及既有住区的碳源碳汇特点，梳理了既有城市住区更新改造常用技术的碳排放影响清单，构建了城市住区改造碳排放影响计算模型。本技术既能量化计算既有住区改造的整体减碳效果，也能对各项改造措施的碳排放影响进行定量评价与比较，为既有住区的低碳化改造提供理论基础和实践指导。

（2）适用范围

本技术适用于中国各个气候区的既有城市住区改造项目。

（3）标准依据（现行）

1）《建筑碳排放计算标准》GB/T 51366

2）《建筑给水排水设计标准》GB 50015

（4）技术要点

1）住区使用阶段碳排放核算方法

① 核算边界

以 $CO_2$ 为核算对象，以住区的地理边界为核算边界，划分为 3 个范围，如图 7.3-1 所示。范围一：需求活动和排放源头均发生在地理边界内的 $CO_2$ 直接排放；范围二：需求活动发生在地理边界内，排放源头在边界外的 $CO_2$ 间接排放；范围三：需求活动和排放源头均发生在地理边界外的 $CO_2$ 排放。

② 碳排放清单

住区碳排放清单中的需求活动包括碳汇和碳源两种，如图 7.3-2。前者主要指景观绿化的碳汇；后者包括住宅建筑、水资源、固废处理和基础配套直接排放及其能源消耗产生的 $CO_2$ 及居民交通出行耗能产生的 $CO_2$。

③ 核算公式

核算方法采用排放系数法，核算公式如下：

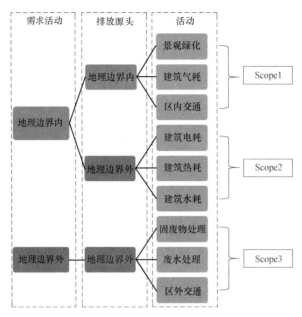

图 7.3-1 地理边界

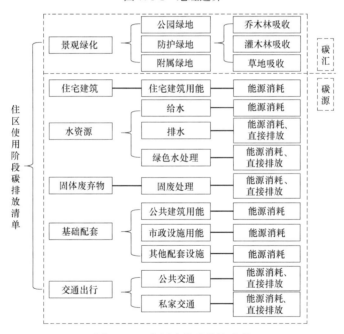

图 7.3-2 使用阶段碳排放清单

$$E = \sum Q \times EF$$

其中，$E$ 为 $CO_2$ 排放量；$Q$ 为活动水平，量化了造成碳排放的活动，如住宅建筑用电量；$EF$ 为排放因子，即量化单位活动排放量或清除量的系数，如 $CO_2/kWh$。

④ 活动水平数据收集方式及相关碳排放因子

使用阶段的活动数据的收集主要分为三种：

（a）咨询相关部门，包括社区管理、物业。

（b）现场调查，包括实地计量和抽样入户问卷。

（c）参考统计数据或行业标准，包括当地统计年鉴、行业统计数据及行业标准。（表 7.3-1）

改造前使用阶段的活动水平数据及其收集方式　　　　　　　　　　　表 7.3-1

| 类别 | 所需活动水平数据 | 数据收集方式 | | |
|---|---|---|---|---|
| | | 咨询社区部门 | 现场调查 | 参考统计值 |
| 景观绿化 | 各类绿地（乔木、灌木、草地）面积 | | 实地计算 | |
| 住宅建筑 | 住宅户内年能耗（电、气、暖） | | 抽样入户问卷 | |
| | 楼栋公共区域年电耗（灯具、电梯） | 社区管理、物业 | 实地计量 | |
| 水资源 | 年给水量 | | 抽样入户问卷 | |
| | 年排水量 | | | 行业标准 |
| | 年绿色水处理量 | 社区管理、物业 | | |
| 固体废弃物 | 各处理方式的年处理量 | | | 行业标准、当地统计年鉴 |
| 基础配套 | 公共建筑年能耗（电、气、暖） | 社区管理、物业 | | |
| | 市政设施年电耗（路灯） | 社区管理、物业 | | |
| | 其他配套年电耗（岗亭、安防系统） | 社区管理、物业 | | |
| 交通出行 | 公共交通各类型能源的年消耗量气（汽油、柴油、混合动力、天然气） | | 抽样入户问卷 | 当地统计年鉴、交通部门 |
| | 私家交通各类型能源的年消耗量 | | 抽样入户问卷 | 当地统计年鉴、交通部门 |

碳排放因子收集遵循"本土性、时效性"的原则，具体如表 7.3-2。

碳排放因子　　　　　　　　　　　表 7.3-2

| 类别 | 名称 | | 碳排放因子 | 单位 |
|---|---|---|---|---|
| 商品能源 | 标煤 $EF_0$ | | 2.75 | $kgCO_2/kgce$ |
| | 热力 $EF_h^a$ | | $1.90 \sim 2.70^a$ | $kgCO_2/kgce$ |
| | 火电电力 $EF_{el}^b$ | | $0.84 \sim 1.11^b$ | $kgCO_2/kWh$ |
| | 天然气 $EFg$ | | 2.36 | $kgCO_2/m^3$ |
| 景观绿化[1] | 大小乔木密植混种区 | | $-22.5$ | $kgCO_2/m^2$ |
| | 密植灌木丛 $EF_{shrub}$ | | $-5.13$ | |
| | 草坪 $EF_{lawn}$ | | $-0.02$ | |
| 水资源[1] | 给水 $FE_{w1}$ | | 0.3 | $kgCO_2/m^3$ |
| | 污水 | 动力消耗 $FE_{w2}$ | 0.25 | |
| | | 碳源转化 $FE_{C2}$ | $0.55 \sim 0.85$ | |
| | 非传统水源 | 动力消耗 $FE_{W3}$ | $0.10 \sim 0.25$ | |
| | | 碳源转化 $FE_{C3}$ | $0.10 \sim 0.55$ | |
| 固体废弃物[6] | 生活垃圾焚烧 $EF_{brning}$ | | 0.56 | $kgCO_2/kg$ |
| | 厨余垃圾堆肥 $EF_{compost}$ | | 0.33 | |
| | 废弃物填埋 $EF_{landfill}$ | | 0.91 | |
| | 垃圾焚烧发电 $EF_{landfill}$ | | 0.32 | |

2) 住区改造的碳排放核算方法

① 核算边界

核算边界与前述使用阶段相同，见图 7.3-1。

② 碳排放清单

根据文献调研、各地的住区改造技术导则和实际项目，剔除与使用阶段碳排放无关的措施，得到住区改造的碳排放影响清单，如图 7.3-3 所示，涵盖了 16 项与碳排放相关的常用改造措施。

| 类别 | 改造阶段碳排放影响清单 | |
| --- | --- | --- |
| 景观绿化 | 增加绿化 | 立体及屋顶绿化、空地及道路绿化 |
| 住宅建筑 | 节能改造 | 围护结构(屋顶、外墙、窗户)、集中供暖设备、管网 |
| | 可再生能源利用 | 太阳能热水、光伏发电等 |
| | 建筑物拆除 | 违章搭建和老旧危房 |
| | 增设/更换公共区域电器 | 电梯、灯具等 |
| 水资源 | 绿色水处理 | 雨水及中水回用 |
| | 管网改造 | 雨污分流、管网修复 |
| 固体废弃物 | 垃圾处理优化 | 提高回收率、处置变更 |
| 交通出行 | 改善公共交通服务 | 地铁站、公交班次 |
| | 增加新能源私家车 | 增设新能源充电桩 |
| 基础配套 | 节能改造 | 围护结构(屋顶、外墙、窗户)、集中供暖设备、管网 |
| | 可再生能源利用 | 太阳能热水、光伏发电等 |
| | 建筑物拆除 | 违章搭建和老旧危房 |
| | 增加公共建筑 | 公共服务设施、地下车库 |
| | 增设智能设施 | 监控系统、门禁等 |
| | 增设/更换灯 | 路灯、景观灯 |

图 7.3-3　住区改造的碳排放清单

③ 核算公式

改造过程的碳排放改变量核算公式如下：

$$\Delta E = \sum \Delta Q \times EF$$

其中，$\Delta E$ 为 $CO_2$ 排放改变量；$\Delta Q$ 为措施的活动水平改变量，如户内电耗变化量；$EF$ 为排放因子，即每单位活动水平所对应的 $CO_2$ 排放量，如 $CO_2/kWh$。

④ 活动水平收集方式及相关碳排放因子

活动水平获取包括两步，首先向改造设计部门了解所涉及的改造措施，进而获取其活动水平数据，有三种方式，如表 7.3-3 所示：

（a）改造设计部门的相关资料，包括景观图纸、改造预算资料和改造规划文件。

（b）能耗模拟，如 DesignBuilder、DeST 等能耗模拟软件。

（c）参考统计数据，包括当地统计年鉴及行业统计数据。

**改造的活动水平数据及其收集方式**　　　　表 7.3-3

| 类别 | 所需活动水平数据 | 数据收集方式 | | |
| --- | --- | --- | --- | --- |
| | | 咨询改造部门 | 模拟估算 | 参考统计值 |
| 景观绿化 | 增加各类绿地(乔木、灌木、草地)的面积 | 景观设计图纸 | | |
| 住宅建筑 | 节能改造节能率 | 改造规划文件 | 能耗模拟 | |
| | 增设可再生能源的年节能量 | 改造规划文件 | | |
| | 危房拆除面积 | 改造规划文件 | | |
| | 公共区域电器年耗电量变化值 | 改造预算文件 | | |
| 水资源 | 绿色水处理年增加量 | 改造规划文件 | | |
| | 管网改造后给排水年减少量 | 改造规划文件 | | |
| 固废物 | 垃圾回收处理增加比例 | | | 当地统计数据 |
| 基础配套 | 节能改造节能率 | | 能耗模拟 | |
| | 增设可再生能源的年节能量 | 改造规划文件 | | |
| | 危房拆除面积 | 改造规划文件 | | |
| | 增设公建的年能耗量 | 改造规划文件 | 能耗模拟 | |
| | 增设智能化设施的耗电量 | 改造预算资料 | | |
| | 景观灯及路灯的年耗电变化值 | 改造预算资料 | | |
| 交通出行 | 公共交通分担率的变化 | | | 交通部门 |
| | 新增新能源充电桩的数量 | 改造规划文件 | | |

住区改造的碳排放因子同使用阶段，具体见图 7.3-4。

（5）应用效果

在我国建筑行业碳排放占比高、减碳潜力大和既有城市住区改造大力推行的背景下，对既有城市住区改造进行碳排放评估将助力我国实现碳达峰、碳中和。本技术能够快速、便捷地统计和分析住区运行阶段碳排放情况及升级改造措施产生的碳排放影响，为管理决策和设计建设使用提供了有力的工具。在中国既有城市住区改造大力推行的背景下，使用本技术对住区改造措施进行健康化和低碳筛选，将大大提升人民的居住生活水平，并降低碳排放，产生巨大的环境效益。

## 7.4 公共服务设施健康化改造潜力评估技术

（1）技术内容

本技术提出了包含客观和主观满意度评价的既有城市住区公共服务设施健康化升级改造多级指标体系，研究并筛选了适当的指标权重确定方法以及综合评价方法，形成了既有城市住区公共服务设施健康化升级改造潜力评估技术。

（2）适用范围

该技术既可用于评估既有城市住区项目公共服务设施单项健康化改造潜力，也可综合评估项目整体健康化改造潜力，识别最具改造潜力的设施。

（3）标准依据（现行）

1）《城市居住区规划设计标准》GB 50180

2）《绿色建筑评价标准》GB/T 50378

3）《环境空气质量标准》GB 3095

4）《城市管线综合规划规范》GB 50289

5）《城市综合管廊工程技术规范》GB 50838

6）《绿色生态城区评价标准》GB/T 51255

7）《声环境质量标准》GB 3096

8）《城市夜景照明设计规范》JGJ/T 163

9）《城市道路照明设计标准》CJJ 45

10）《城市居住区热环境设计标准》JGJ 286

11）《健康建筑评价标准》T/ASC 02

（4）技术要点

1）评价指标体系

本技术根据《健康建筑评价标准》T/ASC 02等标准以及相关文献选择评价指标体系，各指标遵循精简性、独立性、代表性和可行性等原则，并广泛征询各方面专家的意见，综合运用各专家的知识、经验以及信息等对评价指标体系进行修订，从而确定公共服务设施健康改造潜力评估指标体系。该指标体系包括知晓度、便捷度、硬件满意度、软件满意度、医疗卫生设施、文化体育设施、商业服务设施、其他服务设施8个一级指标和29个二级指标（表7.4-1）。

2）客观评估的加权评分法

根据相关评分细则标准对评分项进行打分。评价等级根据评价分数而定，评级标准为五档：优秀（$80 < n \leq 100$ 分）；良好（$60 < n \leq 80$ 分）；中（$40 < n \leq 60$ 分）；较差（$20 < n \leq 40$ 分）；差（$0 < n \leq 20$ 分）。

公共服务设施健康改造潜力评价指标体系          表 7.4-1

| 指标类别 | 一级指标 | 权重 | 二级指标 | 权重 |
|---|---|---|---|---|
| 主观评估指标 A | 知晓度 A1 | 0.074 | 医疗卫生设施知晓度 A11 | 0.570 |
| | | | 文化体育设施知晓度 A12 | 0.225 |
| | | | 商业服务设施知晓度 A13 | 0.146 |
| | | | 其他服务设施知晓度 A14 | 0.059 |
| | 便捷度 A2 | 0.163 | 医疗卫生设施便捷度 A21 | 0.557 |
| | | | 文化体育设施便捷度 A22 | 0.233 |
| | | | 商业服务设施便捷度 A23 | 0.145 |
| | | | 其他服务设施便捷度 A24 | 0.065 |
| | 硬件满意度 A3 | 0.259 | 医疗卫生设施满意度 A31 | 0.525 |
| | | | 文化体育设施满意度 A32 | 0.266 |
| | | | 商业服务设施满意度 A33 | 0.147 |
| | | | 其他服务设施满意度 A34 | 0.062 |
| | 软件满意度 A4 | 0.504 | 公共服务态度 A41 | 0.523 |
| | | | 公共服务响应速度 A42 | 0.264 |
| | | | 公共服务监督管理机 A43 | 0.145 |
| | | | 公共活动丰富度 A44 | 0.068 |
| 客观评估指标 B | 医疗卫生设施 B1 | 0.531 | 服务类别 B11 | 0.780 |
| | | | 设施配置 B12 | 0.220 |
| | 文化体育设施 B2 | 0.241 | 设施环境 B21 | 0.401 |
| | | | 体育设施 B22 | 0.241 |
| | | | 健身场所 B23 | 0.183 |
| | | | 游乐场所 B24 | 0.115 |
| | | | 交流空间 B25 | 0.060 |
| | 商业服务设施 B3 | 0.166 | 餐饮设施 B31 | 0.652 |
| | | | 社区食堂 B32 | 0.240 |
| | | | 生鲜食品 B33 | 0.108 |
| | 其他服务设施 B4 | 0.062 | 宠物管理 B41 | 0.556 |
| | | | 公共厕所 B42 | 0.301 |
| | | | 垃圾站(点)B43 | 0.143 |

3）主观评估的模糊综合评价法

对于公共服务设施健康改造潜力评估体系中的主观评估指标，本技术建议采用问卷调查的形式，即广泛收集社区居民的评价结果（优秀、良好、一般、较差、差），得到各指标的隶属度，进而采用模糊综合评价方法进行评分，旨在使主观指标的评定得到更多社区居民的参与，使评价结果具有科学性和代表性。评价等级根据评价分 $Z$ 而定，评级标准为五档：优秀（$80 < Z \leqslant 100$ 分）；良好（$60 < Z \leqslant 80$ 分）；中（$40 < Z \leqslant 60$ 分）；较差（$20 < Z \leqslant 40$ 分）；差（$0 < Z \leqslant 20$ 分）。

（5）应用效果

本技术应用于既有城市住区公共服务设施改造前的潜力评估，评估了既有城市住区项目公共服务设施单项健康化改造潜力，也应用于综合评估项目整体健康化改造潜力，识别出最具改造潜力的设施，为公共服务设施健康改造潜力评估提供了可操作的指导方法。

## 7.5　面向既有城市住区人员智能监测预警技术

（1）技术内容

既有城市住区智慧化改造中需要实现对老人、儿童、外卖员、快递员等住区人员动态的监控，因此需要通过智能视频分析技术实现对住区人员的动态轨迹监测。借助人工智能的技术手段对住区人员进行智能监测将成为住区人口管理工作的发展趋势。通过对人脸图像的聚类，实现开放环境下的人口动态感知，正在成为当前住区人口管理的一个热点。人脸的图像聚类分析旨在通过人脸之间的相似度，将庞大的人脸图像聚集成若干簇，使相同簇内的人脸之间的相似度尽可能大，不同簇的人脸相似度尽可能小，从而实现开放环境下的人员动态实时监测。

（2）适用范围

基于噪声应用空间聚类（DBSCAN）的人脸聚类算法适用于开放环境下的各类住区功能设施升级改造，住区摄像机拍摄的人脸往往是被动的，存在冗余较大、识别误报率较高的特点，研究基于噪声应用空间聚类（DBSCAN）的人脸聚类技术，对抓拍的人脸图像进行聚类，解决外部环境、行人姿态等环境下的聚类成功率和效率，有利于构建开放环境下的名单库，实现住区实有人口，尤其是流动人口和访客的精准管理。

（3）标准依据（现行）

1）《智慧城市　公共信息与服务支撑平台》GB/T 36622.1

2）《智慧城市　技术参考模型》GB/T 34678

3）《智慧城市　建筑及居住区综合服务平台通用技术要求》GB/T 38237

4）《智能家居自动控制设备通用技术要求》GB/T 35136

5）《信息安全技术　物联网感知层网关安全技术要求》GB/T 37024

（4）技术要点

基于噪声应用空间聚类（DBSCAN）的人脸聚类算法采用基于 DBSCAN 的聚类算法进行人脸聚类。DBSCAN 聚类算法是一种基于密度对噪声鲁棒的空间聚类算法。基于密度的噪声应用空间聚类（DBSCAN）是一种高效且性能良好的人脸聚类算法，相比于 k-means，谱聚类和 rank-order 有更高的精度。基于密度的聚类算法 DBSCAN 的核心思想是聚类中的每个对象必须在其邻域内具有一定数量的其他对象。直观效果上看，DBSCAN算法可以找到样本点的全部密集区域，并把这些密集区域看成一个个的聚类簇。相比于其他的聚类算法，DBSCAN具有如下特点：对远离密度核心的噪声点鲁棒、无需知道聚类簇的数量、可以发现任意形状的聚类簇。（图7.5-1）

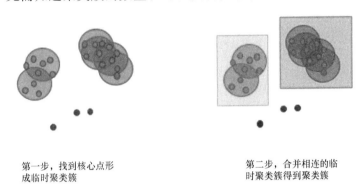

第一步，找到核心点形    第二步，合并相连的临
成临时聚类簇        时聚类簇得到聚类簇

图 7.5-1　DBSCAN 的算法实现步骤

（5）应用效果

基于人脸聚类的住区人员动态监测技术可应用于各类既有城市住区功能提升和改造，安装便捷，采集、存储数据安全可靠。本技术可以对老人和儿童的活动区域进行监测，可以与其他智能设备进行连接并对老人儿童的健康进行实时监测，还可对既有城市住区的各类快递、外卖人员进入既有城市住区的习惯进行快速评估与分析。

## 7.6　既有城市住区智慧与健康管理平台

（1）技术内容

通过对能源、环境、安防等关键设施加装监测控制设备，研发适宜既有城市住区智慧化监测的云监控平台。利用物联网、人工智能和大数据等技术，对既有城市住区人员实行实时动态监测预警，并通过神经网络算法优化设备运行控制策略，提升既有城市住区的智慧化水平。基于既有城市住区基础数据，研发既有城市住区改造升级的传感器的智能控制、智能感知等关键技术，构建具有统一数据接口的既有城市住区智慧化监测平台，实现住区监测数据的综合集成、跨时空交互、共享分发、应用服务。

（2）适用范围

既有城市住区智慧与健康管理平台适用于各类老旧小区的智慧化升级改造。

（3）标准依据（现行）

1)《智慧城市　公共信息与服务支撑平台》GB/T 36622.1

2)《智慧城市技术参考模型》GB/T 34678

3)《智慧城市　建筑及居住区综合服务平台通用技术要求》GB/T 38237

4)《智能家居自动控制设备通用技术要求》GB/T 35136

5)《信息安全技术　物联网感知层网关安全技术要求》GB/T 37024

（4）技术要点

视频信息处理是既有城市住区升级改造的重要组成部分，面对海量的视频数据，传统的人眼检索和视频存储方式难以应对海量视频的审查需求，要实现对视频大数据的分析和信息挖掘，就需要视频数据结构化系统。视频结构化利用深度学习技术，从海量真实的数据中学习目标的特征，对现实场景中各种姿态、视角、光照的人、车、物都有很强的辨识能力。视频数据通过执行目标检测、人脸结构化、人体结构化、车辆结构化，形成视频结构化描述。

1）基于深度学习的视频流数据结构化转换模块开发

数据挖掘工具服务模块主要用于服务数据挖掘算法开发者对于数据访问、计算资源自动分配、计算过程状态监控等方面的需求，TensorFlow 不仅便携、高效、可扩展，还能在不同计算机上运行：小到智能手机，大到计算机集群都能。图 7.6-1 展示了 Tensorflow 运行时的结构。

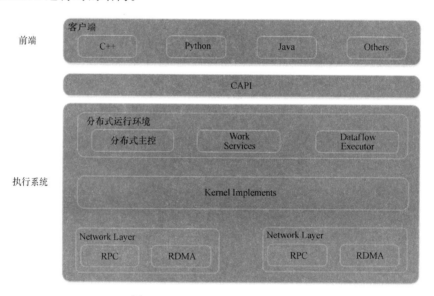

图 7.6-1　Tensorflow 运行时结构

2）数据挖掘工具服务模块集开发

数据挖掘工具服务模块主要用于服务数据挖掘算法开发者对于数据访问、计算资源自动分配、计算过程状态监控等方面的需求，主要包括数据存储体系设计、通用数据访问服务集成、视频结构化数据浏览访问服务开发等内容。（图 7.6-2）

（5）应用效果

既有城市住区智慧化升级改造平台已在全国部分住区应用，取得了非常好的效果。加强住区的感知和预警能力，能让工作人员清楚、精准掌握住区疫情。要解决既

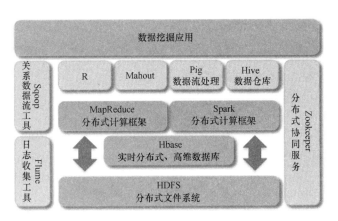

图 7.6-2  Hadoop 生态体系中数据存储架构

有城市住区管理信息化手段低、工作效率低等问题就需要使用信息化手段建设一套符合既有城市住区的智慧化和健康化升级改造技术和平台，将既有城市住区人员、疫情防控、居民、楼宇、房屋及辖区内基本情况进行整体的管理和分析。

# 8 历史建筑修缮保护技术

## 8.1 历史建筑评价技术

（1）技术内容

针对典型既有城市住区的历史建筑，结合历史、人文、社会环境分析和三维实景模型分析，形成既有城市住区历史建筑评价方法。该技术在既有城市住区内将历史建筑的内涵进行深化，构建既有城市住区历史建筑价值评价指标体系，突出了历史建筑的社会文化属性和保护修缮后的社区功能，为既有城市住区中历史建筑的保护利用提供评价依据。通过价值综合评价，为既有城市住区中历史建筑的遴选提供科学依据，以点带面带动既有城市住区整体文脉传承。

（2）适用范围

本技术适用于既有城市住区中各类历史建筑的价值评价，包括居住建筑、公共建筑、工业建筑等建（构）筑物。

（3）文件依据

1）《国家新型城镇化规划（2014—2020 年）》（中发〔2014〕4 号）

2）《住房城乡建设部关于坚决制止破坏行为加强保护性建筑保护工作的通知》（建规〔2014〕183 号）

3）《中共中央 国务院关于进一步加强城市规划建设管理工作的若干意见》

4）《城市设计管理办法》（中华人民共和国住房和城乡建设部令第 35 号）

5）《关于加强历史建筑保护与利用工作的通知》（建规〔2017〕212 号）

6）《住房城乡建设部关于进一步做好城市既有建筑保留利用和更新改造工作的通知》（建城〔2018〕96 号）

7）《关于全面推进城镇老旧小区改造工作的指导意见》（国办发〔2020〕23 号）

8）《中共中央关于制定国民经济和社会发展第十四个五年规划和二〇三五年远景目标的建议》

9）《住房和城乡建设部办公厅关于进一步加强历史文化街区和历史建筑保护工作的通知》（建办科〔2021〕2 号）附件《历史文化街区划定和历史建筑确定标准（参考）》

（4）技术要点

1）明确了既有城市住区历史建筑的范围

既有城市住区是已建成并投入使用的不同人口规模、以居住为主要功能的生活聚集地,包括在城市中以居住功能为主,相对集中的住宅建筑以及为居民生活配套服务的各类场所和设施。与现行国家标准《城市居住区规划设计标准》GB 50180 中的居住区概念及规模范围基本一致,即城市中住宅建筑相对集中布局的地区,简称居住区。居住区依据其居住人口规模主要可分为十五分钟生活圈居住区、十分钟生活圈居住区、五分钟生活圈居住区和居住街坊四级。

聚焦既有城市住区拓展"历史建筑"的研究范围,深化"历史建筑"的内涵,与城市住区更新导向相关联,将量大面广的住区历史遗留纳入认定范围。从城市住区的层面考量历史建筑在新时期社区功能的延续和贡献,在保护修缮的目标导向上体现了我国时代特征,推进历史建筑再利用。

2)构建了既有城市住区历史建筑价值评价指标体系

依据"展现城市住区特色,延续历史文脉"的要求,及既有城市住区历史建筑价值评价目标,将评价指标分为社会价值、文化价值、历史价值、艺术价值、科学价值。依据定量评价、分级评价原则制定 20 个评分项,详见表 8.1-1。

既有城市住区历史建筑评价指标表

表 8.1-1

| 一级指标 | 二级指标 |
|---|---|
| 社会价值 | 服务住区 |
| | 延续功能 |
| | 社会效益 |
| | 地缘属性 |
| | 区域影响 |
| 文化价值 | 地方文化代表性 |
| | 文化交融代表性 |
| | 民俗活动独特性 |
| 历史价值 | 建造时间 |
| | 存量稀缺度 |
| | 设计师的知名度 |
| | 历史人物(群体)关联度 |
| | 历史事件关联度 |
| | 保存原真性及完整性 |
| 艺术价值 | 建筑风格 |
| | 装饰构件 |
| | 工艺水平 |
| 科学价值 | 建筑技术先进性 |
| | 建筑技术创新性 |
| | 建筑影响力 |

3)确定了既有城市住区历史建筑认定标准

既有城市住区历史建筑认定标准采用单项认定、单指标多项认定及价值评价总分认定三种方式。按价值评价结果得分认定既有城市住区历史建筑。编制了中国工程建设标准化协会标准《既有城市住区历史建筑价值评价标准》CECS 918：2021。

（5）应用效果

该技术结合我国既有城市住区历史建筑的特点，评价指标体系合理，评价方法科学，内容与相关标准规范相协调，适用性和可操作性较强，对历史建筑的筛选认定具有重要的作用，可以满足我国量大面广的既有城市住区中各种类型的历史建筑改造过程中保护利用要求，为历史建筑保护利用提供技术支持，其应用前景广阔。

## 8.2 木构件无损/微损检测技术

（1）技术内容

（砖）木结构在既有城市住区历史建筑中占有很大比例。无论是城市更新需求还是历史建筑的可持续利用，均需对既有建筑进行材性检测和性能评估以指导后续工作开展。对于木构件来说，需要进行树种鉴定和内部缺陷检测。本技术是基于微损取样的木材树种识别方法和基于阻抗仪与 X 射线探伤仪的综合检测木材缺陷的方法，能够在尽量减小对木构件损伤的前提下准确确定木构件树种和内部缺陷，为保护利用历史建筑木构件提供科学依据。

（2）适用范围

本技术适用于历史建筑中木构件的树种及内部缺陷检测。

（3）标准依据（现行）

《建筑结构检测技术标准》GB/T 50344

（4）技术要点

在树种鉴定时，首先使用目视检测方法，主要通过木材顺纹和横纹方向的纹路特点和颜色对木材的树种进行鉴定。在检测过程中，首先暴露木构件顺纹和横纹方向的切面。当既有建筑木材顺纹和横纹方向的纹理均十分清晰时，可采用纹理对比法并结合木材的自身特征开展树种鉴定：首先对木材顺纹和横纹方向表面进行拍照，然后将照片与常用树种的照片进行对比，选取纹理特点和颜色最为接近的照片进行判别。当既有建筑木材的纹理不清晰时，应采用现场取样的方法开展树种鉴定，取样部位应为木构件受力较小的部位。试样可采用立方体试块，或圆柱体芯样，采用基于切片观察的通用树种鉴定方法对试样进行树种鉴定。树种检测现场取立方体试块的边长不应小于 20mm，试件应包含木材纵向、径向和切向的纹理特征。当现场条件不能切割出立方体试块时，可采用钻芯法在木材表面钻取直径和长度均为 25mm 的圆柱形芯样（根据芯样的纹理方向进行取样）。（图 8.2-1，图 8.2-2）

在进行内部缺陷检测时，可采用钻入阻抗法。应按照国家标准《建筑结构检测技

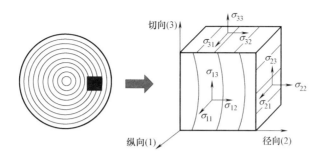

图 8.2-1　立方体试块取样方法示意图

术标准》GB/T 50344—2019 中 8.6.7 条的外观
检查法和锤击法，选择裂缝、腐朽、虫蛀等较
为严重的木材截面，以及木构件的重要部位
（木柱底部、木梁跨中、梁柱连接等部位）进
行检测，并选取易于操作的截面。木材检测
宜在垂直于木构件的长度方向进行，检测过
程中应保证探针始终处于木材待检平面内，
同时保持探针进入木材的角度不变。对于矩
形和圆形截面木材，应选择相互垂直且通过

图 8.2-2　钻芯法取样示意图

截面中心的两个方向进行检测。而当木构件截面或缺陷形状显著不规则时，应适
当增加探针路径以更准确地判断木材内部质量状况。检测完成后应在测孔处及时
灌入木结构用胶封堵密实，防止其承载能力和耐久性能降低。采用钻入阻抗法检
测木构件内部缺陷时，探针路径总数不宜超过 4 条，以避免对木材有效截面产生
明显削弱。（图 8.2-3）

　　在条件允许的情况下，木构件内部缺陷可采用 X 射线拍摄。拍摄前，将胶片粘贴
在被测木材的一侧，将便携式 X 射线探伤仪放置于另一侧。通过特制胶片进行成像，
并进行冲洗形成图片。采用 X 射线检测法检测木构件内部缺陷时，X 射线探伤仪的焦
距取为 600mm，电压取为 250kV，曝光时间取为 5min。X 射线检测法能准确反映试
件内部缺陷的形状和大小。

　　（5）应用效果

　　该技术在全国多项历史建筑木结构的检测项目中进行了实践，结果显示，钻入阻
抗法能合理反映既有建筑木结构内部腐朽、蛀蚀等缺陷位置和几何尺寸。采用钻入阻
抗法测试了受火后木构件的阻抗值，轻微炭化部位阻力曲线峰值并未显著降低，内部
未炭化部位阻力曲线幅值与完好部位接近；严重炭化部位阻力曲线峰值明显低于完好
部位，内部未炭化部位阻力曲线幅值与完好部位接近。该技术可为木结构检测提供有
力技术支撑。（图 8.2-4）

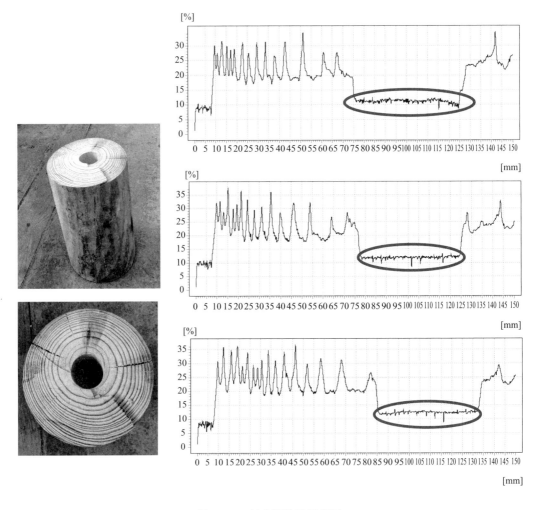

图 8.2-3　钻入阻抗法示意图

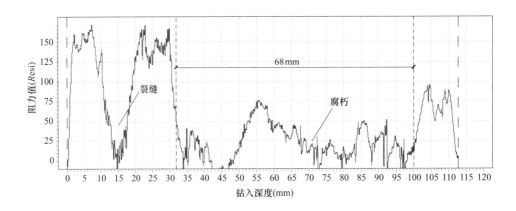

图 8.2-4　有缺陷木构件钻入阻抗法实测结果

## 8.3 基于纤维增强水泥基复合材料的历史建筑砌体墙加固技术

（1）技术内容

纤维增强水泥基复合材料（Engineered Cementitious Composites，ECC）不含粗骨料，以纤维为增强材料，在单轴拉伸荷载作用下的极限拉应变可以稳定地达到3%以上，具有应变硬化特性和良好的裂缝控制能力。

在历史建筑砌体墙加固时，许多时候需要考虑墙面风貌保护的需求，可根据实际需要选择不同的涂抹形式进行加固。具体包括：双面对角线条带加固（有构造柱墙体）、双面对角线及端部竖向条带加固（无构造柱墙体）、双面圈梁构造柱条带加固、单面全墙面面层加固、单面圈梁构造柱条带加固、单面配筋圈梁构造柱条带加固、单面配筋圈梁构造柱条带加固。

在不允许室内施工的情况下，优先选用单面全墙面 ECC 面层加固；在允许室内施工的情况下，优先选用双面圈梁构造柱形式 ECC 面层加固。

（2）适用范围

该技术适用于有风貌保护要求的历史建筑砌体墙加固。

（3）技术要点

ECC 材料具有应变硬化、高韧性、高延性等不同于普通水泥基脆性的特性，优秀的裂缝控制能力使其具有一定的自修复能力，还具有耐磨、耐酸碱、致密性好等耐久性优点。目前，PVA-ECC 与 PE-ECC 在工程界应用较为广泛。ECC 不仅抗剪承载力和剪切变形能力优于普通混凝土，并且在周期性剪力作用下比单调剪力作用下有更大的变形能力和更高的抗剪承载力。

（4）应用效果

ECC 面层可与砖墙较好地协同工作，可充分发挥 ECC 的材料性能，有效限制砖墙的开裂和破坏，在保护历史建筑风貌的同时提高砖墙的承载能力和变形能力。

## 8.4 历史建筑检测鉴定技术

（1）技术内容

在对历史建筑进行修缮保护与再利用前，结合建筑现状分析，采用建筑构件检测技术、检测结构安全性评估技术、建筑抗震鉴定技术等进行检测鉴定。根据结构检测结果，提出适宜的结构安全性加固技术及建筑抗震性能加固技术，根据检测鉴定数据，建立计算模型，对该建筑进行结构安全性及抗震性能加固处理，使改造后的建筑在满足使用性及安全性的前提下，大幅度提高建筑的综合抗震性能。该技术在保证历史建筑风貌特点、文物信息等保存完好的前提下，可实现历史建筑修缮保护与再利用"最小结构处理"的目标，为历史建筑的改造方案设计提供数据支撑和理论依据。

（2）适用范围

本技术坚持"经济、适用、高效"，通过对各类技术进行综合效益的比选，选用施工简单、工期短、造价低的加固技术，可应用于各类工程实践。

（3）标准依据（现行）

1）《建筑结构检测技术标准》GB/T 50344

2）《砌体工程现场检测技术标准》GB/T 50315

3）《混凝土结构现场检测技术标准》GB/T 50784

4）《建筑结构荷载规程》GB 50009

5）《砌体结构设计规范》GB 50003

6）《混凝土结构设计规范》GB 50010

7）《建筑抗震鉴定标准》GB 50023

8）《建筑工程抗震设防分类标准》GB 50223

9）《民用建筑可靠性鉴定标准》GB 50292

10）《贯入法检测砌筑砂浆抗压强度技术》JGJ/T 136

11）《混凝土中钢筋检测技术标准》JGJ/T 152

12）《钻芯法检测混凝土强度技术规程》CECS 03

（4）技术要点

在对建筑的建造年代、使用功能情况、建筑风格、平面布局、建筑结构、建筑材料等方面开展实地调研并进行分析的基础上，查阅房屋安全隐患排查报告，对历史建筑进行检测鉴定、结构安全性及抗震性能加固等相关工作。具体的实施流程如图 8.4-1、图 8.4-2。

图 8.4-1 技术实施流程图

（5）应用效果

本技术在沈阳 124 中学、天水长控艺术区和深圳南头古城等项目中进行了应用。根据结构鉴定结果，结合该建筑的建造年代、使用功能情况、建筑风格、平面布局、建筑结构、建筑材料等方面开展实地调研，在分析的基础上提出适宜的加固改造方案。

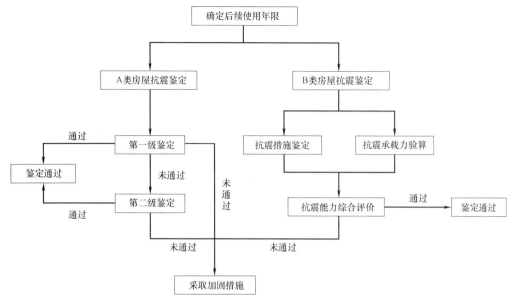

图 8.4-2 既有历史建筑抗震鉴定流程图

在技术加固设计中充分保留和利用原有结构及构件，减少拆除重建量，上述工程原梁构件利用率 100%，原板构件利用率 100%，原构造柱利用率 100%。新增结构设计中，采用预拌混凝土，钢筋采用 HRB400 级高强度钢筋，减少用钢量和现场混凝土搅拌，节约材料，减少污染，保护环境，具有良好的经济、社会和环境意义。

## 8.5 历史建筑修缮全周期内的 BIM 技术应用

（1）技术内容

在历史建筑修缮保护与再利用时，将建筑信息模型整合到建筑设计、结构设计、设备设计、施工组织等各环节中，全程模拟并控制各技术节点，以期在项目全周期内对保护修缮项目进行精确把控，统筹协调各专业的紧密协作，优化合作流程，并提前发现问题、及时解决问题。同时，建筑信息技术（BIM）指导下的修缮、保护、检测、验收工作能最大程度上保留全程数据，便于修缮工程完成后总结出可推广的修缮技术及规程。

（2）适用范围

本技术适用于历史建筑修缮改造设计、现场施工及验收评估与后期运营检测等全流程，可以建筑信息模型为核心开展全过程工作的计划、预演及模拟、反馈。

（3）标准依据（现行）

1）《建筑信息模型应用统一标准》GB/T 51212

2）《建筑信息模型施工应用标准》GB/T 51235

3）《建筑信息模型分类和编码标准》GB/T 51269

4）《建筑信息模型设计交付标准》GB/T 51301

5）《建筑工程设计信息模型制图标准》JGJ/T 448

（4）技术要点

1）建筑查勘评估

根据现有图纸档案资料，在完成待测区的初步踏勘后，绘制草图，初步确定测绘方案，订立有效的扫描技术路线、布置站点数及位置；其后对现场进行进一步踏勘、布设控制网、布置标靶、设置扫描参数，分站对旧居主体建筑进行扫描；再使用相关三维激光扫描软件将已经得到的点云数据信息进行预处理、点云数据配准和拼接并建立 3D 点云模型；最终数据导入 BIM 建模，并利用建立三维点云模型得到 CAD 图纸，进而进行数据量取或直接导入 Autodesk Revit 建模。同时将已有的建筑相关的历史信息资料及在测绘中记录的数据信息以纸质测绘图纸、草图、自制表格数据标注的形式反馈，在 BIM 建模中输入，形成基于 BIM 的项目数字技术信息平台。（图 8.5-1）

图 8.5-1　将点云文件导入 Revit 中进行三维建模

2）建筑主体修缮设计

由于历史风貌建筑保护修缮设计的特殊性，加之 BIM 核心建模软件包括信息集成与数据管理、设计协同与专业配合、方案模拟与性能优化、插件支持与模型转换等一系列特征，在基于 BIM 协同设计平台的基础上，历史建筑保护修缮设计采取传统 CAD 与 Revit 双线并行的方式进行。以 Revit 模型为主导，后期各专业以 CAD 方式对图纸进行完善。同时通过 Revit 协同工作，在计算机局域网上搭建一个统一的信息模型平台，建立中心模型文件，实现各个专业间的信息数据共享。

基于已建立的 BIM 三维模型，进一步利用多款绿色建筑分析软件对其从日照、光环境、声环境、风环境、热辐射等多角度进行数字化分析，达到优化设计方案的目的。

3）建筑施工与验收

利用 BIM 技术的场地布置三维可视化功能，通过构件坞等网络云平台上多样的场地施工预制族库对施工场地进行布置，预先检验场地布置的情况，对场地中原有的附属用房及临时搭建依据空间尺度合理再利用；并可以实现虚拟漫游等展示工作，从第三人称角度直接在虚拟环境中实现规划和部署；在施工过程中，直接检查场地布局对周边场地的影响，有效检查场地合理性，实现场地环境整治设计的最优布局规划。（图 8.5-2）

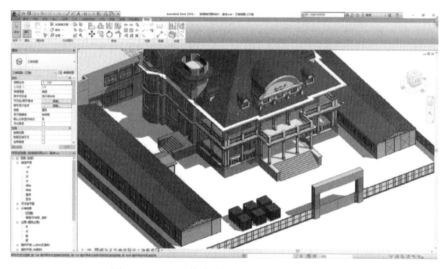

图 8.5-2　BIM 技术实现场地布置三维可视化

对建筑局部进行施工预先模拟，例如旧居地下室部分，针对现状病害，对地下室主体结构进行二次查勘与拆除修补等加固工作，并对某些关键的防水修缮部位进行细部节点施工，并通过在 Revit 模型中模拟建造，对部分施工节点和过程进行预先演示模拟，以优化设计与施工团队间的配合。同时基于 BIM 技术，在 Revit 软件平台上实现对水电系统的三维可视化管线虚拟建模，可视化地表达建筑构件和设备设施的空间位置，在实际尺寸的虚拟空间建立等尺度的管线设施，与其他专业协同设计，相互避让，避免管线间及邻近构件相互干扰，进行管线碰撞测试，分析碰撞检查报告并进行管道优化设计，以便配合施工团队工作进度，及时反馈给设计人员与施工团队，调整设计方案，解决保护修缮中的突发问题。（图 8.5-3）

4）建筑检测与运营

在后期运维阶段，建立综合性的智能管理平台。并基于此，整合历史建筑保护与修缮项目全生命周期的历史、现状、修缮及管理各阶段信息，从而实现对变电站、电梯、照明、消防、电气火灾、空调暖通等设备设施及运行系统的管理数字化与智能化。提高管理水平，节省人力成本，减少维护费用；实时检测、故障预警，降低风险，减少损失；实时维护，延长设备使用寿命，降低物业成本；实时统计客流人数，

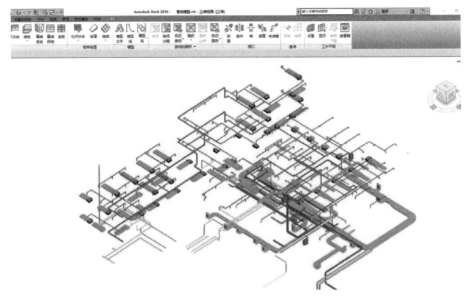

图 8.5-3　段祺瑞旧居修缮管线碰撞检测分析

汇总任意时段客流信息，深度分析客流数据。

此外，上述平台有效整合了全生命周期的数字资源，可以为后续数字旅游的开发提供基础性数据支撑。例如，历史建筑后续使用和性能维护情况可以在综合平台上实时同步，方便管理者的监测；此外，拓宽历史风貌建筑的展示及其修缮技术的宣传渠道，游客可通过扫描二维码获取历史建筑相应的历史信息、修缮工艺、隐蔽节点等详细信息，从而推进保护与修缮工作的社会共知、共识与共享。

（5）应用效果

在历史建筑修缮保护与再利用时，将建筑信息模型整合到建筑设计、结构设计、设备设计、施工组织等各环节中，全程模拟并控制各技术节点，在项目全周期内对保护修缮项目进行精确把控，统筹协调各专业的紧密协作，优化合作流程，并提前发现问题、及时解决问题。同时，建筑信息技术（BIM）指导下的修缮、保护、检测、验收工作能最大程度上保留全程数据，便于修缮工程完成后总结出可推广的修缮技术及规程。

通过 BIM 技术策略，对历史建筑进行复原性修缮，取得更科学、更合理、更完善、更可持续性的修缮效果。对于建筑整体风貌，按照修旧如故的原则，对于缺损破旧的部分，参考现状保留的样式、风格，采用相同材料按照原工艺修复，并通过建筑信息模型进行设计效果模拟和街道景观预演，最大限度地保证历史风貌建筑的可读性，助力历史街区的复兴与发展。

## 8.6 历史建筑智慧化管理运维技术

（1）技术内容

开展历史建筑修缮保护案例及运维管理的使用现状调研，梳理并分析历史建筑修缮保护过程中遇到的难点以及后期运维工作模式，结合历史建筑特点，突出历史建筑价值，尤其是社会价值，以智慧、节能、经济为目标，结合历史建筑性能参数的模拟、检测，研究在历史建筑运维管理中实现历史信息保护和经济性最大化的相关因素，建立了云-端相结合的历史建筑智慧化运维管理平台，在能耗、结构、设备常规运维管理模块中融入历史信息，增加对历史建筑信息的运维和保护、对历史建筑结构的监测和维护，构建以历史信息保护为导向、网络化、系统化的智慧管理运维方法，并研发智慧化管理运维平台。

（2）适用范围

本技术适用于不同气候区、不同建筑类型、不同规模的历史建筑改造、升级后的智慧运维。

（3）标准依据（现行）

1）《建筑智能化系统运行维护技术规范》JGJ/T 417

2）《既有城市住区历史建筑价值评价标准》T/CECS 918

（4）技术要点

以"云-端"相结合的历史建筑智慧化运维管理平台，初步探索了历史信息保护和绿色性能提升兼顾语境下设计和运维方法缺失的问题，区别于居住区立面和节能常规改造，强调城市住区历史性和文脉传承的技术指引。

1）能耗和消防管理子系统

能耗的运维以水、电消耗为主，结合工程设计，选择智能水电表和适合监测点位，智能采集信息，无线回传监测平台；平台通过基础数据的集成处理，自动按规定时间将运维报告发送至管理者邮件、手机 APP，报送历史建筑运维报告，提供预警机制。

2）结构与设备管理子系统

历史建筑智慧运维信息网格化、要素化建模技术，全方位分析历史建筑保护修缮、改造升级后运维过程中运维要素，及全过程追踪管理机制。历史建筑智慧化管理运维平台力求探索一种系统化的解决方案，对其执行 PDCA 闭环管理机制，打破传统运维"运行-损坏-维修-运行"的模式，强调历史建筑运维模式整体性，实行"计划-执行-检查-纠偏"运维模式。在运维平台中预先计划和建立高效跟踪、责任分工，以"系统""数据"弥补"人"的短板和纸张电子文件的遗失，将运维信息存储起来，以数字化、智慧化建立网格化历史建筑运维数据模型及工作路径，实现全生命周期管理与追溯。

其中，结构管理采用动态监测和维护机制；设备管理建立历史信息要素管理模式。此处需注意的是，运维要素不仅包含正在使用的结构体系和大中小型设备，更重要的是那些拥有历史信息的物质载体，同步计入平台监管。（图 8.6-1）

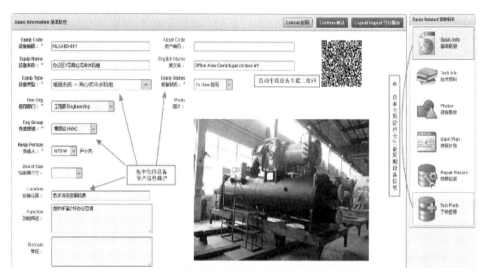

图 8.6-1 运维要素全生命周期模型模板

（5）应用效果

本技术已应用于天水长控艺术区绿色改造工程中，改造前厂房处于闲置状态，结构安全待检测、建筑能耗待检测、设备信息待管理。改造完成后，以城市思维思考，融入现代智慧手段，应用智慧化管理运维平台，管理者可根据运维报告统一调配工作，在保证建筑运行安全的同时，提高工作效率，进而达到深度管理及降低运维成本的目标。

# 第二篇 工程案例

# Ⅰ 既有城市住区改造案例

# 1 白山市老旧小区及弃管楼健康综合改造

建设地点：吉林省白山市

占地面积：2.81km²

建筑类型和面积：居住建筑，约 141 万 m²

建设时间：2000 年前

改造时间：2017 年 5 月～2020 年 11 月

改造设计和施工单位：吉林科龙建筑节能科技股份有限公司

执笔人及其单位：朱荣鑫　赵乃妮　李国柱，中国建筑科学研究院有限公司

　　　　　　　　冯娟　邵琦，吉林科龙建筑节能科技股份有限公司

---

## 亮 点 技 术

**亮点技术 1：绿地开敞空间改造技术**

针对大多数小区建成较早，绿地率（12%～22%）较低的问题，在对场地内现有绿地内植物保护和修葺的基础上，补植本地生长的果树、灌木、地被植物；同时根据不同小区的特点对绿化景观和停车位进行合理规划，并设置植草砖停车位。

**亮点技术 2：海绵化升级改造技术**

结合白山市气候和具体小区的实际情况，开展海绵化升级改造技术专项研究，有效解决下凹式绿地植物耐水淹问题、冬季融雪剂对绿地植物的影响问题、严寒地区透水铺装冻胀问题，并对海绵设施与建筑、绿地、道路广场、景观水系、景观小品、通用设施六方面的融合等进行了专项设计。

**亮点技术 3：公共服务设施健康化升级改造技术**

结合老旧小区及弃管楼现状和调研，综合考虑对于居民生理、心理健康的影响，通过对既有城市住区关键公共服务设施进行客观和主观满意度评价，在改造过程中对住区公共服务设施进行健康化升级改造及优化，增加了健身器材、儿童活动场所、路灯、文化宣传及指示标牌、垃圾桶、摄像头等。

---

## 1.1 项目描述

（1）住区基本情况

本项目主要为老旧小区和弃管楼改造工程，总占地面积 2.81km²，共涉及 24 个

片区，改造 331 栋楼，建筑面积 141 万 m²，如图 1.1-1 所示。此次改造的重点是：屋面维修，建筑外立面破损维修，外立面涂料粉饰，单元门、楼宇门、对讲门更换，楼梯间改造，道路维修，小区外排水改造，下水井、化粪池改造，小区亮化改造，绿化升级改造，休闲广场健身器材设置，景观小品设置，停车场设置，文化宣传栏及道路指示牌设置，垃圾桶安装，小区安防系统设置，扶墙电缆整理，临街风貌升级改造。

图 1.1-1　旧小区及弃管楼健康综合改造项目区位图

（2）存在问题

如图 1.1-2 所示，改造小区大多建于 2000 年前，经过仔细的现场排查，结合居民调查反馈，发现白山市老旧小区及弃管楼中存在如下问题：

➢ 屋面漏水程度达到 80％以上，几乎所有楼体防水均需重做；屋檐处没有保温；屋面形式多样，有平屋面、坡屋面、半坡半平面、木屋架坡屋面、女儿墙屋面、彩钢瓦坡屋面、瓦屋面等。

➢ 建筑原有墙体有裂纹、渗雨现象，饰面涂料有脱落起皮现象。

➢ 单元门大部分腐蚀破损，常年敞开，无法正常使用；分对讲门和非对讲门两种形式，无可视门。

➢ 建筑外饰面色彩不协调，陈旧过艳，有碍观瞻。

➢ 扶墙线缆杂乱无章，有安全隐患。

➢ 地下污水管网堵塞，排污不畅通；管道沉降破损，管壁结垢（主要临街商铺饭店）；原有管线大都是缸瓦管、水泥管等材质，且大部分已超使用年限；原有管线管径过细，不符合新规范要求，且大部分管线已没有维修价值。

➢ 各小区大都无雨水系统，小区低洼地存在积水现象。

➢ 道路不同程度破损，铺装多被机动车压坏。

➢ 缺少停车位规划，无序停车，妨碍居民出行，存在安全隐患。

➢ 存在不同形式违建，如私接门斗、私盖仓房、一层住户私改商铺搭设台阶、顶层住户私自接层、阳台外扩等。

➢ 缺少老年、儿童活动场地及配套设施，或现有设施已损坏。

图 1.1-2　老旧小区现状

> 原有小区绿化被不同程度破坏，私自停车，乱放杂物，私自种菜。

> 路灯缺失，年久失修，损坏不亮，个别小区无路灯。

> 垃圾无序散置，影响居民生活。

> 缺少文化宣传栏，或原有文化宣传栏破损。

> 监控缺失或不足。

（3）改造策划和模式

白山市政府牵头住建局、财政局、规划局等相关部门，对项目进行了调研。现场察看、调研老旧小区现状，详细了解老旧小区的发展情况，并充分听取街道及社区相关人员的意见，讨论、研究老旧小区治理工作，并利用多种形式，多角度、全方位宣传城市老旧小区改造的惠民政策，强化、细化政策解读，与小区居民进行深入沟通交流，提高群众的知晓率和参与度。

项目采用 PPP 模式实施，结合具体老旧小区的改造需求，制定不同的改造方案，为进一步提供全过程管理服务（设计、建设、融资、运营、移交），从根本上解决老旧小区改造过程中存在的问题，满足了居民的切实需求。

改造实施时间安排如下：

规划时间：2017 年 5 月；

设计时间：2018 年 5 月前完成；

施工时间：2018 年 6 月～2020 年 11 月；

竣工时间：2020 年 11 月。

## 1.2 改造目标

以"解决百姓需求、完善恢复功能、方便物业接管"为原则，把群众的需求和期盼放在首要位置，实施老旧小区及弃管楼综合整治，对小区地下综合管网进行改造，修缮小区道路和人行步道，完善健身和便民设施，美化小区景观环境。重点开展修整翻建小区道路、外观整治、疏通翻建地下雨污管道、规范楼区内弱电线路设施、整建停车设施、整治绿化等，全面提升居民的生活质量、消除老旧隐患、完善小区功能，真正解决百姓最关心、最直接、最现实的实际问题；提升老旧小区的建设和管理配套，加快白山市旧城改造的步伐，提升城市整体建设和管理水平，促进文明城市和现代化城市建设。进一步推进社会资本进入公共服务领域，政府与社会资本充分发挥各自优势，为人民群众提供效率更高、效果更好的公共服务；最终以城市建设的力量，改造老旧小区，美化和提高居民的生活环境质量，让每个居民享受到城市发展带来的福利，提升居民的幸福感，推进和谐社会建设。（图 1.2-1）

打造白山幸福魅力之城

生态体系　　海绵城市　　景观节点　　全民健身

图 1.2-1　改造目标

## 1.3 改造技术

（1）绿地开敞空间改造

根据白山市老旧小区的现状和特点，在绿地开敞空间的改造方面，在原有绿化的基础上，对园区旧有的植被、灌木进行休整，对乔木进行移植或以乔木为中心设计景观。主要是平整场地、规划绿地范围、增加园林小品，同时根据地域特点，选择适合生长的植被，高低错落，四季有色。由于小区建成较早，受当时规划条件影响，小区绿地率在12%～22%之间。通过对现有乔木进行修剪，并适当补植果树等亚乔木，尽量以种植灌木为主；地被植物以播种白三叶为主，并辅以玉簪等宿根花卉点缀；硬铺装较多的地方重新规划出绿化地，结合植草砖停车位，既增强了绿化效果，又保证了功能性。同时根据不同小区的特点对绿化景观和停车位进行合理规划，增加小区的停车位。图1.3-1是改造效果图。

图 1.3-1 绿地空间改造效果图

（2）既有城市住区风貌提升

通过现状分析、文化调研、居民访谈等方式对既有城市住区风貌水平进行评估，了解居民改造意愿，与既有城市住区其他改造项目相结合，确定既有城市住区风貌改造风格、项目、形式、色彩等内容。具体包括：对墙体开裂处进行修补、找平；构件发生风化剥落或失去原有的结构安全性能时，进行修复或加固；屋面保温防水重做；拆除楼檐松动的混凝土和苯板结构，重新支模浇筑混凝土、粘贴 EPS 板，并制作造型；拆除原有散水工程，以细石混凝土等材料重新建设；修复破损严重的雨棚，新做防水。（图 1.3-2）

（3）停车设施升级改造

在改造的时候，对小区内部道路进行了统一规划，充分挖掘住区零散空间和道路空间，并协调布置泊位与绿化。如图 1.3-3 所示，对某小区进行了重新规划车位，植草砖和划线停车相结合，增设植草砖停车位 80 个、划线停车位 204 个。改造在不降低住区原有绿化空间的情况下，增设了停车位，提高了停车位质量。除了划线停车

图 1.3-2 某小区住宅楼外立面改造前后对比

外，本项目还积极探索建立地下停车场、立体停车场，打造停车场收费系统，为物业创收，以支撑后期物业管理。（图 1.3-3）

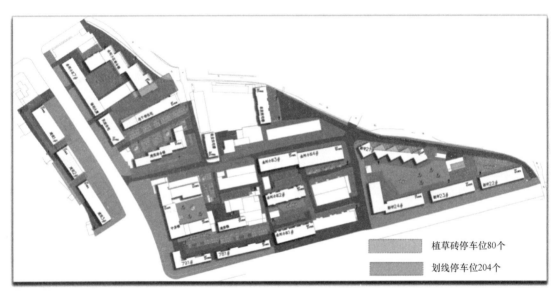

植草砖停车位80个

划线停车位204个

图 1.3-3 某小区内部交通路线和停车设施改造方案

（4）管网系统升级换代

① 雨污水系统改造

污水管网：根据小区具体情况，对于现状较好的污水管网主管道进行利用并疏通，污水主要将各改造小区原有 DN300～DN400 水泥管全部更换为 DN400 钢筋混凝土Ⅱ级管，后接入小区化粪池。对于堵塞的管道及化粪池，用吸粪车抽吸淤积的粪便。同时，对损坏的化粪池进行维修。

雨水管网：雨水系统新建设计采用明沟和暗管相结合的方式，低洼地段及楼前均设暗管组织雨水排放，主干路设明沟组织雨水排入市政管线。所有排水主干管采用柔性连接，采用直埋方式敷设，确保均匀受力，避免管道不均匀沉降。

② 线缆整理

通过重新梳理室内外的无序电线等，分别归位安置各类电线电缆，按照现有线缆走向，现场对已有架空线路进行整理，采用三角支架支撑或线盒方式。改造后，强电、弱电分开，提升住区环境美化的同时，增加住区的安全性。（图 1.3-4）

（5）海绵化升级改造

根据《白山市城市总体规划(2015-2030)》，白山市中心城区规划形成"一城两区五组团"的空间结构，确定项目的年径流总量控制率为 80%。结合项目的实际情况，开展了专项研究，有效解决了下凹式绿地植物耐水淹问题、冬季融雪剂对绿地植物的影响问题、严寒地区透水铺装冻胀问题。在改造过程中的具体做法为：1）绿地与底层商业街相连采用平边石，利于

图 1.3-4　电线整理

雨水收集；2）绿地低于边石 5cm，形成海绵体；3）园路单侧设置植草沟利于收集雨水，结合绿地情况设置雨水花园（不影响景观效果）；4）根据具体街路情况，因地制宜铺设透水铺装；5）新建的公共建筑透水铺装率应不小于 70%。（图 1.3-5，图 1.3-6）

图 1.3-5　透水铺装图

图 1.3-6　植草沟图

在海绵城市改造过程中，对海绵设施与建筑、绿地、道路广场、景观水系、景观小品、通用设施六方面的融合等进行了专项设计。

恢复和提升建设小区内的园林绿地，采用适宜海绵城市建设所采用的植物，同时结合北方寒冷气候冬季景观缺失，增加以废弃树皮、碎石等为原料的裸土覆盖物、生态树穴等，可以起到提升冬季景观和减少维护管理频率的作用。

（6）公共服务设施健康化升级改造

在改造过程中，尽量利用原有广场进行功能化设计维修，并在现有广场内增加健身器械、儿童活动场所等设施，为居民休闲健身提供便利设施和场地。（图 1.3-7，图 1.3-8）

图 1.3-7　凉亭及周边环境改造前后对比

在公共服务设施方面，主要对小区道路、路灯、文化宣传及指示标牌、垃圾分类收集、居民休息设施等进行升级与增设。

图 1.3-9 是某小区的改造设计方案，改造过程中增加了垃圾桶 29 组、文化宣传栏5 组，新增摄像头 20 处。

如图 1.3-10，通过增建小区医务室，配备齐全常用药品，为小区内居民看病提供方便，医务室不间断地发布相关的健康知识和各种为民医讯，让大家了解身边举办的健康讲座活动、专项义诊活动等。

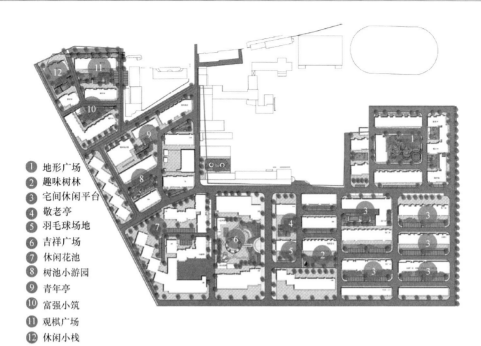

① 地形广场
② 趣味树林
③ 宅间休闲平台
④ 敬老亭
⑤ 羽毛球场地
⑥ 吉祥广场
⑦ 休闲花池
⑧ 树池小游园
⑨ 青年亭
⑩ 富强小筑
⑪ 观棋广场
⑫ 休闲小栈

图 1.3-8 某小区休闲娱乐设施改造设计

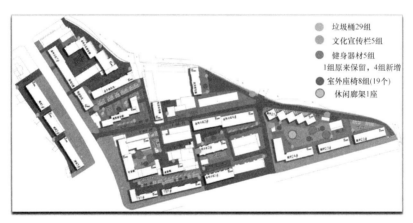

图 1.3-9 某小区公共服务设施配置方案

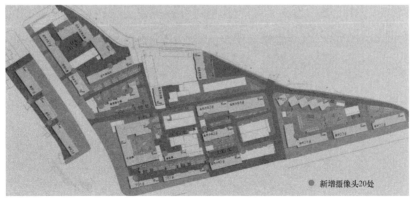

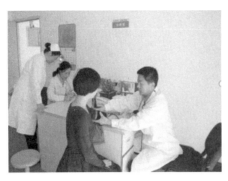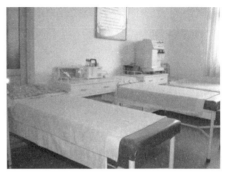

图 1.3-10  小区医务室

（7）场地物理环境健康化改造技术

针对噪声、光污染、热岛等问题，结合声环境中噪声源的测试、光环境中道路光照和居民窗户上的照度调研、热环境中绿化和透水地面等的影响，采用 Cadna、Ecotect、CFD 等模拟计算软件，对绿化布局、道路材料、住区通风、日照控制和夜景照明等改造措施进行优化分析，优化既有城市住区物理环境改造效果。

## 1.4  改造效果

本工程立足城市更新、强化政府主导、听取民生民意、优化改造流程，对住区整体规划升级、美化更新、停车设施、管网系统、海绵化、功能设施健康化等进行了综合改造，力求达到生态景观化、功能多样化、交通便捷化、文化融合化、设施耐久化、管养经济化的改造效果，切实增加人们的幸福感和获得感。（图 1.4-1）

图 1.4-1  临街建筑风貌升级改造

# 2 珲春市老旧小区和弃管楼绿色低碳和健康综合改造

**建设地点：** 吉林省珲春市

**占地面积：** 2.62km²

**建筑类型和面积：** 居住建筑，约 88.23 万 m²

**建设时间：** 2000 年前

**改造时间：** 2017 年 5 月～2020 年 11 月

**改造设计和施工单位：** 吉林科龙建筑节能科技股份有限公司

**执笔人及其单位：** 孟冲　朱荣鑫　李嘉耘，中国建筑科学研究院有限公司

　　　　　　　　　冯娟　邵琦，吉林科龙建筑节能科技股份有限公司

---

## 亮 点 技 术

**亮点技术 1：既有城市住区风貌提升技术**

珲春市是中、俄、朝三国交界城市，是重要的旅游和外贸城市，每年春节至秋季，会吸引大量国内外游客和商人。在改造设计时，对街道两侧建筑物风貌进行改造，确定了既有居住建筑外立面的风格、项目、形式、色彩等内容，使其具有中、俄、朝三国风情。

**亮点技术 2：停车设施升级改造技术**

改造时，采用零散空间利用整合技术，对小区内部道路进行统一规划，充分挖掘住区零散空间和道路空间，采取泊位与绿化协调布置，打造林荫停车位，提高停车位质量。

**亮点技术 3：场地物理环境健康化改造技术**

针对噪声、光污染、热岛等问题，结合测试和调研，对绿化布局、道路材料、住区通风、日照控制和夜景照明等改造措施进行优化分析，提出场地物理环境健康化改造技术目录，为不同小区场地物理环境健康化改造提供了可选方案。

---

## 2.1　项目描述

（1）住区基本情况

珲春市老旧小区和弃管楼绿色低碳和健康综合改造项目位于吉林省珲春市，项目主要为老旧小区和弃管楼改造工程，总占地面积 2.62km²，共有 189 栋楼，总建筑面

积约 88.23 万 m²。如图 2.1-1 所示，改造区域共包括三个街道：靖和街道、河南街道和新安街道。靖和街道共包括新兴社区、永新社区、民安社区三个社区，河南街道共包括矿泉老区、永盛社区、昌盛社区、居安社区、研南社区、阳光社区六个社区，新安街道共包括春粮社区、迎春社区两个社区。大多小区和建筑建于 2000 年前，因年久失修、建筑外立面破损、停车位缺失、适老设施缺失、活动空间缺失、环境脏乱差、地下管网排水系统老化严重、物业弃管/无物业管理，给居民生活造成了极大不便，急需更新改造。为此，对道路、无障碍坡道、景观绿化、休闲座椅、晾衣架、自行车棚、垃圾处理系统、亮化、健身器材、停车位、文化宣传栏等内容开展更新改造。

图 2.1-1 珲春市老旧小区和弃管楼绿色低碳和健康综合改造项目区位图

（2）存在问题

珲春老旧小区因建成时间较早，缺乏维护，给人们生活带来诸多不便，严重影响了居民的正常生活，如图 2.1-2～图 2.1-5，主要存在以下问题：

　　1）建筑外饰面破损，屋面漏水严重，墙面涂料脱落严重，扶墙电缆未整理；

　　2）道路损坏严重，原有公共绿地缺失，雨污管线排水排污不畅，路面大量积水；

　　3）小区内缺少机动车停车位，私搭乱建严重，缺少合理的功能分区；

　　4）占用公共绿地堆放杂物，缺少功能性景观小品，如晾衣架、休闲座椅、自行车棚等。

图 2.1-2　建筑外立面现状

图 2.1-3　小区路面状况

图 2.1-4　小区环境现状

（3）改造策划和模式

　　该项目采用政府和社会资本合作 PPP 模式实施老旧小区改造。为扎实推动老旧小区改造工作顺利实施，进一步改善人居环境，全面提升居民生活品质，在项目实施前期，项目实施方联合街道社区收集和吸纳群众的意见和建议，对群众反映集中、呼声强烈的问题及时梳理汇总，经论证研究可行的意见建议及时纳入改造方案，把影响居民生活突出问题梳理到位，并利用多种形式，多角度、全方位宣传城市老旧小区改造的惠民政策，强化、细化政策解读，与小区居民进行深入沟通交流，提高群众的知

图 2.1-5 小区公共绿地现状

晓率和参与度。为规范施工现场管理，改造前，与施工企业签订施工协议，明确施工规范；改造中，定期组织相关监督单位深入老旧小区改造项目现场，以实地查看的方式及时发现整改施工中存在的问题，要求严格按照设计和施工规范组织施工，落实质量管理；改造后，坚持问效于民，引入公众参与施工质量监督与验收机制，确保工程质量。

改造实施时间安排如下：

规划时间：2017 年 5 月；

设计时间：2018 年 5 月前完成；

施工时间：2018 年 6 月～2020 年 11 月；

竣工时间：2020 年 11 月。

## 2.2 改造目标

力争在 3 年时间内完成市区老旧小区环境综合整治工作，通过改造不断完善基础设施、提升环境质量、完善公建配套、增设安全技防设施，并实现物业管理基本覆盖，逐步建立老旧小区的物业管理长效机制。

具体改造目标为：在完善老旧小区硬件配套设施的基础上，完善物业管理，实现"路平、灯亮、草绿、水畅、卫生、安全"总体目标。通过本次改造，将珲春打造成为"主题鲜明、宜居、宜游"的绿色生态北方城市有机花园。（图 2.2-1）

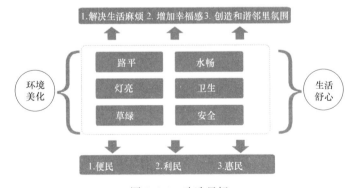

图 2.2-1 改造目标

## 2.3 改造技术

（1）绿地开敞空间挖潜及规划

根据珲春老旧小区的现状和特点，在绿地开敞空间的改造方面，平整场地，规划绿地范围，增加园林小品及景观设施，根据地域特点，选择适合生长的植被，高低错落，四季有色。

图 2.3-1 是某小区绿地空间现状和整体改造方案。通过规划，预计改造绿化面积约为 55%，保留修复绿化面积约为 45%。对于较完好的植物进行保留美化、移栽、修复处理，杂乱、生长不匀等植物进行铲除处理，重新进行景观绿化改造。

图 2.3-1　某小区绿地空间现状和改造方案

绿化采用落叶乔木、灌木及草坪相结合的方式。绿地改造时的备选植物选择原则如下：树种本土化、功能人性化、季相分明化、成本合理化。

（2）既有城市住区风貌提升

珲春市是中、俄、朝三国交界城市，是重要的旅游和外贸城市，每年春节至秋季，会吸引大量国内外游客和商人。通过现状分析、文化调研、居民访谈等方式对既有城市住区风貌水平进行评估，了解居民改造意愿，与既有城市住区其他改造项目相结合，确定既有城市住区风貌改造风格、项目、形式、色彩等内容。

针对本次风貌改造所涉及街道的特点，主要对街道两侧建筑物风貌进行改造，其中森林山大路两侧建筑改为韩式风格（图 2.3-2），口岸大路改为中式风格（图 2.3-3），新安路改为俄式风格（图 2.3-4）。通过改造，珲春市不同区域内的建筑各具风格，成为珲春市的又一亮点。

（3）停车设施升级改造

在改造的时候，采用零散空间利用整合技术，对小区内部道路进行了统一规划，充分挖掘住区零散空间和道路空间，协调布置泊位与绿化。在改造的时候，对小区道路和内部空间进行统一规划，合理增设停车位。图 2.3-5 是改造前后的对比，改造后

图 2.3-2　森林山大路改造后效果图

图 2.3-3　口岸大路改造后效果图

小区内部道路井然有序，有效解决了停车难、车位不足的问题，提升了小区的整体环境。

图 2.3-4　新安路改造后效果图

图 2.3-5　停车设施升级改造前后对比

（4）管网系统升级换代技术

1）管网系统优化技术

改造过程中，对居住区的供水、排水、供热系统进行整体改造升级，消除安全隐患。同时，每个小区内管网改造都结合海绵城市改造进行，维修或更换小区内污水设施及管线，增设污水检查井。

2）缆线低影响集约化敷设技术

根据不同住区的需求和地下情况，缆线低影响集约化敷设技术可分为线缆沟型、组合排管型和顶管型等敷设方法。针对各类道路的缆线容量需求、缆线权属单位管理要求等边界约束条件的变量组合，给出标准化、模数化的断面及相应特殊节点的构造形式，实现改造过程的全面预制化。改造后，通过对室内外的无序电线的重新梳理，各类电线电缆将分别归位安置，强电、弱电分开整理，提升住区环境美化的同时，增强住区的安全性。

（5）海绵化升级改造技术

在城市开发建设过程中采用源头削减、中途转输、末端调蓄等多种手段，通过渗、滞、蓄、净、用、排等多种技术，实现城市良性水文循环，提高对径流雨水的渗透、调蓄、净化、利用和排放能力，维持或恢复城市的"海绵"功能。具体改造措施包括：小区雨污水分流改造，园区路改造，增加透水铺装、雨水花园、溢流式雨水排放设施、下沉式绿地、雨水净化设施、雨水调蓄设施、雨水辅助入渗设施等，图 2.3-6 是某小区海绵化改造方案。通过改造，综合降低老旧小区雨水面源污染，对雨水年径流总量进行控制。结合珲春市地理和气候特征，新增适用于北方寒冷地区气候的透水砖铺装。本项目主要采用可渗透路面、砂石地面和自然地面，以及透水性停车场和广场等方式。砖与砖之间固定 5～10mm 缝隙作为透水途径，冻融循环可以达到 50 次以上。

同时，改造过程中还采用了雨水回收技术。结合雨污分流改造，建设用地内平面及竖向设计时，综合考虑屋面和地面雨水收集要求，有组织排向收集设施，雨水收集采用了具备截污功能环保型雨水口。雨水经过渗排系统进入维修、疏通后的雨水调蓄设施，部分超量雨水可用于绿地浇洒、道路冲洗，其余部分溢流进入市政管网系统。

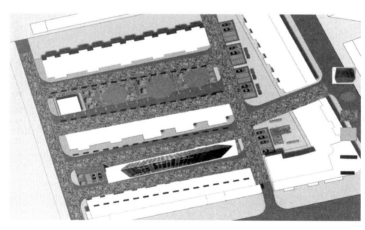

pp模块

雨水花园

透水铺装

雨水预处理设施

植草沟

雨水管网

图 2.3-6　某小区海绵化改造方案示意图

在海绵城市改造过程中，采用了海绵设施与景观系统有机融合技术。综合考虑珲春市气候，以及改造小区的场地条件、空间特征、建筑特点等，将海绵设施与建筑、绿地、道路广场、景观水系、景观小品、通用设施等进行有机融合设计，达到美化环境的效果。例如考虑到北方寒冷气候冬季景观性缺失的问题，改造时增加以废弃树皮、碎石等为原料的裸土覆盖物、生态树穴等，起到提升冬季景观和降低维护管理频率的作用。图2.3-7是珲春某小区海绵化前后对比，改造时主要采用了海绵设施与道路广场、景观小品等通用设施有机融合技术，例如透水铺装、道牙开口、排水沟、导流槽等措施。

图2.3-7　某小区改造前实景和改造后效果图

（6）公共服务设施健康化升级改造

图2.3-8是某小区功能设施增设改造布点图，修护和完善了停车位、树池座椅、活动平台、景亭、廊架、健身设施、儿童娱乐设施、集装箱用房、室外座椅、自行车锁、信报箱、景观灯、晾衣架、慢行步道等功能设施。

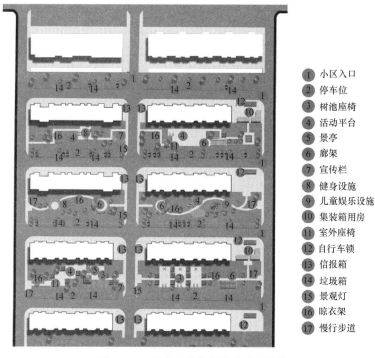

① 小区入口
② 停车位
③ 树池座椅
④ 活动平台
⑤ 景亭
⑥ 廊架
⑦ 宣传栏
⑧ 健身设施
⑨ 儿童娱乐设施
⑩ 集装箱用房
⑪ 室外座椅
⑫ 自行车锁
⑬ 信报箱
⑭ 垃圾箱
⑮ 景观灯
⑯ 晾衣架
⑰ 慢行步道

图2.3-8　某小区公共设施改造和增设

同时，结合小区道路改造，增设了健身步道、休闲座椅、景观小品等，可供居民室外活动时休息，为人们带来便利，使环境更加和谐。（图2.3-9，图2.3-10）

图 2.3-9　某小区健身步道改造

图 2.3-10　座椅和小品改造示例

如图 2.3-11，通过增建阅览室，为周边居民提供一个较为集中的、正规化的阅览中心。

图 2.3-11　阅览室

（7）场地物理环境健康化改造技术

针对噪声、光污染、热岛等问题，结合声环境中噪声源的测试、光环境中道路光照和居民窗户上的照度调研、热环境中绿化和透水地面等的影响，采用 Cadna、Ecotect、CFD、ENVI-met 等模拟计算软件，对绿化布局、道路材料、住区通风、日照控制和夜景照明等改造措施进行优化分析，优化既有城市住区物理环境。具体包括下列技术：

1）声环境

绿化及水系：增加绿化，采用中心绿地＋周边绿带、生态景墙，营造生态环境，引入流水声；交通：道路声屏障，设置沿路绿化带、绿化土堤，控制住宅与道路的距离，采用多孔沥青降噪路面、下沉式道路，增设建筑临街，道路两侧应用共振吸声结构如条缝式共振吸声砖；设备：设备安装远离居民区，设备消声减振。

2）光环境

优化建筑形体如退台，根据日照时数区别设置不同层级活动场地或适合不同季节的活动场地；调整灯具，满足道路或场地照度需求，增设功能性灯具，选择暖色灯具，根据居民需求调整照明时间段，营造光景观。

3）热环境

绿化：调整绿化布局，增加绿化覆盖率，调整群落结构，优化植物种类，垂直绿化，屋顶绿化；通风：增加居住区通风性能，通过绿化布局改善通风；交通：调整道路布局，道路与绿化带结合，采用高反射率、低发射率材料路面铺装；其他：增加天空开阔度，采用透水铺装，增加遮阳，人工雾化蒸发降温。

## 2.4　改造效果

本项工程立足城市更新、强化政府主导、听取民生民意、优化改造流程，对住区整体规划升级、美化更新、停车设施、管网系统、海绵化、功能设施健康化等进行了综合改造，力求达到生态景观化、功能多样化、交通便捷化、文化融合化、设施耐久化、管养经济化，切实增加人们的幸福感和获得感。（图 2.4-1）

图 2.4-1　某小区改造后的效果

## 2.5　效益分析

本着"改善民生，建设美丽家园"的原则，珲春市老旧小区和弃管楼绿色低碳和健康综合改造项目不断优化方案设计，切合居民实际生活需求，确保以较小的投入取得最佳的效果；本着"尊重民意、居民参与"的原则，项目改造过程中充分征求居民的意愿，确保居民在改造提升中的"知情权、参与权、选择权、监督权"；本着"因地制宜、分类实施"的原则，根据各个小区建成使用年限、破旧破损程度、配套设施状况、周边地理环境来进行分类实施，取得各具特色的改造效果。

通过 3 年多的改造实施时间，完成了珲春市老旧小区和弃管楼绿色低碳和健康综合改造工作，不断完善基础设施，提升环境质量，完善公建配套，增设了安全技防设施，并实现物业管理基本覆盖，逐步建立老旧小区的物业管理长效机制。

# 3 乌鲁木齐市老旧社区综合改造

**建设地点：** 乌鲁木齐市天山区

**占地面积：** 约 2km²

**建筑类型和面积：** 住宅及配套，约 230 万 m²

**建设时间：** 2000 年前

**改造时间：** 2018～2020 年

**改造设计和施工单位：** 中国中建设计集团有限公司、中建新疆建工集团有限公司

**执笔人及其单位：** 张楠　马延军　孟彬　满孝新，中国中建设计集团有限公司

赵伟智　孔永强　谭晔　祁安和，中建方程投资发展集团有限公司

---

## 亮 点 技 术

**亮点技术 1：既有城市住区管网升级换代技术**

包括管网检测评估技术、低影响缆线集约化敷设技术、多参数综合故障诊断技术及管网更新模拟工具。解决了架空线布设混乱和消防管线缺失的问题，给出市政给水排水、热力及电气管网、消防管道及消火栓等参数优化方案。

**亮点技术 2：既有城市住区美化更新技术**

针对小区楼栋设施、服务设施、道路、市政设施及环境进行了美化更新。

**亮点技术 3：既有城市住区智慧化改造技术**

建立了住区智慧能源管理系统，搭建住区健康智慧监测平台。

**亮点技术 4：既有城市住区停车设施升级改造技术**

零散空间利用整合技术、停车泊位扩容技术和泊位共享整合技术。

---

## 3.1 项目描述

（1）住区基本情况

项目位于乌鲁木齐市中心城区天山区，片区占地面积合计 2km²。（图 3.1-1）

（2）存在问题

近年来，乌鲁木齐城市化率逐年提升，追赶发达省市的城市化率，但是城市化的质量与发达省市仍有差距。在城市化快速发展过程中逐步显露出来的一些矛盾，阻碍

155

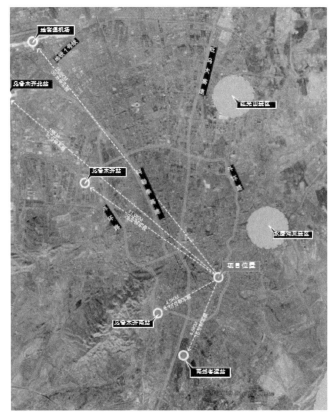

图 3.1-1　乌鲁木齐市老旧社区综合改造项目规划图

了城市化的可持续发展。这些矛盾包括：高密度的城市功能区块缺乏合理的空间规划与引导，没有为居民建立张弛有度的生活场所；新旧城市景观处于断层的尴尬境地，缺乏巧妙的设计手段在时间与空间上做景观缝合；彼此独立的城市硬件设施越来越不能满足人们系统的生活需求；城市风土人情、居民凝聚力与区域自豪感随着商品经济的高频发展逐渐式微。具体表现在（图 3.1-2）：

①　社区管理混乱，出入口数量过多导致整体管理难以统一。

②　交通组织无序，狭窄的道路和严重缺乏的停车位严重影响交通出行。

③　建筑设施老化，建造年代久远的建筑和公共设施均已老化。

④　整体形象单一，建筑形象单一且缺乏景观绿化使得社区缺乏活力。

⑤　用地布局凌乱，缺乏绿地，现状建筑密度高、容积率低，土地利用率低下。

⑥　有大量流动人口入住，居住人口复杂，居住环境复杂，社会治安隐患突出。

⑦　居住环境脏、乱、差。老城区大多无街道亮化、照明设施，生活污水、垃圾随意倾倒、丢弃，缺少公共休闲空间。

⑧　道路网系统不健全，道路狭窄，不成系统，路面质量差。

⑨　环境卫生状况差，影响城市面貌。

图 3.1-2　乌鲁木齐市既有城市住区改造前现状图

（3）改造策划和模式

项目的建设和管理是一项影响面广、工作难度大、要求高的系统工程，项目的建设涉及发改、财政、城建、土地等多个部门。通过建立强有力的组织领导机构和统一、高效、科学、务实的管理机构与运行机制，负责全面协调项目实施过程中的各项工作，督促检查相关配套政策的执行情况，保证项目的顺利实施。

采取积极有效的措施，落实项目建设所需的各项资金。积极争取各方面对工程建设的资金投入。在用好、管好中央预算内资金的同时，积极筹措项目内部设备、设施所需配套资金，制定切实可行的资金来源方案，保证项目如期完成。

建立风险预警机制，密切关注市场建筑材料的价格变化情况，推行工程量清单计价，将工程招标放在建筑材料市场价格较低的时间，降低工程建设费用。

在建设中还应加强项目财务收支管理，节约财务支出，建立严格的财务管理制度。加快项目建设进度，要求工程监理人员对施工过程的工程量计量、结算进行全过程监控，及时解决施工过程中遇到的实际问题，及时调整相应的工程费用，保证工程项目建设顺利进行。

做好设备采购和工程招标工作。实行公开招标，选择资质等级高、社会信誉好，同时投标技术方案成熟、施工组织设计完善、工程报价合理的设计、施工、监理企业参与本项目的工程建设，从源头堵住由于设计、施工企业能力不足可能造成的风险。

在施工过程中，按照预期制定的总进度计划，实施阶段落实。要求施工企业建立质量保证和进度控制体系，要求施工现场实现标准化、规范化、制度化，对工程进度、质量、安全实行全过程控制。

## 3.2 改造目标

通过管网系统美化、停车设施升级改造、智慧化等综合改造后，改善该片区人民群众居住条件，改善区域人民群众生产生活环境，促进社会稳定和谐，同时促进乌鲁木齐市经济和社会事业的发展。

## 3.3 改造技术

（1）既有城市住区管网升级换代技术

乌鲁木齐老旧社区综合改造项目首先采用低影响缆线集约化敷设技术、多参数综合故障诊断技术完善住区热力管网、消防管网、电力管网等的敷设方案，解决架空线布设混乱和消防管线缺失的问题，给出市政给水排水、热力及电气管网、消防管道及消火栓等参数优化方案。并采用管网检测评估技术，对管网漏损关键区域快速检测、定位并评估漏损情况。然后根据检测结果，对漏损管网进行替代或修补。最后，借助管网更新模拟工具，优化市政管线布置。（图3.3-1）

图 3.3-1 电力管网改造前后效果图

（2）既有城市住区美化更新技术

既有城市住区美化更新技术是针对小区楼栋设施、服务设施、道路、市政设施及环境进行美化更新。

乌鲁木齐老旧社区综合改造项目通过城市绿化改造、城市天际线和街道立面等修复工作，综合整治楼栋门、雨水管、空调排水管、信报箱、外爬墙管道燃气、防盗网和雨篷、屋面、外墙面、建筑户外构造构件等。保留了乌鲁木齐老城区特色风貌，增设民族演艺、商贸休闲、创意旅游等商业区，完善教育、医疗、文化、体育、卫生、社区阵地、便民服务警务站等公共服务设施和基础配套设施，增加公共绿地、小游园、小水面、步道系统等公共开放空间。（图3.3-2）

图 3.3-2 美化更新技术改造前后效果图

（3）既有城市住区智慧化改造技术

既有城市住区智慧化改造技术包括建立住区智慧能源管理系统和搭建住区健康智慧监测平台。前者采用大数据或云平台技术，提高住区能源系统利用的智能化，实现能源系统智能需求互动、负荷匹配协调、多能运行平衡。后者采用智慧监测技术，对住区空气质量、噪声、照明等加装检测设备，对建筑、住区内部、出入场所加装摄像头，针对城市住区人员的静态属性和动态轨迹，基于智能视频分析技术对人员进出住区实现存储和管理。

乌鲁木齐老旧社区综合改造项目搭建住区能源管理系统，实现社区能源分项计量、负荷协调匹配、多能平衡运行。全自动智慧热网运行监控系统可实时显示用户楼栋、房号、面积、供回水温度、流量、室温等数据，居民亦可根据自身需求通过自己家的温控器调节室温，实现从热源生产到管网、换热站、用户终端全部数字化管理。住区安防系统整合社区的视频监控、入侵警报、门禁控制、楼宇对讲等多类子系统的动态感知数据，实现社区内实有人口管控、异常告警处置、潜在风险预控等功能。（图3.3-3）

（4）既有城市住区停车设施升级改造技术

既有城市住区停车设施升级改造技术包括零散空间利用整合技术、停车泊位扩容技术和泊位共享整合技术。

乌鲁木齐老旧社区综合改造项目采用零散空间利用整合技术和泊位共享整合技术，通过泊位与绿化、周边

图 3.3-3 既有城市住区
智慧化改造技术

公建设施协调共享，建立生态停车场，解决住区因停车造成的拥堵等问题。
（图 3.3-4）

图 3.3-4　既有城市住区停车设施升级改造技术

## 3.4　改造效果

　　项目通过管网系统美化、停车设施升级改造、智慧化等综合改造后，在管网系统改造上，可实现五个片区的架空线整齐敷设、消防管线配置齐全、市政给水排水、热力及电气管网修复改善；在美化更新改造上，拆除违法建筑、整治广告牌匾、协调城市色彩，保留乌鲁木齐老城区特色风貌。在停车设施升级改造上，建立生态停车场，通过与绿化、周边公建共享协调车位，解决停车拥堵等问题；在智慧化改造上，搭建智慧能源管理平台，实现社区能源分项计量、负荷协调匹配、多能平衡运行的效果。
（图 3.4-1）

图 3.4-1　改造后现状

## 3.5 效益分析

通过本项目的实施，可改变原有居住点基础设施建设滞后的情况，有利于环境改善，进一步美化环境，提高生态环境质量，解决生活污染物分散、难处理等一系列问题，极大地改善居住点居民的生活环境，提高居民生活质量。本次改造，重点在"增绿、治污、减排"上下功夫，通过既有住区综合改造，扮靓城市，让居民在家门口感受宜居的环境，享受城市建设发展带来的获得感、幸福感。

# 4  唐山市机南楼-祥荣里片区绿色低碳区改造

建设地点：唐山市

占地面积：2.1km²

建筑类型和面积：建筑面积 93 万 m²

建设时间：1980 年

改造时间：2019 年 4 月～2020 年 9 月

改造设计和施工单位：河北淇奥工程设计有限公司、唐山昊宇建筑设计有限公司

执笔人及其单位：夏小青  潘晓玥  马宪梁  张晶晶，北京清华同衡规划设计研究院有限公司

---

## 亮 点 技 术

**亮点技术 1：零散空间整合利用及道路交通组织提升增加泊位技术**

通过住区道路空间挖掘、泊位与绿化协调布置及住区零散空间挖掘，优化道路交通组织等，实现停车泊位增容。

**亮点技术 2：低碳节能的建筑美化更新技术**

通过建筑立面美化更新、小区楼栋设施美化更新、小区市政设施美化更新、小区服务设施及居住环境美化更新等，提升住区风貌。

**亮点技术 3：人文关怀的健康设施及娱乐空间改造技术**

增设健身步道和健身器材，步道旁设置休息座椅、种植行道树遮阴改善住区热环境，采用智慧监测等提高住区健康化水平。

**亮点技术 4：住区分级响应海绵化改造技术**

确定住区改造为基本改造型，不进行大规模海绵改造，更换小区雨落管，采用外排水方式进行雨水组织，选择性地将改造区内停车位附近的绿地下凹 10cm 左右。

---

## 4.1  项目描述

（1）住区基本情况

唐山市机南楼-祥荣里片区改造项目位于唐山市老城区，北至丰源道，南至翔云道，西至卫国北路及学院路，东至华岩北路，规划区内包含唐山市第二十一中学、唐

162

山学院、鹤祥实验小学、市二十中（南校区）、唐山市人民医院口腔门诊、唐山华夏中西医结合医院、商业银行、建设银行等服务设施。现状建成区面积较大，以老旧小区为主，符合典型既有城市住区的概念。（图4.1-1）

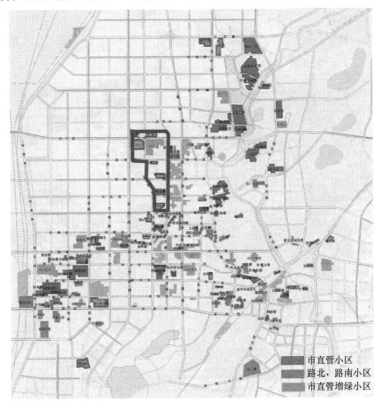

图4.1-1　唐山市机南楼-祥荣里片区绿色低碳区改造工程区位图

规划对改造区内部分现状较差的小区进行改造，包含祥瑞里、祥丰里、祥荣里、祥富里、新兴楼、祥和里、机北楼、机南楼等八个重点改造社区，用地总面积约2.1km²，建筑面积93万 m²。

规划区内基本为老城区，建筑建设年代久远，基本无地下空间的利用，且因为之前设计标准较低，停车位明显不足，车位有待提升；此外能源系统老化，建筑保温性能差，冬季室内温度不足；社区内存在雨污混接、雨污合流等情况，基本没有应用海绵城市技术，生态不佳。目前健康化、智慧化、碳减排等方面很少体现，可结合住区的安全提升同步推行。

项目合理利用零散空间最大限度实现与绿化空间的融合以满足居民对于停车空间的需求，从建筑保温、住区污染控制、增绿等方面实现碳排放量的控制，从打造居民交往空间、关注住区生活品质等方面提升住区健康和智慧化水平。

（2）存在问题

改造住区存在的主要问题如下：

① 停车位不足，停车难

目前小区汽车量多而停车位不足。中小城市居民习惯于就近停车，加剧了社区停车难的问题。尤其在夜间，多数住区居民有停车需求时，找车位较难。（图4.1-2）

② 建筑功能老化、美观性较差

住区内部因建设年代久远，既有建筑在建筑保温、美观性等诸多方面存在问题。此外，楼内楼梯间幽暗、把手老化，安全性不高。（图4.1-3）

图4.1-2 祥丰里日间停车现状图

图4.1-3 机南楼建筑现状图

③ 绿地率较低、铺装破败

多数小区无物业，小区内绿化无人维护，造成绿化破败，植物生长情况较差。因社区缺乏管理，部分绿地被居民私自围栏种菜。此外还存在铺装破败情况。（图4.1-4，图4.1-5）

图4.1-4 祥丰里部分绿化现状图

图4.1-5 祥丰里部分铺装现状图

④ 生活娱乐空间匮乏

因既有城市住区内空间局促、建设时未充分考虑居民对于娱乐交往空间的需求，造成现状社区内生活娱乐空间不足。（图4.1-6）

⑤ 基础设施老化、功能丧失

住区内基础设施老化现象严重，污水排放不畅，有臭味等。小区内强弱电线排布杂乱无章，系统性较差，严重影响社区的景观。供热管线老化，冬季供暖热量不足，小区室内温度较低，居民满意度下降。（图4.1-7）

图4.1-6　机北楼小区内居民娱乐图　　　　　图4.1-7　机南楼雨水篦子堵塞现状图

⑥ 部分小区智慧化水平低、安全性差

住区内部分小区因缺乏物业管理，现状处于"三无"状态，小区内无保安、无门禁、无单元门。小区内缺乏现代化服务设施。（图4.1-8）

图4.1-8　祥丰里部分单元楼无门禁

（3）改造策划和模式

本次项目的投资模式为政府投资，住建局结合老旧小区的现状情况，选定需要改造的老旧小区，直接出资进行改造，改造内容包括建筑立面、绿化铺装、管网升级等方面。本改造项目有机将建设方、设计方、施工方结合在一起，通过构建领导沟通小组，在设计层面最大限度地减少矛盾，及时沟通，同时课题组作为智囊团队，与设计方共同参与方案设计，将既有城市住区改造的先进技术融入其中，助力唐山市老城区改造。

本项目作为唐山市老旧小区 2019～2020 年度工作的改造重点，分别按照建筑本体、铺装绿化等外环境以及监测监控等设施采购逐步推进。（表 4.1-1）

改造计划安排表

表 4.1-1

| 内容 | 改造计划 | 起止时间 |
| --- | --- | --- |
| 1 | 建筑保温及楼本体的更新改造 | 2019 年 4 月～2019 年 8 月 |
| 2 | 建筑外环境更新改造 | 2019 年 9 月～2020 年 4 月 |
| 3 | 住区提升设施设备采购及安装 | 2020 年 4 月～2020 年 9 月 |

## 4.2 改造目标

唐山作为北方清洁采暖试点城市，正在开展建筑节能改造。结合目前既有城市住区存在的诸多问题，宜综合统筹既有城市住区改造项目，结合停车、绿化、节能、活动空间、智慧化及基础设施升级改造等需求的迫切程度，利用新技术、新方法创新性地合理满足居民需求，将居民需求放在首位，在经济可行的前提下，将既有城市住区建设改造成居民满意度高、接受度高、低碳减排、绿色宜居、智慧安全的新时代住区。

## 4.3 改造技术

（1）零散空间整合利用及道路交通组织提升增加泊位技术

改造前，住区内道路普遍破损严重，且行车道过载，影响车辆和行人的出入。改造项目组结合住区内停车需求，同步进行行车道路的提升改造，维修破损小区道路、甬路，以方便居民出行，增加停车泊位。在行车道改造方面，尽量采取统一的标准对现状道路进行拓宽、铺砌，双向行车路拓宽至 5.5m，单向行车路路幅宽度不小于3m，并结合道路宽度调整同步更换道路侧石，将原直立式侧石改为斜面倒角侧石，使行车道与甬路顺畅衔接，从而增加机动车停车泊位。

针对部分重点片区重新进行了道路结构梳理，加强了对道路系统的组织，既完善人行系统，也加强车行系统的合理性，并结合部分路幅较宽的道路增设了路侧停车位，根本上解决社区内交通安全及停车问题。

从既解决居民停车需求又不减少绿化的角度出发，项目组变原楼宇间的低位草坪为整体混凝土砖铺装、高大乔木及绿化带分隔的方式，通过高大乔木增加碳汇，通过混凝土砖铺装提供白天居民的活动场所及夜间的停车泊位。（图 4.3-1～图 4.3-4）

图 4.3-1　居住区内行车道改造效果图

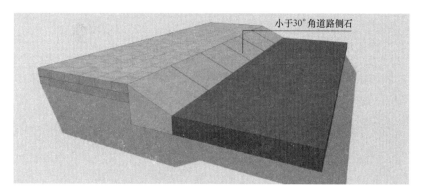

图 4.3-2　居住区车行道与甬路衔接示意图

图 4.3-3　道路交通组织优化前后示意图

（2）低碳节能的建筑美化更新技术

对住区内所有居民楼进行外墙保温改造、屋面保温及防水改造。与此同时结合唐山市震后居住建筑风貌控制分区及建筑风貌引导，统一本住区内的建筑风格，规范立面色彩，对住宅外墙、维护矮墙等重新粉刷装饰。

由于建成时间久，多数既有建筑的钢结构坡屋面的围护结构破损严重，维护板脆性断裂多处，围护板与钢架的连接螺栓脱落、松动严重。保存相对完整的围护板与钢架连

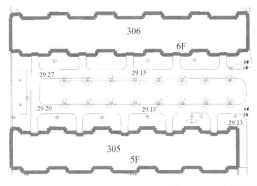

图 4.3-4 居住区零散空间利用示意图

接的螺栓也存在锈蚀严重问题，同时部分原有平屋顶建筑也存在着漏水渗水等现象。

针对这一系列的现状问题，项目组提出对屋面上的外檐、压顶、凹凸线、屋脊、泛水、天窗、檐沟、屋面排气孔、落水管等进行统一设计维修、翻新并还原其使用功能。

考虑到居住社区整体居住环境品质的提升，项目组除加强对建筑楼本体的更新维护外，也注重对楼道内部环境的提升改造，包括更换破损的天井井盖、楼道窗，增加公共照明设施，粉刷楼道，加固修复楼梯踏步和扶手等。

针对居住社区内杂乱敷设的架空线路，项目组也是从安全、美观、低影响的角度出发，对各类架空线路进行了梳理与整理，有条件的区域尽量入地敷设，无改造条件的则采取屋顶架空或穿管规整的方式，整体提高架空线路的美观性及安全性。（图 4.3-5～图 4.3-8）

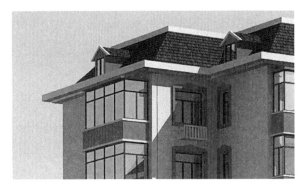

图 4.3-5 建筑结构维护及屋顶改造效果图（左：屋顶改造；右：建筑维护结构改造）

（3）人文关怀的健康设施及娱乐空间改造技术

合理配置健身、学习、文化场地等功能设施。综合考虑服务设施对于居民生理及心理健康的影响，结合小区内的活动广场、开敞空间、较宽敞的非机动车道设置健身步道，方便居民在小区内开展散步、跑步、自行车骑行等健身运动。步道宽度一般不低于 1.5m，采用弹性减振、防滑和环保的材料，如塑胶、彩色陶粒等。步道路面及

图 4.3-6 楼栋设施美化更新示意图（左：楼东门、门禁系统更新；右：信报箱更新）

图 4.3-7 楼栋环境整治示意图（左：整治前；右：整治后）

图 4.3-8 架空线路梳理效果图（左：屋顶架空排管敷设；右：楼前槽盒遮蔽敷设）

周边设有里程标识、健身指南标识和其他健身设施（如拉伸器材），步道旁宜设置休息座椅，种植行道树遮阴，设置艺术雕塑等景观小品等。

　　增设健身步道和健身器材，不仅为居民带来更加丰富、健康的生活体验，提升人们的身心健康，而且还增加了绿色出行方式，可以减少机动车造成的碳排放，提高社区的环境品质。

为提高居民生活便利性，考虑到很多居民家里条件及空间有限，在小区的采光较好的宽敞、开放空间增设晾衣竿，为居民提供集中的晾衣场所。

为便于退休居民、儿童的休闲、玩耍，在小区内设施公共桌椅，提供交流、互动、闲暇休息的场地，提高住区邻里间的友好和睦关系。

在小区统一增设直饮水系统，2～3栋楼配备一个，并定期维护。居民可通过充费刷卡方式，用专用水桶自取直饮水，此种供水方式便捷安全，可满足对供水要求较高住户的需求，增加供水方式的灵活性和选择度，提高居民生活质量。

在住区内公共区域增设垃圾回收装置，饰以相对鲜明的绿色外观，并在装置外侧注明使用方法和步骤，引导居民将废弃的衣物、鞋子、塑料瓶、纸张等可回收利用的物品放入，提升垃圾回收率。

此外，既有城市住区内老人占比较高，考虑到老人生活的便利性和安全性，增加楼梯扶手、辅助轮椅上下楼的缓坡台阶等适老化设施，公共场所增加无障碍设施，方便老人的出行和活动。针对小区内60岁以上独居的老人，结合小区监控系统，如连续三天没有监控到老人出单元门，安排工作人员上门慰问。（图4.3-9～图4.3-13）

图 4.3-9　健康步道及健身设施示意图

图 4.3-10 小区公共晾衣竿示意图

图 4.3-11 小区公共座椅示意图

图 4.3-12 小区内直饮水设施示意图

（4）住区分级响应海绵化改造技术

基于分级响应的理念，该项目内涉水问题不突出，不是既有城市住区需要解决的首要问题，因此确定海绵化改造以基础性微改造为主，避免过度海绵化。

更换小区雨落管，采用外排水方式进行雨水组织，同时在场地改造时控制道路坡

图 4.3-13　可回收垃圾分类箱

度坡向，实现小区内仅在主要道路下设置雨水管道，建筑屋面雨水及建筑间的道路产生的雨水采用地表排水的组织方式。一方面，通过停车场区域铺装的缝隙和绿化区域可实现部分雨水的下渗与截流，另一方面可减少雨水管网的敷设，避免在狭窄道路下敷设过多的管道从而难以保障管线间距，也降低工程改造的投资。

选择性地将住区内停车位附近的绿地下凹 10cm 左右，绿地外的围墙开孔，将周边的雨水引入下凹绿地中。

同时提倡雨水收集利用，结合雨落管断接设置雨水桶，收集、蓄存的雨水用于菜园子浇洒、住户自用等。（图 4.4-14）

将小区内的树池改造为生态树池，利用透水材料或格栅类材料覆盖其表面，并对栽种区域内土壤进行结构改造且略低于铺装地面，使其有限地参与地面雨水收集，延缓地表径流峰值。

图 4.4-14　雨落管断接与绿地的衔接关系图

## 4.4　改造效果

本项目以北方地区既有城市住区需要重点改善的内容为出发点，聚焦百姓最关切问题，综合考虑费效比，提升居民的幸福感与获得感。合理利用零散空间最大限度实现与绿化空间的融合以满足居民对于停车空间的需求；从建筑保温、住区污染控制、增绿等方面实现碳排放量的控制；从打造居民交往空间、关注住区生活品质等方面提升住区健康和智慧化水平。

## 4.5  效益分析

通过对唐山市既有城市住区的改造，改善部分建设年代久远的既有城市住区人居环境，有效缓解现状既有城市住区地下排水条件有限、地上绿地景观面积不足、停车难、智慧化水平低等难题。通过对住区的综合提升，有效改善既有城市住区现在存在的问题，改善既有城市住区的居住条件，有助于提高城市整体建设和管理水平，在保留城市发展痕迹和历史记忆的同时，提高居民的幸福感。

对既有城市住区原有生态的保护、恢复和修复，以及低影响开发，充分体现了尊重自然、顺应自然、保护自然的生态文明理念。因既有城市住区一般建设集中，各地块内通过低影响开发设施建成小海绵体，在区域连片效应下形成大海绵体，对城市发挥较大的生态调节作用，有助于打造良好的低影响开发基底，形成可持续发展的空间格局，削弱温室效应，改善城市环境和微气候，打造宜居城市居住环境。

通过加强雨水资源收集利用，在降低城市对于给水厂依赖的同时，减少城市给水厂供水量，节约制水成本。既有城市住区海绵提升改造可结合既有建筑节能改造、绿色建筑改建、"合改分"、景观提升等项目统筹安排建设时序，有效节约建设成本，同时可减少重复动土建设量。

# 5 烟台市长岛既有城市住区综合改造工程

**建设地点**：山东省烟台市长岛

**占地面积**：约 3km²

**建筑类型和面积**：住宅及配套，约 245 万 m²

**建设时间**：1997 年

**改造时间**：2018 年 8 月

**执笔人及其单位**：张楠　满孝新，中国中建设计集团有限公司

贾智群，长岛知己新能源有限公司

刘文彬，长岛交通住建局

---

## 亮 点 技 术

**亮点技术 1：既有城市住区清洁能源高效替代技术**

基于小区能源协调利用、梯级利用、综合利用的原则，采用污水、海水、能源塔、太阳能等可再生能源供热，形成多能互补的能源改造，拆除燃煤锅炉，采用可再生能源替代燃煤，实现长岛既有城市住区供暖完全清洁化。

**亮点技术 2：既有城市住区海绵化升级改造集成技术**

充分利用小区建设下凹式绿地、透水铺装、屋檐雨水收集、蓄水池收集回用，实施道路恢复、道路透水铺装等工程，完成 11.2km 的道路两侧人行道（含慢道）的综合改造，建设约 6000m³ 的雨水收集池。

**亮点技术 3：既有城市住区健康化升级改造集成技术**

落实辖区生态环境空间管控、生态环境承载力调控要求，启动全域生活垃圾分类，实施供水管网改造、跨海引水、海水淡化、雨水积蓄、清洁能源替代和绿色公共交通。

---

## 5.1 项目描述

（1）住区基本情况

改造项目位于山东省烟台市长岛县，项目用地面积 245 万 m²，包括 17 个居住小区。主要改造内容为能源系统、管网系统、海绵化、智慧化、健康化、建筑节能改造、城市美化等。（图 5.1-1）

图 5.1-1　长岛既有城市住区综合改造项目

（2）存在问题

生态是长岛最大的优势和潜力，是海岛永续发展的基石。历史上一段时期，直排入海的住区垃圾污废水、分散供暖的小型（10t 以下）燃煤锅炉、随意堆放的住区垃圾，不仅对近海岸、大气、土壤造成污染，破坏生态平衡，而且危害住区居民生活健康。因此，为加快长岛海洋生态文明综合试验区建设、美化更新小区服务设施、建立智慧化与生态化并存的特色住区，对长岛既有城市住区的能源系统、管网系统、海绵化、智慧化、健康化、美观化、建筑节能等进行综合改造。

（3）改造策划和模式

在能源系统改造上，充分利用海洋、污水、空气等清洁能源，全部淘汰燃煤锅炉，使用污水、海水、能源塔、太阳能等可再生能源供热，形成多能互补的能源改造。在管网系统改造上，实施雨污分流和管网改造，配套改建地下综合管网。在建筑节能改造上，增设外墙保温、采用节能门窗、节能灯具等。在住区美化改造上，对住区违章建筑严格拆除，对道路、广场及建筑立面进行综合环境提升和美化。在海绵化改造上，充分利用小区建设下凹式绿地、实施透水铺装工程、建设雨水收集池。在健康化改造上，全面落实辖区生态环境空间管控、生态环境承载力调控要求，启动生态资源本底调查和生态立法工作，科学划定生态红线。在智慧化改造上，长岛综合试验区大数据信息资源管理中心，开展了信息化养老服务平台、智慧社区、民生服务平台、互联网＋政务服务等建设，并进行了智能微电网改造。

## 5.2　改造目标

"长岛既有城市住区综合改造工程"通过能源系统、管网系统、海绵化、智慧化、健康化、美观化、建筑节能等综合改造后，在能源系统改造上，可实现 17 个居住小区，245 万 m² 的城区全部电采暖；在管网系统改造上，可实现 13.6km 路段的雨污分流和管网改造、9.2km 地下综合管网配套改造；在海绵化改造上，可实现 11.2km 道路两侧人行道海绵化改造，完成 6000m³ 雨水收集池；在智慧化改造上，建成信息化养老服务平台、智慧社区和民生服务平台；在健康化改造上，实现全城垃圾分类、垃圾外运和全部热能分解利用，建成住区健康监测智慧平台；在美观化改造上，全部拆除违章建筑，通过增设无障碍设施和街道绿化等，提升、美化住区环境；在建筑节能改造上，为 10 个及以上居住小区的外墙加装保温、更换节能门窗及灯具。

## 5.3 改造技术

（1）既有城市住区清洁能源高效替代技术

长岛县位于胶东、辽东半岛之间，黄渤海交汇处，空气湿度大（45%～75%）。传统的风冷热泵在潮湿阴冷的冬季供热时结霜严重，热泵效率低。能源塔热泵技术无结霜困扰，可以利用冰点低于零度的载冷剂高效提取湿球水体的显热能，比风冷热泵更稳定、性能系数高。同时，长岛县具有丰富的海水资源，可以合理利用浅层海水能实现清洁供暖。

对长岛县既有城市住区使用的常规能源（如煤、电、燃气）和新能源（如太阳能、空气能、海水能）的种类和数量进行统计分析，并收集长岛县的室外环境及相关数据，通过软件模拟方法，分析了能源塔、海水源热泵使用潜力，对用能的种类和用途进行统计，归纳分析各项用能的变化规律，研究不同能源耦合利用技术，基于区能源协调利用、梯级利用、综合利用的原则，制定长岛县既有城市住区清洁能源高效利用策略，即采用污水、海水、能源塔、太阳能等可再生能源供热，形成多能互补的能源改造。

长岛既有城市住区综合改造工程中，17 个居住小区、245 万 m² 的城区采用既有城市住区清洁能源高效替代技术实现了供暖电代煤改造，拆除全部既有燃煤锅炉，最终实现长岛县既有城市住区供暖完全清洁化。（图 5.3-1）

图 5.3-1　能源塔热泵技术

（2）城市住区美化更新技术

对住区违章建筑严格拆除，对道路、广场及建筑立面进行综合环境提升和美化。项目对既有城市住区住宅进行了节能改造、外墙加保温等，同时对外墙面、防盗网和雨篷、屋面、建筑户外构造构件等进行了美化更新。对环卫设施、康体设施、宣传栏、卫生所、阅览室等服务设施进行了升级改造。增加了小区步行系统、无障碍设施、信息标识，重新合理布局了小区绿化、街道绿化、宅旁绿化、景观小品等环境设施。

（3）既有城市住区智慧化改造技术

长岛既有城市住区综合改造工程进行了信息化养老服务平台、智慧能源、智慧社区、民生服务平台、互联网＋政务服务等建设，以及智能微电网改造。

智慧能源管理系统采用大数据或云平台技术，提高住区能源系统利用的智能化，实现能源系统智能需求互动、负荷匹配协调、多能运行平衡。

采用智慧监测技术，全天候监测住区空气质量、噪声等室外环境，并推送到社区信息亭，与居民互动，共同建设更加和谐健康的社区。

信息化养老服务平台建设是长岛 2019 年为民服务实事重点项目之一。平台以"12349"养老服务热线为依托，利用网络、电话等信息手段，形成全方位服务、全过程管理、全天候响应的智慧养老体系。

（4）既有城市住区管网升级换代技术

对既有城市住区实施雨污分流和管网改造，配套改建地下综合管网，更新了热力、给水、排水、电力管网。实施 13.6km 路段的雨污分流和管网改造，配套改建地下综合管网 9.2km。

（5）既有城市住区海绵化升级改造集成技术

长岛既有城市住区综合改造工程充分利用小区建设下凹式绿地、透水铺装、雨水收集，并对道路两侧人行道（含慢道）进行综合改造，实施道路恢复、道路透水铺装等工程，完成共 11.2km 的道路两侧人行道（含慢道）的综合改造，实施道路恢复、道路透水铺装等工程，建设约 6000m³ 雨水收集池。

（6）既有城市住区健康化升级改造集成技术

全面落实辖区生态环境空间管控、生态环境承载力调控要求，启动生态资源本底调查和生态立法工作，科学划定生态红线。

大气污染防控，全面落实机动车辆"双控"、大力推广清洁能源替代和绿色公共交通出行。长岛在全域实施了岛外车辆"控进"、岛内车辆"控牌"的"双控"措施，在全省率先构建起纯电动公交体系。

供水方面，建立了跨海引水、海水淡化、雨水积蓄等多重保障机制，实施了城乡供水管网改造，完成了城区 2000t/d 海水淡化站改扩建，新建乡镇海水淡化站 9 处，让海岛群众吃上长流水、放心水。

启动了全域生活垃圾分类，实现垃圾外运和热能分解全覆盖。新建北长山花沟区域及庙岛、砣矶岛、南北隍城岛 10 处地埋式污水处理站，敷设污水管网 60km 多，年内实现城乡污水处理全覆盖，日处理规模 1.26 万 t。

## 5.4  改造效果

长岛既有城市住区综合改造工程响应了长岛海洋生态文明综合试验区整体要求，项目含 17 个居住小区，245 万 $m^2$ 的城区，改造内容为能源系统、管网系统、海绵化、智慧化、健康化、建筑节能改造、城市美化等方面，健康性能指标达到国际先进水平、综合改造和性能提升措施使碳排放强度降低 20%，为既有城市住区功能提升与改造提供了示范，提高了人们的美好生活水平和幸福感，提高了城市住区的治理能力和运营能力。

## 5.5  效益分析

长岛既有城市住区综合改造逐步实现了长岛海洋生态文明综合试验区的整体要求，污染没有了、环境美化了、生活便利了，人们的美好生活水平提高了，幸福感增强了，得到了居民的支持和拥护。同时加强了市政设施水平，通过智慧化运营，提高了城市住区的治理能力和运营能力。建立了长期运营机制，吸引社会优秀企业、居民共同参与和共同建设，创造了较好的经济效益。

# 6　遂宁市镇江寺片区环境品质和基础设施综合改造

**建设地点：**四川省遂宁市老城核心区镇江寺片区

**占地面积：**60.5hm²

**建筑类型和面积：**居住建筑、公共建筑

**建设时间：**2000 年左右

**改造时间：**2019 年 4 月～2020 年 6 月

**改造设计和施工单位：**中国城市规划设计研究院、中国建筑西南设计研究院有限公司

**执笔人及其单位：**李文静，中国建筑科学研究院有限公司

---

## 亮 点 技 术

**亮点技术 1：既有城市住区再规划与空间整合梳理技术**

院落功能整合梳理，创造口袋公园，承载居民更多的活动；对非步行街区域道路宽度进行合理化调整，提高道路实际使用效率。

**亮点技术 2：既有城市住区风貌提升与美化更新技术**

提炼三纵主轴街区文化特色，结合建筑形象的重要程度和建筑破损程度进行整体建筑风貌四类分级改造；结合居民功能性需求，进行建筑外立面更新改造。

**亮点技术 3：既有城市住区市政管网系统升级改造技术**

进行管网系统原位修复和更新改造，缓解区域排水压力，同时改善对涪江水环境污染；电线下地处理或规整遮蔽，消除安全隐患。

**亮点技术 4：既有城市住区海绵化升级改造与智能监测技术**

评估改造区域内涉水问题和改造基础条件，定位为海绵改造基本型，以解决突出问题为目标，以基础性微改造为主。采用透水路面增强渗透性，通过路面碎石层实现雨量调蓄；对易涝点、管网关键节点进行流量和水质监测，为后期运维管理提供决策依据。

**亮点技术 5：既有城市住区功能设施健康化升级改造技术**

基于健康化视角完善便民设施和居民交往空间，增设垃圾回收装置，结合景观树池增设休憩座椅，改善休闲环境。

## 6.1 项目描述

（1）住区基本情况

遂宁市位于四川盆地中部，涪江中游，总面积5300km²，是成渝经济区的区域性中心城市，四川省的现代产业基地，以"养心"文化为特色的现代生态花园城市。遂宁市入选了首批国家海绵城市试点城市。

遂宁市属四川盆地中部丘陵低山地区。境内地形以丘陵为主，层状地形较明显；地势由西北向东南呈坡状缓倾，属四川盆地亚热带湿润季风气候，雨量充沛，四季分明。多年年均降雨量887.3～927.6mm，年均蒸发量910.7～1128.3mm。

遂宁市老城核心区镇江寺片区，西起遂州中路，东至滨江中路，北连育才东路，南接公园东路、油坊街，总占地面积60.5hm²，涵盖大东街、百福、朝阳、正兴街、兴隆、紫薇6个社区，总占地面积60.5hm²。（图6.1-1）

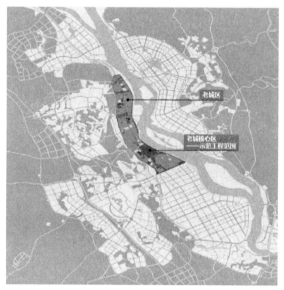

图6.1-1　遂宁居住区环境品质和基础设施综合改造工程范围示意图

（2）存在问题

① 城市风貌

从整个区域角度进行城市肌理的整体评判，建筑密度较大，院落空间划分过细。公服配套分布较为均匀，能够覆盖全区，配套成熟，但部分公共设施整体形象较差。（图6.1-2）

整体风貌方面，缺乏建筑风貌上的整体控制和引导。建筑的年代、高度、材质等风貌控制要素方面，建筑空间形态较无序。（图6.1-3）

② 建筑外立面

图 6.1-2 城市肌理分析图

图 6.1-3 建筑形态分布图

防盗网杂乱，雨棚繁杂，空调机位混乱；墙面老旧破损，抹灰脱落，部分砖墙裸露。（图 6.1-4）

图 6.1-4 建筑外立面

沿街建筑的商铺广告形式、墙面材料、窗户形式、空调机位、街道连续性等方面统一性较差。节点类建筑缺乏特点。（图6.1-5）

图6.1-5　建筑立面和街道连续性问题、交叉口建筑缺乏地标性特点

③ 道路路面

➤ 主干道

主干道包括四横和三纵，凯旋路、德胜路有部分破损情况、遂州路花岗石维护量较大，但已纳入其他改造项目，其余主干道均黑化、状况良好。（图6.1-6）

a. 凯旋路有部分破损情况，已纳入改造　　　b. 主干道大部分黑化，破损情况较少

图6.1-6　道路路面现状问题

➤ 支路

花岗石路面和混凝土路面存在不同程度问题。花岗石路面由于长期承载汽车，易于破损；混凝土路面现状年久失修破损严重。（图6.1-7，图6.1-8）

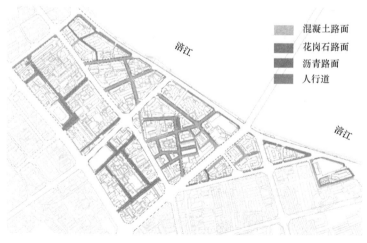

图6.1-7　支路及人行道现状铺装

图 6.1-8　小南街、北辰街花岗石路面现状；启明街混凝土路面现状；复丰巷沥青路面现状

> 人行道

人行道道路过宽，部分人行道被占用用于停车、喝茶等，同时人行道砖破损较为严重。（图 6.1-9，图 6.1-10）

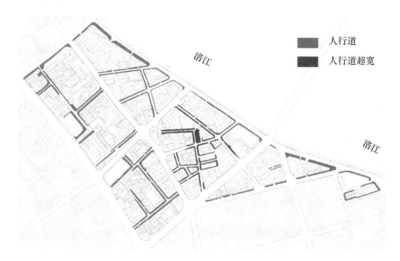

图 6.1-9　人行道超宽分布示意图

图 6.1-10　人行道现状

> 小区院坝

常年未进行改造的小区院坝路面存在年久失修、凹凸不平等问题，下雨时积雨严重，部分塌陷引发化粪池堵塞。（图 6.1-11，图 6.1-12）

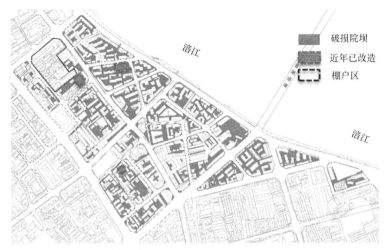

图 6.1-11　小区院坝破损项目分布图

图 6.1-12　清平街路面现状

④ 管网系统

➢ 雨污合流和污水直排

镇江寺片区现状排水体制仍为雨污合流，小区内部基本全部雨污合流，主干道路上雨污合流，滨江路已建好雨水管道和截污管道。部分排水分区存在污水直排入涪江现象。（图 6.1-13）

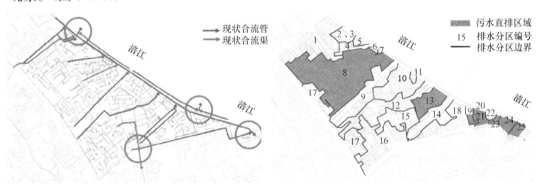

图 6.1-13　排水系统现状、污水直排的排水分区示意图

> 排水管网问题

镇江寺现状排水管网管径偏小，排放标准低；排水管道和渠道被建筑物压占，无法清掏及日常维护；化粪池多为预制盖板，清掏难度大；普通住房改为餐饮，油污直接排污水入管道；管材质量差，管道老化问题严重。（图 6.1-14，图 6.1-15）

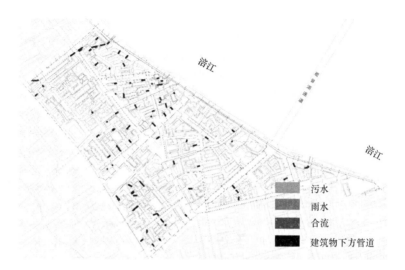

图 6.1-14  建筑物下方排水管道和渠道分布图

> 现状电线系统蜘蛛网问题严重。（图 6.1-16）

图 6.1-15  管道堵塞导致积水　　　　图 6.1-16  "蜘蛛网"问题严重

（3）改造策划和模式

本项目估算投资 4.6 亿元，财评招标控制价 4.34 亿元，政府全额投资。按照设计和施工进程，项目改造建设总工期为 360 天，工程分为 6 个标段同步施工，每个标段以一个社区为单位，分施工区域顺序推进。（表 6.1-1）

改造建设方为遂宁市住房和城乡建设局。中国城市规划设计研究院和中国建筑西南设计研究院有限公司分别为项目地下部分和地上部分的设计单位。

本改造区域分别按照六大社区以及监测监控等设施采购逐步推进。

改造计划安排　　　　　　　　　　　　　　　　　表 6.1-1

| 序号 | 改造计划 | 起止时间 |
|:---:|:---|:---:|
| 1 | 大东街、百福和朝阳社区进行美化更新、管网改造、海绵化改造 | 2019 年 4 月～2019 年 9 月 |
| 2 | 正兴街、兴隆和紫薇社区进行美化更新、管网改造、海绵化改造 | 2019 年 10 月～2020 年 3 月 |
| 3 | 进行住区提升设施设备采购及安装 | 2020 年 4 月～2020 年 10 月 |

## 6.2　改造目标

紧密结合遂宁市镇江寺片区改造需求及"十三五"国家重点研发计划项目研究成果，完成既有城市住区环境品质和基础设施综合改造。改造内容主要包括：

（1）既有城市住区再规划与空间整合梳理

（2）既有城市住区风貌提升与美化更新

（3）既有城市住区市政管网系统升级改造

（4）既有城市住区海绵化升级改造与智能监测

（5）既有城市住区功能设施健康化升级改造

在此基础上，总结和评价改造技术、产品在既有城市住区功能提升中的实际效果，为我国下一步既有城市住区规模化升级改造与功能提升提供参考。

## 6.3　改造技术

（1）既有城市住区再规划与空间整合梳理技术

① 院落功能梳理

通过拆除内院进行空间整合，把空间打开，创造口袋公园，承载居民更多的活动，使场景显得有生机和活力。（图 6.3-1）

图 6.3-1　院落功能梳理（改造前、改造后）

② 道路宽度合理化调整

对非步行街区域人行道和机动车道宽度进行合理化调整，杜绝机动车停泊于人行

道的现象，提高道路实际使用效率。（图 6.3-2）

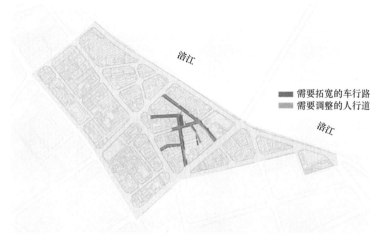

图 6.3-2  车行路、人行道宽度调整分布图

（2）既有城市住区风貌提升与美化更新技术

① 分级改造定位

针对道路建筑，提炼三纵主轴街区文化特色，打造特色鲜明的道路风貌；针对社区建筑，整合六社区历史底蕴，打造四片区主题建筑风貌。根据建筑对城市形象的重要程度和建筑的破损程度进行四类分级，分别为重点改造区域、中度改造区域、轻度改造区域和不改造区域。（图 6.3-3）

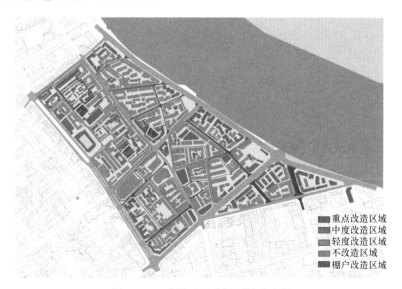

图 6.3-3  建筑改造分级区域分布图

② 建筑外立面改造

结合居民对建筑外墙的功能性需求（如晾晒、遮阳等），对建筑外墙进行美化更新，进行外立面改造。建筑外墙方面，对墙面材质进行整治，统一空调机位，统一窗

户防盗网位置，对原有装饰元素进行精致修饰与提升，底商形式进行更新；外墙设施方面，防盗网不凸出外墙，采用不锈钢形式统一改造。（图 6.3-4）

图 6.3-4　德胜路与滨江路的交叉口（改造前与改造后）

（3）既有城市住区市政管网系统升级改造技术

① 排水管网综合改造

结合区域现状雨污水管网情况，针对管网老化问题，进行管网系统升级换代改造，新增清平街、大东街、紫东街、老兴街-通泉街、德胜路污水管网布置，新增紫东街、育才路、凯旋路雨水管网布置，实现雨污分流改造，解决区域排水问题，缓解排水压力，确保排水畅通。（图 6.3-5）

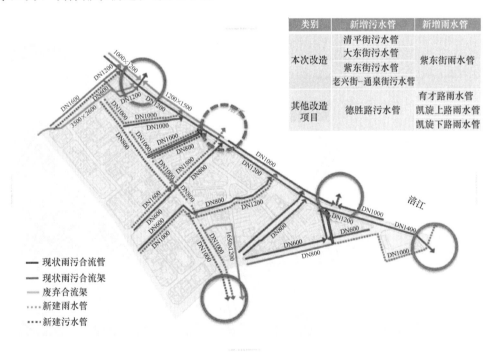

图 6.3-5　排水管网改造方案

② 三线整治

强电线路沿墙有序规整，弱电线路采用槽盒或套管进行统一规整，考虑区域现状电缆线实施难度较大,电线改造部分下地,利用建筑上的线脚、腰线、阴角去消隐线槽。通过下地处理或规整遮蔽,切实解决"三线"违章乱拉、乱挂等现象,消除安全隐患,营造整洁美观的小区环境。(图6.3-6)

图6.3-6　电缆线改造示意图

(4)既有城市住区海绵化升级改造与智能监测技术

① 分级响应海绵化改造

依据《既有城市住区海绵化评估标准》(草案),既有城区的海绵化改造可根据实际需求和改造难度分为三个平行等级,分级响应必须以最优适用策略作为首要考虑要素,发挥海绵化改造的最大效益。对镇江寺片区既有城市住区进行改造前评估,从现状问题、场地条件、改造成本及改造意愿等维度进行分析评价。

镇江寺片区涉水问题突出,内涝积水问题较严重,但区域内可绿化面积较少,海绵化改造基础条件较差,确定镇江寺片区为海绵化改造基本型。结合既有城市住区海绵化改造技术思路和改造基础,区域海绵化改造以解决突出问题为目标,遵循以问题为导向、着眼全局、治理局部的设计原则,结合道路和管网改造加强基础设施的"渗、排"功能,以基础性微改造为主,避免过度海绵化。

海绵化改造方案以道路路面更新改造为主,采用透水铺装的方式,并结合透水路面的碎石层进行雨水调蓄,缓解排水压力问题。对镇江寺支路及人行道合理布置透水铺装,其中道路路面采用边带透水混凝土和透水边带导水槽的形式,渗透雨水进入透水盲管,进入排水边沟流到雨水管网;支路边带及人行道采用透水混凝土,路面雨水通过排水路缘石直接收集或经透水管引流至碎石下渗带实现雨水调蓄;小区路面边带及人行道采用透水混凝土,路面雨水渗透并暂存于级配碎石调蓄区,多余雨水通过盲管进入排水边沟流到雨水管网;屋面经过断接的雨水立管汇至消能井收集,经溢流管流至排水边沟。(图6.3-7~图6.3-10)

② 海绵化改造效果监测

结合住区内域海绵化改造方案,并依据既有城市住区海绵化改造智能监测技术研究成果,从项目和管网关键节点两个角度对镇江寺片区海绵城市建设效果进行监测。项目角度,包括区域内的雨量监测和易涝点情况监测;选取百福和朝阳社区所在的排水分区作为监测排水分区,进行管网关键节点监测,包括雨水入河口和上下游转输节

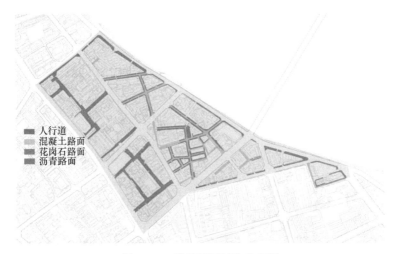

图 6.3-7  道路路面铺装分布图

图 6.3-8  支路路面透水边带透水方案

图 6.3-9  支路路面道路整体透水方案

点的流量监测。（图 6.3-11，图 6.3-12）

　　通过对改造项目进行海绵化改造效果监测，客观反映镇江寺片区海绵城市改造成效，并为住区内海绵城市建设监管、运维管理、考核评估和综合管理提供数据支撑和决策依据。

图 6.3-10　小区路面透水方案

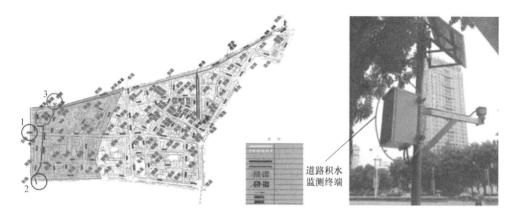

图 6.3-11　管网节点流量监测点位、易涝积水点水位监测示意图

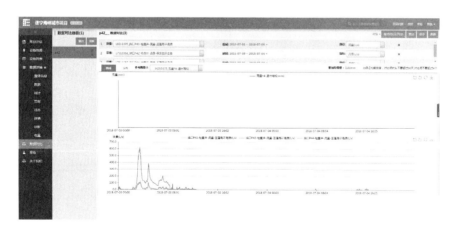

图 6.3-12　监测数据平台

（5）既有城市住区功能设施健康化升级改造技术

在公共区域内增设垃圾回收装置，并饰以相对鲜明的绿色外观，提升垃圾回收率，改善公共区域环境质量。结合镇江寺片区活动场地，在居民纳凉的区域合理增设休憩座椅，增加社区居民休憩场所，改善居民的休息环境。（图 6.3-13）

图 6.3-13　休闲座椅、树墩座椅

## 6.4　改造效果

（1）既有城市住区再规划与空间整合梳理改造效果

图 6.4-1　场景拓宽和空间梳理

通过拆除内院进行空间整合及调整道路宽度，居民活动场地得到拓宽，道路实际使用效率大大提高，场景显得有生机和活力。（图 6.4-1）

（2）既有城市住区风貌提升与美化更新改造效果

通过各社区分级改造及建筑外立面改造，在社区历史文化底蕴和主题建筑风貌的基础上，建筑整体风貌得到统一和美化更新。（图 6.4-2）

图 6.4-2　风貌提升和美化更新

（3）既有城市住区市政管网系统升级改造效果

通过市政管网系统改造，缓解排水压力，确保排水畅通。同时电缆整治在消除安全隐患的基础上，也营造了整洁美观的小区环境。（图 6.4-3）

图 6.4-3　电缆综合整治后视野拓宽

（4）既有城市住区海绵化升级改造效果与智能监测

采用道路路面透水铺装的方式，并结合透水路面的碎石层进行雨水调蓄，缓解排水压力问题；多余雨水通过盲管进入排水边沟流到雨水管网；屋面经过断接的雨水立管汇至消能井收集，经溢流管流至排水边沟；对住区内百福和朝阳社区所在排水分区进行海绵化改造效果监测，客观反映镇江寺片区海绵城市改造成效，也为海绵城市建设监管、运维管理、考核评估和综合管理提供数据支撑和决策依据。（图 6.4-4）

图 6.4-4　道路雨水径流路径和雨水收集窄沟

（5）既有城市住区功能设施健康化升级改造效果

结合镇江寺片区活动场地，在居民纳凉的区域合理增设休憩座椅，增加社区居民休憩场所，改善居民的休息环境。（图 6.4-5）

图 6.4-5　街旁游憩座椅和树墩座椅增设

## 6.5　效益分析

结合遂宁市镇江寺片区整体风貌情况、道路建设条件、道路空间现状和雨污水管网建设等情况，在遂宁市镇江寺片区进行城市美化更新、管网更新换代、海绵化升级改造及功能设施的健康化改造建设，提升老城区整体风貌，切实解决居民最关切的内涝积水、雨污水排放等问题，实现镇江寺片区环境品质和基础设施的提升改造。

# 7 鄂州市"40工程"既有城市住区综合改造

**建设地点：** 湖北鄂州

**占地面积：** 约94km²

**建筑类型和面积：** 40个社区，约330万m²

**建设时间：** 2000年前

**改造时间：** 2018年8月

**改造设计和施工单位：** 鄂州市规划勘测设计研究院、中国建筑三局集团有限公司

**执笔人及其单位：** 张楠　满孝新，中国中建设计集团有限公司

张楚安　肖安，中国建筑三局集团有限公司

## 亮点技术

**亮点技术1：既有城市住区管网升级换代技术**

解决原有市政排水设施不完善、雨污合流情况，新建雨水管、雨水口，以原来的合流管作为污水管，彻底解决污水对洋澜湖污染的问题。通过管网综合改造，完善住区雨污水管网、消防管网、电力管网等综合敷设，解决架空线布设混乱和消防管线缺失的问题，消除安全隐患。

**亮点技术2：既有城市住区美化更新技术**

结合小区需求对建筑外立面进行整治，通过立面粉饰、宣传文化墙、过街楼门洞翻新等形式提升小区居民生活环境。对围墙清理维修、信息标识、小区绿化、街道绿化、宅旁绿化、种植设施、座椅及景观小品等环境美化更新。增设城市休闲和公共空间、老城区宣传壁画、阅览室等服务设施完善社区绿化、美化社区环境，焕发老城新活力。

**亮点技术3：既有城市住区健康化升级改造技术**

采用功能设施优化升级，加装电梯和单元无障碍设施，合理配置健身、学习、文化场地等功能设施；采用物理环境健康化改造技术，设置生态景墙、降低噪声污染；调整绿化布局、增加绿化覆盖率等。建设社区卫生服务站，为居民提供健康档案、慢性病管理咨询并结合社区卫生所及医院，提供就近问诊和远程医疗服务。

**亮点技术4：既有城市住区智慧化改造技术**

智慧化改造是以智慧社区的建设为基础开展的。智慧社区系统主要分为信息服务系统、物业管理系统、安防系统，为社区居民提供咨询服务、事项服务、交流互动、娱乐休闲的综合便民信息服务。

## 7.1 项目描述

（1）住区基本情况

鄂州市"40工程"老旧社区整治改造工程位于湖北省鄂州市中心城区，区域面积约94km²，涵盖凤凰街办14个社区、古楼街办12个社区、西山街办11个社区及鄂州经济开发区3个社区，共40个社区的综合整治改造。其中：2000年以前老旧社区整治改造修复老旧社区23个，涉及小区195个，3.6万户，1154栋，建筑面积330万㎡。（图7.1-1）

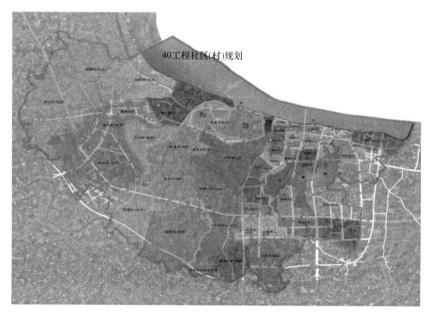

图 7.1-1 鄂州市"40工程"老旧社区整治改造工程规划图

（2）存在问题

由于历史建设的局限性，鄂州市城区一些老旧社区在建设和管理上存在先天不足，社区规划不够合理，基础设施陈旧，管理体制较为落后。社区私搭乱建、违章建筑较多，挤压了公共空间，破坏了人居环境，也使得改造空间受限。且原有市政排水设施不完善、市政排水管道大部分为雨污合流管道，对洋澜湖水系污染极其严重。重点解决环保问题、整治住区环境、提升居民生活品质、美化更新小区服务设施，对鄂州市"40工程"既有城市住区的管网系统、美观化、停车设施升级改造、健康化、智慧化等进行综合改造。

（3）改造策划和模式

鄂州市"40工程"老旧社区整治改造工程，在管网系统改造上，可实现40个社区雨污分流、架空线整齐敷设、消防管线配置齐全；在美化更新改造上，全部拆除违法建设及违法户外广告，通过建筑外立面整治、增设城市休闲和公共空间、设置老城区宣传壁画等措施完善社区绿化，美化社区环境，焕发老城新活力；在停车设施升级改造上，建立生态停车场，通过与绿化、周边公建共享协调车位，解决停车拥堵等问题；在健康化改造上，完善既有城市住区导引标识、加装住区空气质量、噪声、照明等检测设备，并为 40 个社区配置健身、学习、文化场地等功能设施，营造健康绿色环境；在智慧化改造上，通过整合视频监控、入侵警报等动态轨迹，建立住区健康监测智慧平台，实现社区内人口管控、人车轨迹研判、异常告警处置、潜在风险预控等功能。

## 7.2 改造技术

（1）既有城市住区管网升级换代技术

鄂州市"40 工程"老旧社区整治改造工程原有市政排水设施不完善，存在大量积水、渍水点，且市政排水管道大部分为雨污合流管道，通过洋澜湖旁的节制阀排入洋澜湖，对洋澜湖水系污染极其严重。为解决这些问题，本次改造工程在原来积水严重的地方增设雨水管、雨水口，畅通排水；污水堵塞严重的小区增设污水管道，解决污水排放难问题；将原来的合流管作为污水管后，新建一条雨水管道，彻底解决污水排入污染洋澜湖的问题。

对空中"蜘蛛网"电力通信线缆进行专项整治，重新规划布置线缆走向，并采用绿藤缠绕，美化城市，消除安全隐患。累计规整管线 22.5km。（图 7.2-1）

原消防设施不完善，大部分位于主次干道上，社区内部消防设施缺乏，"40 工程"消防设施改造主要针对社区内部，在社区内部增设消防管道及消火栓。通过管网综合改造，完善了住区雨污水管网、消防管网、电力管网等，解决了架空线布设混乱和消防管线缺失的问题。

（2）既有城市住区美化更新技术

对建筑立面进行美化更新。结合小区需求对建筑外立面进行整治。通过立面粉饰、宣传文化墙、过街楼门洞翻新等形式提升小区居民生活环境。累计整治立面 5.9 万 $m^2$。（图 7.2-2）

采用多种方式完善社区绿化，美化社区环境，进行增绿补绿，累计新增园林绿化面积约 1.5 万 $m^2$。

增设城市休闲和公共空间、老城区宣传壁画、阅览室等服务设施，美化社区环境；进行围墙清理维修、信息标识、小区绿化、街道绿化、宅旁绿化、种植设施、座椅及景观小品等环境美化更新。

（3）既有城市住区智慧化改造技术

鄂州市"40 工程"既有城市住区综合改造工程智慧化改造是以智慧社区的建设为

图 7.2-1　雨污水管网改造

图 7.2-2　既有城市住区美化更新技术

基础开展的。智慧社区系统主要分为信息服务系统、物业管理系统、安防系统。（图7.2-3）

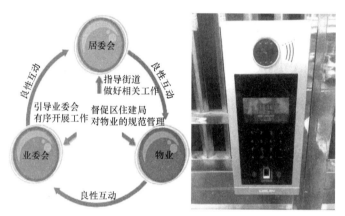

图 7.2-3　既有城市住区智慧化改造技术

信息服务系统可为社区居民、社会组织提供集咨询服务、事项服务、交流互动、娱乐休闲于一体的综合便民信息服务；物业管理系统可为物业部门提供社区公共设施管理、维修与保养服务，社区综合监管、停车场管理及保洁服务信息，也可发布水、电、燃气、电话等账单查询和代缴费服务等；安防系统通过整合社区的视频监控、入侵警报、门禁控制、楼宇对讲等多类子系统的动态感知数据，实现社区内实有人口管控、人车轨迹研判、异常告警处置、潜在风险预控等应用，为公安和政府部门的人口管理、案件侦查、综合治理、态势研判提供有利的信息和技术支持。各社区通过"互联网＋"，实现了社区便民服务大厅与市直有关部门、市政务服务大厅、街道服务大厅纵向相通、横向相连，为居民提供高效服务。

（4）既有城市住区停车设施升级改造技术

随着经济的快速发展，机动车数量持续增长，老城区面临巨大交通压力，特别是停车难问题更加突出，规划前瞻性不足，导致目前停车设施滞后于停车需求，车辆乱停不合理占道，本次规划在尽可能满足目前停车需求的同时，也为以后停车需求充足准备。

鄂州市"40 工程"老旧社区整治改造工程采用零散空间利用整合技术和泊位共享整合技术，通过泊位与绿化、周边公建设施协调共享，建立生态停车场，解决住区因停车造成的拥堵等问题。

（5）既有城市住区健康化升级改造技术

采用功能设施优化升级技术，合理配置健身、学习、文化场地等功能设施；采用物理环境健康化改造技术，设置生态景墙，降低噪声污染；调整绿化布局，增加绿化覆盖率等。

建设社区卫生服务站，为居民提供健康档案、慢性病管理咨询并结合社区卫生所及医院，提供就近问诊和远程医疗服务，解决群众就近看常见病、小病的问题。

增设电梯。老年家庭较多的楼栋单元，进行垂直交通无障碍改造，加装电梯和单元无障碍设施，解决儿童、孕妇等人群出行的便利性问题。（图 7.2-4）

图 7.2-4    既有城市住区健康化升级改造技术

## 7.3    改造效果

鄂州市"40 工程"老旧社区整治改造工程可实现凤凰街办 14 个社区、古楼街办 12 个社区、西山街办 11 个社区及鄂州经济开发区 3 个社区，共 94km$^2$、40 个社区在管网系统、城市美化、停车设施、健康化、智慧化等方面的综合改造提升，并使其健康性能指标达到先进水平，为既有城市住区功能提升与改造提供了样板。

## 7.4    效益分析

针对鄂州市"40 工程"难点和短板，政府联合社会力量，经过多次专题调研，充分倾听群众意见，积极探索有效解决途径，着力破解社区治理中的堵点、难点、痛点。

# 8　上海市金杨新村街道绿色健康城区改造

**建设地点：** 上海市浦东新区金杨新村街道，紧邻杨浦大桥东侧。具体空间范围：
　　　　　北至栖山路，东至金桥路，南至金杨路，西至居家桥路

**占地面积：** 约 2km²

**建筑类型和面积：** 多为高层建筑和多层建筑，总建筑面积约 300 万 m²

**建设时间：** 主要在 1990～2010 年间建成

**改造时间：** 2019 年 1 月～2020 年 12 月

**改造设计和施工单位：** 上海南汇建工集团公司

**执笔人及其单位：** 黄怡　李光雨，同济大学建筑与城市规划学院

## 亮 点 技 术

**亮点技术 1：既有城市住区绿地开敞空间挖潜及规划技术**

针对住区内部绿地空间秩序混乱、缺乏规划、利用效率不高等问题，运用清理
违建、配置活动设施、建设垂直绿化、融入丰富功能等技术手段，对住区内的既有
绿地空间进行深度挖潜，在有限的空间内，充分挖掘绿地开敞空间的使用功能和生
态功能，提升居民生活品质。

**亮点技术 2：既有城市住区停车设施升级改造技术**

通过零散空间利用、立体设施建设等多种手段，提高停车设施服务水平和使用
效率；建设新型生态化停车设施，减少停车空间对景观环境和人群活动的影响；按
要求配置新能源汽车充电桩，对现有停车设施进行升级改造。

**亮点技术 3：既有城市住区公共服务设施增配及优化技术**

打造住区内部的慢行空间网络，针对社区广场、绿地、入户门厅等公共活动空
间，通过无障碍设施建设、健身步道建设、安全标识设置等方式，增设健身器材等
体育设施和休憩设施，提高老年人和残障人士的活动安全性与舒适性。完善垃圾分
类收集的相关服务设施建设，推动社区环卫设施升级改造。

**亮点技术 4：既有城市住区管网升级换代技术**

针对老旧住区内部排水设施老化问题，结合住区的具体情况进行给水排水管网
的升级换代，对既有排水系统进行改造，实现雨、污分流；对老旧的电力和通信线
路进行调整改造，提升能源使用效率，改善小区环境。

**亮点技术 5：既有城市住区风貌提升技术**

主要集中在街道界面整治和居住建筑外立面整治两个方面。街道界面的风貌提

升要在既有环境的基础上，运用地方特色文化符号对现有街道景观进行提升改造。居住建筑的外立面在完成居住建筑绿色节能改造的过程中，统一协调建筑外墙面色彩、材质，改善建筑外观，形成更为统一、和谐的建筑风貌。

## 8.1 项目描述

（1）住区基本情况

该项目属于上海市浦东新区金杨新村街道，位于杨浦大桥东侧，是一个以居住功能为主、人口发展稳定的区域。

该项目范围内的居住小区主要在 1990～2010 年间建成，地块面积约 2km²，涵盖 31 个居住小区，包括了商品房、系统房与动迁房等不同来源的住房，以高层小区和多层小区为主，总建筑面积约 300 万 m²，随着建成与使用时间渐长，出现了不同程度的功能与物质环境下降的情况。（图 8.1-1，图 8.1-2）

图 8.1-1 项目区位图       图 8.1-2 项目基地图

交通条件：本项目位于杨浦大桥东侧，北至栖山路，东至金桥路，南至金杨路，西至居家桥路，区域交通便利。

给水条件：本项目建设用地区域周边给水管道已敷设完善，给水管道从市政给水管网引入，供水设施良好，满足建设和运营需求。

排水条件：本项目内部分片区未采用雨污分流的排水方式，缺乏合理的雨水收集系统。

电力条件：本项目建设用地电力线路已架设完善，但部分小区内线路老旧、破损严重，影响使用与环境美观。

电信条件：本项目建设用地区域内电信网络已完全覆盖。

（2）存在问题

① 公园绿地规模不足，且绿地功能单一

小区内部缺乏公共绿地，居民户外活动场所匮乏；且现有公共绿地的使用功能单一，无法融入居民的日常活动需求。住宅之间间距较小，楼前停车造成空间不够，居民活动不便。

② 停车空间不足，且停车设施有待升级

小区内空间比较局促，使得停车空间有限。机动车辆摆放随意，加剧了停车困难。且现有停车设施不能满足新能源汽车的充电要求，亟需进行设备升级，加装充电桩等服务设施。

③ 缺乏多样化的室外活动空间，无障碍设施不足

小区内部缺乏适宜老年人以及少年儿童的室外活动空间，无法满足特殊年龄段居民的日常生活需求。且现有活动空间中无障碍设施配套不足，部分设施老化破损严重，对居民的日常使用产生消极影响。

④ 建筑风貌有待提升，服务设施有待完善

居住建筑外墙存在破损，色彩搭配单一；小区围墙形式单调，缺乏设计，整体风貌需进一步提升。现状公共服务设施有幼儿园、物业中心、医疗室和部分门面商业，但社区服务、居民文化活动、公厕等公共服务设施在数量和规模上仍有不足。与互联网购物模式相关的共享快递柜等服务设施数量不足、覆盖不全。

⑤ 部分地下停车空间利用率不高

小区部分地下非机动车停车库被长久空置，存在空间浪费。且部分地下车库存在出入口坡度较陡、地面湿滑等问题，不利于居民进入使用。

⑥ 市政管网设施老化，电力及通信线路设施设置混乱

小区内部分市政管网设施老化破损，雨污合流式排水设施难以满足当前需求；电力线路、通信线路等基础设施设置混乱，存在安全隐患且影响环境美观。（图 8.1-3～图 8.1-6）

图 8.1-3　绿地空间使用效率低

图 8.1-4　机动车停车空间混乱

（3）改造策划和模式

本项目作为"既有城市住区功能提升与改造技术"项目的示范工程，由中国建筑科学研究院作为牵头单位，中国城市规划设计研究院作为课题单位，子课题具体由同

图 8.1-5　非机动车停车秩序混乱

图 8.1-6　公共活动空间缺乏无障碍设施

济大学负责推进。由同济大学主导与示范工程所在基层政府单位达成合作协议，获取地方政府的资金和政策支持，共同推进改造工程的后续实施。

在本项目改造过程中，由"既有城市住区功能提升与改造技术"项目的各课题组提供技术支持，将成熟的住区改造技术应用到示范工程的改造施工过程中，并由子课题组负责进行过程沟通与监管，推动实现最终的技术应用预期。（图 8.1-7）

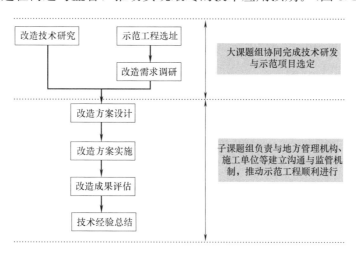

图 8.1-7　本项目改造实施路径

## 8.2　改造目标

依托现有的社区资源，应用前沿的绿色健康城区规划发展与建设改造理念，综合采用适应性技术，对既有城市住区的绿地景观、户外活动空间、停车设施、公共服务设施和市政基础设施等进行升级改造，使之成为生态环境优美、空间品质优良、户外活动空间充足、公共服务设施齐全的活力宜居住区和绿色健康城区。

## 8.3 改造技术

（1）既有城市住区绿地开敞空间挖潜及规划技术

在住区公共绿地不足、户外空间局促的情况下，通过整理拆除部分建筑与设施，挖掘空间潜力，增加绿地空间，提升绿化效率；在条件具备时推行立体绿化技术，改善生态环境，提升绿化效率。

应用的技术内容包括：

① 道路花境建造技术

花境是园林绿地中又一种特殊的种植形式，是以树丛、树群、绿篱、矮墙或建筑物作背景的带状自然式花卉布置，是模拟自然界中林地边缘地带多种野生花卉交错生长的状态，运用艺术手法提炼、设计成的一种花卉应用形式。改造的道路花境应用有三种地带：路缘（住区入口）、街心（中央分隔岛）和道路转角。

② 垂直绿化技术

居住建筑墙体垂直绿化技术是针对既有城市住区住宅建筑的一项生态化外观改造技术，利用植物材料对建筑物的墙面及立面进行绿化和美化。传统的墙体垂直绿化形式主要有攀缘式垂直绿化和框架式垂直绿化。其中攀缘式垂直绿化（图 8.3-1）是指依靠攀缘植物本身特有吸附的作用，在墙壁、柱杆等建筑物或构筑物表面形成覆盖；框架式垂直绿化是指以依附壁面的网架或独立的支架、廊架和围栏等为依托，利用攀缘植物攀爬，形成覆盖面的绿化方式，具体又分为独立型框架式（图 8.3-2）和依附型框架式（图 8.3-3）两种类型。

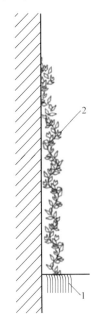
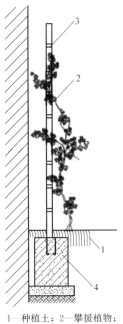
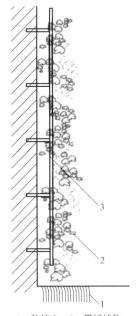

1—种植土；2—攀援植物

图 8.3-1 攀援式垂直绿化

1—种植土；2—攀援植物；
3—框架；4—框架基础

图 8.3-2 独立型框架式

1—种植土；2—攀援植物；
3—框架

图 8.3-3 依附型框架式

新型垂直绿化技术发展为种植槽式、模块式和铺贴式垂直绿化。其中种植槽式垂直绿化指将植物种植于种植槽中，利用攀缘或悬垂的形式对于壁面形成绿化效果；按种植槽和自然土壤的关系，可分为接地型种植槽（图 8.3-4）和隔离型种植槽（图 8.3-5）两种类型。模块式垂直绿化是指将栽培容器、栽培基质、灌溉装置和植物材料集合设置成可以拼装的单元，依靠固定的模块灵活组装形成壁面绿化的方式（图 8.3-6）。铺贴式垂直绿化指将防水膜材或板材与柔性栽培容器、栽培基质、灌溉装置集合成可以现场一次性铺贴安装的卷材，根据墙面尺寸的不同而灵活裁剪并直接固定于墙面的绿化方式（图 8.3-7）。此外，当前正在尝试的垂直绿化技术还有"生物墙"和"树墙"等。

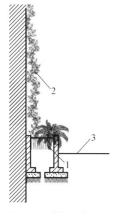

1—种植土；2—攀援植物；3—地面

图 8.3-4  接地型种植槽

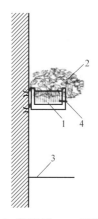

1—种植土；2—攀援植物；3—地面；4—排水管

图 8.3-5  隔离型种植槽

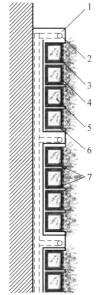

1—支撑主框架；2—滴灌管线；3—土壤隔离网；4—单体
模块；5—栽培基质；6—模块框架；7—模块固定卡扣

图 8.3-6  模块式

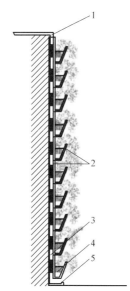

1—水和营养液输送系统；2—柔性栽培容器；
3—平面浇灌系统；4—栽培基质；5—水槽

图 8.3-7  铺贴式

墙体垂直绿化技术不仅能够实现既有城市住区居住建筑外墙的美化，改善视觉环境，同时对住区生态品质的提升也大有助益。该技术以植物代替机械，美化空间环境，调节住区微气候，降低能耗，缓解环境压力，释放更多的生态空间。

③ 提升绿地生态品质、景观品质

合理布局绿地空间，改善环境微气候；采用乔、灌、草结合的种植方案，层次分明，可与水景结合，提升景观品质；选取适宜的本地树种，避免病虫害侵扰；融入不同功能活动，提升空间活力。

④ 改造户外活动空间

增设专为老年人、儿童使用的户外活动场所；配置健身设施，并保持良好维护；增设运动空间，鼓励健康生活。

（2）既有城市住区停车设施升级改造技术

① 在用地紧张的情况下，建造多层停车楼，提升土地使用效率；

② 在有条件时对地面停车空间进行生态化改造，改善住区生态环境、提升户外空间环境品质；

③ 按要求配置新能源汽车充电桩、非机动车充电设施等停车设施，对现有停车设施进行升级改造。

根据不同规模城市、不同地段既有城市住区的调查样本数据，归纳研究样本住区停车矛盾的形成原因和时空分布规律，尝试从所处地段位置、住区房价水平、居住人群特征、车辆出行目的等调查数据中寻求技术指标对住区居民的车辆拥有水平、车辆停放时空分布特点进行分类判断。通过零散空间利用、立体设施建设、停车智能化、周边泊位共享等多种手段，从空间挖掘、时间错位等层面研究提高停车设施水平的方法，研究各类方法的经济性和适用性。针对不同类型既有城市住区的停车问题，提出可行性的改善建议，为实际解决国内既有城市住区的停车问题、提升既有城市住区停车设施水平提供参考。

具体运用的技术内容如图 8.3-8 所示。

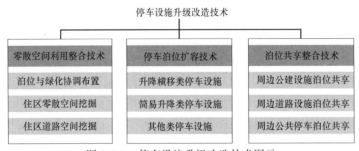

图 8.3-8　停车设施升级改造技术图示

（3）既有城市住区公共服务设施增配及优化技术

其主要应用的创新技术包括以下几点：

① 室外公共空间无障碍坡道建设

在居民日常活动的户外公共空间建设完善的无障碍设施，解决高差问题。

② 标识系统设置

在公共活动空间设置完善的标识系统，标识系统的设计与建造突出地方特色，与整体建筑风貌协调统一。

③ 环卫设施配置升级

• 智能可回收垃圾投放箱：

无线通信：设备采用 4G 无线通信，24 小时全天服务，状态实时更新。

自动称重：用户投放垃圾后，设备自动称重并语音播报重量；称重数量实时上传至系统后台和用户账号；

满箱预警：每个箱门上方装有满箱感应，满箱后向后台发送信息，此时该箱门不可开启，并在显示屏提示满箱。

数据绑定并实时传输：居民用手机 APP 系统或智能卡扫描投放，投放种类和重量会和居民信息实时绑定记录并上传到后台，后台可查询每次投放信息，方便统计。

• 直饮水设施、公共卫生间建设：

在公共活动场所设置符合健康标准的直饮水设施；建设满足数量、卫生需求的公共卫生间。

（4）既有城市住区管网升级换代技术

对老化、破损的排水管网进行检测评估和升级换代，实现雨污分流。

其中主要技术包括：

① 既有城市住区管网检测评估关键技术

主要内容：管网漏损关键区域快速检测、漏损点准确定位及漏损情况评估

技术优势：快速检测（单次检测＞10m、单次检测＜5min），准确诊断（漏损特征诊断、定位精度＜1m）。

② 既有城市住区缆线低影响集约化敷设技术

主要内容：给出施工过程高度预制化、低影响的缆线集约化敷设方案，解决地下缆线布设混乱和架空线入地的问题。

技术优势：缆线预制化集约敷设、低影响高效建设。

③ 既有城市住区管网多参数综合故障诊断技术

主要内容：以最小化影响为原则，以住区管网整体高效运行为目标，给出管网系统局部参数优化方案，提升住区管网运行的连续性和稳定性。

④ 既有城市住区管网更新模拟技术

主要内容：建立既有城市住区典型地下管网供应评估与需求预测模型，在此基础上，构建地下管线综合布局模型，给出片区管线综合布设方案。

（5）既有城市住区风貌提升技术

① 建筑外立面节能改造

对居住建筑外立面进行节能改造的同时，统一协调建筑外墙面色彩、材质，改善建筑外观，形成更为统一、和谐的建筑风貌。

② 公共空间地面铺装改造

对公共活动空间的地面铺装进行更新改造，在满足防滑等基本要求的同时，在颜色、材质、造型等方面与建筑风貌形成统一。

③ 景观小品设置

增设景观小品提升住区环境风貌品质，进行街道界面的风貌提升，在既有环境的基础上，运用地方特色文化符号对现有街道景观进行提升改造，通过协调色彩、街道小品、墙面浮雕等手段，塑造街道的美观性和协调性，突出地方文化特色。

（6）既有城市住区功能设施智慧化、健康化技术

对现有停车设施、公共空间管理设施、物理环境监测设施等功能设施进行智慧化改造，安装智能管理和监测设备，建设住区管理统一信息平台。

具体应用的技术内容如表 8.3-1 所示。

改造技术内容 表 8.3-1

| 序号 | 技术名称 | 技术描述 |
|---|---|---|
| 1 | 智慧监测技术 | 技术内容：对住区空气质量、噪声、社区公共照明监控及供暖、热水管网等进行运行监控。通过管网运行监控和住区公共照明设备监控，优化运维策略，提高住区节能水平。<br>实施方法：温湿度传感器、热量计、智能电表等信息化基础设施的维护、更新或安装 |
| 2 | 既有城市住区健康智慧平台 | 技术内容：针对城市住区人员的静态属性和动态轨迹，基于智能视频分析技术对人员进出住区实现存储和管理。建立融合静态属性和动态轨迹等多源数据的社区人群基础数据库，在此基础上，开发基于智能监测预警技术的住区人员监测软件，实现自动报警、主动求助、紧急呼叫、行为监测、健康关爱及管理等功能。<br>实施方法：监控摄像头、视频智能分析处理服务器加装和调试 |
| 3 | 既有城市住区碳排放减排计算方法 | 技术内容：选取 $CO_2$ 作为主要参考气体，按等效 $CO_2$ 质量（$CO_2$ 当量）来衡量碳排放。梳理住区碳排放清单，主要包括碳汇（公园绿地、防护绿地及附属绿地的乔木、灌木和草地等的吸收 $CO_2$ 的能力）和碳源（建筑单体中的水电气等能源消耗产生的 $CO_2$、污水及固废处理中直接排放的 $CO_2$ 及其能源消耗产生的 $CO_2$、基础设施如市政设施用能以及绿化用水的消耗所产生的 $CO_2$）两种类型。针对不同类型气候区，从住宅建筑、废弃物、基础设施、景观绿化等方面建立既有城市住区碳排放清单，构建既有城市住区碳排放计算模型，对既有城市住区改造的减碳效果进行定量计算。<br>实施方法：调查统计住区改造前后碳排放清单，采用既有城市住区碳排放计算模型计算碳排放减排量 |

## 8.4 改造效果

**技术 1：既有城市住区绿地开敞空间挖潜及规划技术**

在住区公共绿地不足、户外空间局促的情况下，通过整理拆除部分建筑与设施，

增设绿化设施与活动广场，挖掘空间潜力，提升绿化效率。（图8.4-1）

**技术2：既有城市住区停车设施升级改造技术**

在有条件时对地面停车空间进行生态化改造，改善住区生态环境品质；按要求配置新能源汽车充电桩，对现有停车设施进行升级改造。（图8.4-2）

图8.4-1　绿地空间挖潜　　　　　　　　图8.4-2　共享充电桩设置

**技术3：既有城市住区公共服务设施增配及优化技术**

完善无障碍设施建设，增设安全标识和指示标识，提高老年人和残障人士的活动安全性与舒适性。完善垃圾分类收集的相关服务设施建设，推动社区环卫设施升级改造。（图8.4-3）

**技术4：既有城市住区管网升级换代技术**

结合住区的具体情况，进行大范围雨、污管网改造，对既有排水系统进行升级换代，实现雨污分流；对老旧的电力和通信线路进行调整改造，提升能源使用效率，改善小区环境。（图8.4-4）

图8.4-3　无障碍设施设置　　　　　　　图8.4-4　给排水管网升级改造

**技术5：既有城市住区风貌提升技术**

对居住建筑外立面进行更新，协调住区内部住宅建筑外立面的造型、材质、颜色，实现建筑风貌的和谐统一。对街道景观进行更新改造，增设街道小品，改善空间环境，提升公共空间品质。（图8.4-5）

**技术 6：既有城市住区功能设施智慧化、健康化技术**

建立住区智能信息网络平台，在社区公共活动空间配置数字信息互动设备，提供住区信息查询、公共服务查询、社区活动公告展示等相关服务；完成小区入口门禁、停车库出入口等重点地段的智能化设施配置，实现实时监控、危险预警等日常管理智慧化。（图 8.4-6）

图 8.4-5　建筑外立面更新与风貌改造

图 8.4-6　智能化管理设施配置

## 8.5　效益分析

随着城市发展由增量扩张向存量发展的转变，城市既有城市住区的更新改造逐渐成为政府和社会共同关注的热点话题。大批居住小区正在面临着从物质环境衰退到社会环境恶化的严峻考验；因此，既有城市住区的更新改造不仅关系着城市建成环境的改善，更是对城市居民生活品质提升有着决定性影响。

本次工程在更新改造技术研究总结的基础上，实现既有城市住区的停车设施升级、功能设施智能化、公共服务设施增配及优化、绿地开敞空间挖潜、风貌提升、管网升级换代等一系列住区更新技术的顺利实施，实现提升老旧住区的日常生活品质、节约能源、改善空间环境等更新目标，不仅解决了现有的住区更新难题，同时也为成熟技术的进一步推广及应用奠定了基础。

# 9 上海市徐汇区康健、长桥、漕河泾街道老旧小区综合改造

**建设地点：** 上海市徐汇区

**占地面积：** 4.4km²

**建筑类型和面积：** 多层、小高层为主，有少量高层结构，结构类型多为砖混和框架结构为主，总建筑面积44.22万 m²

**建设时间：** 1982～1998 年

**改造时间：** 2020～2021 年

**改造设计和施工单位：** 上海新建设建筑设计有限公司
上海汇城建设发展有限公司

**执笔人及其单位：** 王嘉伟，上海市政工程设计研究总院（集团）有限公司

---

## 亮 点 技 术

**亮点技术 1：停车设施零散空间利用整合技术**

针对小区内车位少、停车难、车位规划混乱、乱停车现象严重的问题，从居民的需求和接受度、小区的本底环境、技术方案的整体可行性及经济性的角度出发，引入零散空间利用整合技术，通过适当削减车道数、压缩消极断面空间（道路树池与路缘石之间的空间、建筑前区等）等方式，适度增加路内或路侧停车位。

**亮点技术 2：既有城市住区缆线集约化敷设技术**

从缆线容量的估算优化出发，适当考虑远期需求，对缆线容量进行准确计算，将电力、通信缆线与给水管线共同敷设，根据小区的改造标准和实施条件，定制敷设通道建设方案及缆线接入引出接头方式。

**亮点技术 3：海绵设施与景观系统有机融合技术**

以中央集中绿地为海绵化改造的核心，在其下方新建蓄水池，结合渗管、透水铺装和小品的海绵铺装，在实现"截污、调蓄、净化、利用"四位一体功能的前提下，提升小区的整体风貌。

**亮点技术 4：既有城市住区功能设施优化升级技术**

针对小区内功能设施短缺、设置不合理的现状问题，结合景观系统的改造和道路整治，增设各类健康化设施，从小区整体规划的角度，对各类设施的数量、布设位置进行讨论、优化。

---

## 9.1 项目描述

（1）住区基本情况

本工程的改造范围为位于上海市徐汇区康健、长桥、漕河泾街道的 9 个老旧小区（包括寿祥坊、梅花园、茶花园等），片区占地面积约 4.4km$^2$，总建筑面积约为 44.22 万 m$^2$，房屋结构以多层、小高层为主，有少量高层结构。小区大都位于徐汇区核心地带，周边均为成熟住区且紧邻高架或城市主干道，改造作业面小，施工进度和环境影响要求高。各个小区的建筑面积从 8363m$^2$ 到 88585m$^2$ 不等，建成年代为 1982～1998 年，改造内容相似，主要聚焦于外立面、管网系统及相关附属设施，其中寿祥坊小区内原有较大面积的景观绿地和水体，总体绿化率较高，在景观系统提升改造、美化小区风貌的同时，引入海绵理念，增设海绵相关设施。（表 9.1-1）

改造工程相关情况      表 9.1-1

| 街道 | 小区 | 建筑面积/m$^2$ | 建成年代/年 | 本次改造内容 |
|---|---|---|---|---|
| 漕河泾 | 东荡小区 | 88584.65 | 1994 | 屋面及相关设施、雨污改造、架空线入地 |
| 漕河泾 | 凯翔小区 | 66613 | 1990 | 屋面及相关设施、雨污改造、架空线入地 |
| 漕河泾 | 九弄小区 | 27128.74 | 1982 | 屋面及相关设施、雨污改造 |
| 漕河泾 | 顾家库 | 7700 | | 屋面及相关设施、雨污改造 |
| 康健 | 梅花园 | 16875 | 1997 | 屋面及相关设施、雨污改造、架空线入地 |
| 康健 | 茶花园 | 60322 | 1993 | 屋面及相关设施、雨污改造、架空线入地 |
| 康健 | 寿祥坊 | 86929 | 1992 | 屋面及相关设施、雨污改造、架空线入地、海绵化 |
| 长桥 | 长桥一村 | 79677.08 | 1988 | 屋面及相关设施、雨污改造、架空线入地 |
| 长桥 | 长桥六村 | 8363 | 1998 | 屋面及相关设施、雨污改造 |

（2）存在问题

① 停车设施升级改造。以寿祥坊为例，由于小区的建成年代较早，缺乏系统的车位规划，小区物业只能通过侵占宅间空地、公共空间和公共绿地的方法进行停车位划线，小区住户数约 1392 户，目前的停车位总数仅 143 个，车位配比仅 1∶0.1，数量严重不足。小区内部道路空间基本被停车挤占，小区内房屋 39 幢，几乎每幢均设置非机动车停车位，宅间约一半空间用于机动车和非机动车的泊车，局部甚至侵占了入口空间和公共活动空间，部分宅间停车还会导致前后阻塞，存在一定安全隐患，机动车和非机动车停车秩序混乱也容易使小区内居民产生生活矛盾。因此，急需进行小区的停车设施升级改造，结合景观系统改造和道路整治，对非机动车区域进行整改，重新规划机动车的停车位和行车路线，以满足小区居民的日常泊车需求。（图 9.1-1）

② 管网系统升级改造。小区内弱电线缆杂乱，私拉私接现象严重，混乱的架空线影响了小区整体风貌，同时，部分走线净高较低，影响车辆通行，存在一定安全隐患；雨水管老化，局部雨水斗损坏，屋面雨水收集不完全；阳台雨污混接，雨水管时

图 9.1-1　改造前停车问题突出

常发生堵塞现象，同时，阳台污水直接排放会引起河流水体污染；废水管破损，出墙管由于有沉降问题，局部标高低于室外排水井标高，出现排水不畅以及"倒翻水"现象，因此急需进行管网系统升级改造。结合景观系统改造和道路整治，逐一整理小区室外弱电线路（电话、网络、电视线），进行落地改造；对部分外立管和出墙管进行改造，实现雨污水分流，引入"渗、滞、蓄、净、用、排"的海绵理念，减少汛期积水现象。（图 9.1-2）

③ 功能设施升级改造。小区内老年人活动空间设施陈旧，健身设施较少；儿童活动空间设施简陋，缺少活力；部分活动空间缺少无障碍关怀。因此，需对功能设施进行升级改造，对已有设施进行整改，在满足小区照明、晾晒、停车等功能性需求的前提下，增加公共活动空间和健康化的功能设施，提高居民生活品质和居住幸福感。（图 9.1-3）

（3）改造策划和模式

本工程的投资模式为政府投资，并采用"代建制"。政府通过招标的方式，选择专业化的项目管理单位（以下简称代建方），负责项目的投资管理和建设组织实施工作，项目建成后交付使用单位。代建方在代建合同规定的项目管理范围内，作为代理人，全面对施工合同进行管理，其在管理中起主导作用，除工程项目的重大决策外，

图 9.1-2　住区内改造前线缆现状

图 9.1-3　改造前室外活动场地现状

一般的管理工作和项目决策均由代建方进行。而主管政府部门不从事具体项目建设管理工作，仅派少量人员在工程现场，收集工程建设信息，对工程项目的实施进行跟踪和监督，其与项目管理公司通过管理服务合同来明确双方的责、权、利。

## 9.2　改造目标

（1）保基本。精准补齐民生短板，首要解决主要矛盾，如雨污分流、架空线入地、道路老化等问题，消除安全隐患，着力保障小区安全运行水平。

（2）景观提升。引入海绵理念，在原有绿化基础上进行合理补种，补种易养护的功能性树种与植物，考虑海绵设施与景观系统的有机融合。

（3）设施升级。考虑小区实际需求，对小区的停车设施和功能设施进行升级改造，疏解小区车辆停放矛盾，改善小区公共管理秩序，提升居住环境品质。

## 9.3　改造技术

（1）停车设施零散空间利用整合技术

针对小区内车位少、停车难、车位规划混乱、乱停车现象严重的问题，从居民的需求和接受度、小区的本底环境、技术方案的整体可行性以及经济性的角度出发，考虑采用零散空间利用整合技术。该技术环境影响度较低，改造成本较低，管理水平要求和运营维护成本低，适用范围包括：内部道路较宽，且饱和度较低的住区；产权单位过多，围墙过多，交通秩序混乱的住区。

当前小区内部分道路（尤其是次级道路）树池与路缘石之间间距较大，建筑前区宽度过大，车道数过多，双行交通组织混乱。通过适当削减车道数、改双行为单行、压缩消极断面空间（树池与路缘石距离、建筑前区）等方式为设置路内或路侧停车位腾出空间，适度增加路内或路侧停车位，同时优化交通组织、停车组织，降低对住区内交通通行的影响。对于小区内的主干通道，采取"道路拓宽翻新、完善导向标识、适当绿化改车位"的措施，明确道路边界，避免车辆占用公共空间，重新规划小区内行车路线，对原零星绿化、活动场地进行归并、整合，在整体绿地面积基本不变的前提下，适当增加停车位数量，保障居民安全、高效出行。（图 9.3-1，图 9.3-2）

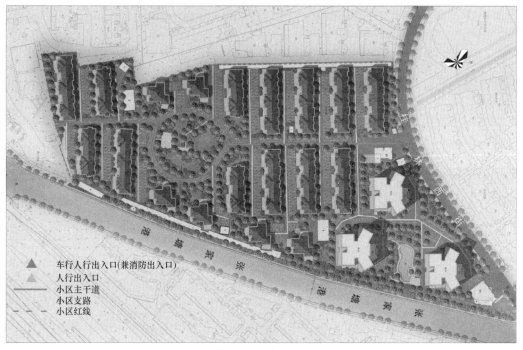

图 9.3-1　改造平面

**215**

图 9.3-2　现场照片

（2）既有城市住区缆线集约化敷设技术

缆线集约化敷设技术的关键特征是电力、通信末端缆线通道"合二为一"，以实现节约土地、不同种类缆线共同敷设及共同管理。事实上，给水末端管道与电力、通信末端缆线同样具有规模小、敷设面广的特点，且给水管线与电力、通信管线在性质上互不冲突，在技术上可以共同敷设。据此，可将电力、通信管线的排管与给水管道共同敷设，对于改造标准较高、有实施条件的小区，可以通过新建廊体，采用浅埋沟道或组合排管式。廊体可采用钢筋混凝土或砖砌体，并引入预制拼装技术，将廊体正线段进行模块化，廊体预制组件具备轻量化（便于批量运输安装）、耐久化特点；而对于改造标准较低、费用有限的小区，可以采用预埋地下排管的形式进行空间预留，并留好出地面接头，为后期的缆线接入提供便利。（图 9.3-3）

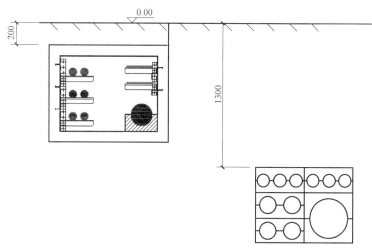

图 9.3-3　廊体预制组件

对于本工程，采用第二种方式，铺设排管形成缆线的地下通道，将原本杂乱的架空线敷设于排管中，并预留用于敷设电力缆线的管位，两类管道可相邻敷设，提高地下空间的利用率，并为后期运营维护提供便利。（图 9.3-4）

（3）既有城市住区雨污分流改造技术

雨污分流是一种排水体制，指将雨水和污水分开，各用一条管道输送。雨水可以通过雨水管网直接排到河道，污水需要通过污水管网收集后，送到污水处理厂进行集中处理，水质达到相应国家或地方标准后再排到河道里，这样可以防止河道污染；雨污分流便于雨水收集利用和集中管理排放，同时降低雨水量对污水处理厂的冲击，保证其处理效率。

对于老旧小区，雨污分流改造一般是指重新梳理雨污水管系统，通过敷设新的管道或老管道清淤、扩容，解决小区内涝积水或排污不畅的问题，降低内涝风险。屋面雨落水管与阳台废水管的分流改造往往不被重视。对于此类分流改造，有以下三种解决方案：

① 新增雨水排管，保留现有阳台混接立管作为污水管，接到污水管网；在阳台外侧新建雨水立管，接入雨水管网。该方案需要危险的高空作业，同时会对原有建筑物外墙的防水、保温、装饰以及居民的财产安全等造成影响，具有一定的实施难度，施工造价高，协调居民意见困难。

② 直接将现有阳台混接立管作为污水管，断开其进入雨水井的管路，新建水封井，将阳台混接立管直接接入污水管网。该方案施工方便，但是会导致大量的雨水进入污水管网，这种方案不能实现真正的雨污分流功能，只能是权宜之计。随着环保要求

图 9.3-4　敷设排管

的提高和满足污水处理厂提质增效需要等原因，这种解决方式需要再进行二次改造。

③ 雨污分流装置。类似于现有的截污井，对进入装置的雨污混流水根据流量的大小进行分流。晴天时，进入装置的为阳台污水，此时水量较小，设施内的水位较低，截污闸门开启状态，污水流向污水管网；降雨时，进水口流量逐渐增加，井体内的水位上升，浮球带动截污闸门关闭，雨水经由雨水排放口溢流至雨水管网中。

事实上，根据老旧小区不同的改造标准，上述三种方法均有所应用，根据工程实际改造效果的调研，对于有条件的住区，推荐采用新增雨水排管的方式进行"一劳永逸"的改造；对于不进行立面改造或不具备立面改造作业条件的住区，可采用雨污分流装置进行改造。本次改造中各小区的改造内容中均包含立面改造，故采用新增立管的雨污分流改造技术，对阳台雨水管出天沟处进行加接处理，使天沟内雨水不能进入原有阳台雨水管，雨水口上部加装成品通气帽，并在南侧外立面新增雨水立管，落地后就近排入雨水井。原阳台雨水管落地后就近接入污水井，并在接入室外污水系统前设置水封井，防止污水管道内的臭气进入居民家中。（图9.3-5，图9.3-6）

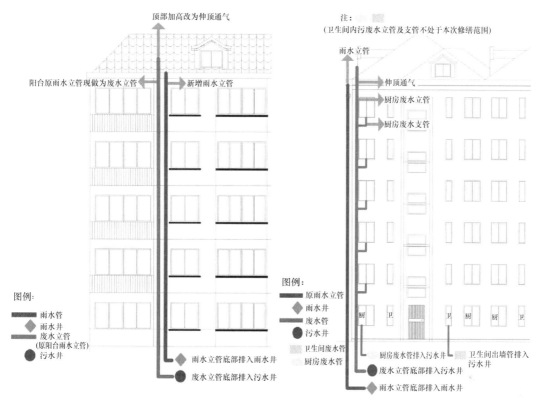

图 9.3-5　雨污分流改造

图 9.3-6　改造现场

**219**

（4）海绵设施与景观系统有机融合技术

海绵城市建设遵循生态优先等原则，将自然途径与人工措施相结合，在确保城市排水防涝安全的前提下，最大限度地实现雨水在城市区域的积存、渗透和净化，促进雨水资源的利用和生态环境保护。建设"海绵城市"并不是推倒重来，取代传统的排水系统，而是对传统排水系统的一种"减负"和补充，最大限度地发挥城市本身的作用。在海绵城市建设过程中，应统筹自然降水、地表水和地下水的系统性，协调给水、排水等水循环利用各环节，并考虑其复杂性和长期性。对于住区维度下的老旧小区改造而言，海绵设施与景观元素之间在空间布局、功能使用、外观形象、植物景观等方面都存在融合不足的问题，当前相关导则的内容针对性不强，对住区这种用地功能复合化的地区指导不深入，海绵与景观融合的相关研究更是有限。因此，项目组研究提出了一种海绵设施与景观系统有机融合技术，具体可概括为以下 6 个方面：

① 海绵设施与建筑有机融合技术：绿色屋顶、雨落管、高位花坛；

② 海绵设施与绿地有机融合技术：雨水花园、下凹绿地、透水栅格、植被浅沟；

③ 海绵设施与道路广场有机融合技术：透水铺装、道牙开口、排水沟、导流槽、生态停车场；

④ 海绵设施与景观水系有机融合技术：干塘、湿塘；

⑤ 海绵设施与景观小品有机融合技术：假山置石、雕塑、构筑物；

⑥ 海绵设施与通用设施有机融合技术：标识牌、缓冲导流设施、雨水篦子、生态树池、绿化覆盖层。

对于本项目而言，采用的技术内容主要为：采用渗管等技术措施替代传统的雨水管道，缓解集中降水后的市政排水压力，并增加雨水收集后的再利用环节；增设道路透水铺装和小品的海绵铺装；以原基本荒废的中央集中绿地为海绵化改造的核心，辐射周边区域，辐射的 6 幢多层房屋增加雨水断接设计，以散水、水簸箕等形式，将屋面雨水的排放与生态雨水设施有效衔接，减少直接排入雨水管道中的屋面雨水径流。其中，中央集中绿地海绵化为改造的核心，已参加 2021 年上海市工业水重复利用及雨水综合利用案例评选活动。该海绵化改造主要利用中央绿地雨水、路面雨水、屋面雨水（"渗"与"滞"）汇集进入地下蓄水池（"蓄"），蓄水池由硅砂透水砌块和硅砂滤水砌块组合建造，有物理净水、储水等功能，同时，另有生物净化的能力（"净"）。雨水经蓄水池净化后可经泵提升用于绿化浇灌、道路冲洗、洗车（"用"），多余水量溢流至雨水管排放（"排"）。蓄水池建于中央绿地地下，不破坏地面景观，选择透水铺装材料，除实现"截污、调蓄、净化、利用"四位一体功能以外，可美化小区环境，提升小区的整体风貌。

改造后，按暴雨重现期五年一遇计算，小区中部区域建筑削减径流占比为36.2%，道路削减径流占比为 12.3%。（图 9.3-7～图 9.3-10）

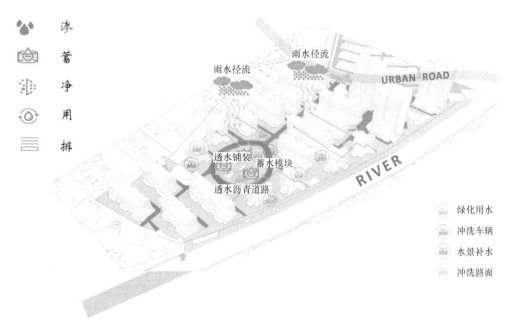

图 9.3-7　海绵设施与景观系统融合

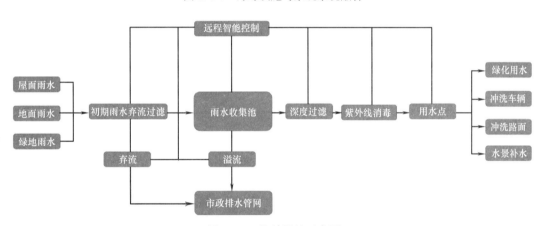

图 9.3-8　海绵设施示意图

图 9.3-9　污水井

图 9.3-10　实景照片

（5）既有城市住区功能设施优化升级技术

针对小区内功能设施短缺、设置不合理的现状问题，结合景观系统的改造和道路整治，增设健康步道、休憩座椅、无障碍通道、健身设施等健康化设施，从小区整体规划的角度，对各类设施的数量、布设位置进行讨论。优化，以寿祥坊为例，结合景观和道路系统的改造，对原先黄土裸露、景观小品单一的中央绿地进行全面升级，绿化补种，增加健身步道、休憩座椅、廊架等设施，将原先分散、无序的活动场地进行归并整理，将老年活动空间、树阵广场、健身场地集中放置，并采用绿化带与周围道路进行分割，确保边界分析、动静分离，在保证各类功能设施功能性的同时，提升小

区整体风貌。（图 9.3-11～图 9.3-15）

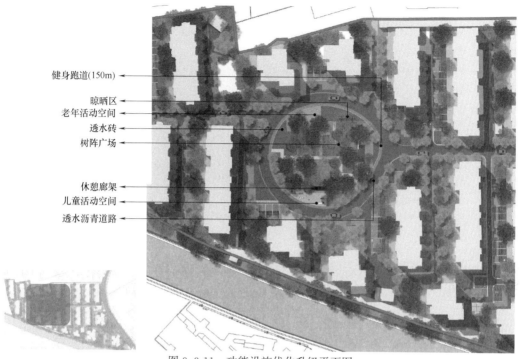

健身跑道(150m)
晾晒区
老年活动空间
透水砖
树阵广场
休憩廊架
儿童活动空间
透水沥青道路

图 9.3-11　功能设施优化升级平面图

图 9.3-12　完善无障碍设施

图 9.3-13　完善环卫设施（一）

图 9.3-13　完善环卫设施（二）

图 9.3-14　增设健康设施及邻里活动区

图 9.3-15　增设晾晒区

## 9.4　改造效果

本次改造遵循《上海市住宅小区建设"美丽家园"三年行动计划（2018-2020）》的相关要求，坚持问题导向、需求导向、效果导向，坚持共建共治共享，以全覆盖、全过程、全天候和法制化、社会化、智能化、标准化为着力点，持续精准补齐民生短板、完善服务市场机制、健全社区公共机制、优化管理体制机制，实现"美丽家园"建设进一步推进，小区运行安全水平和居住环境品质显著提升。针对小区车位数量严重不足、停车位侵占公共空间、机非混停现象严重、弱电线缆杂乱、私拉私接现象严重、排水管破损、老化、排水不畅、功能设施陈旧等现状问题，引入停车设施零散空间利用整合技术、既有城市住区缆线集约化敷设技术、海绵设施与景观系统有机融合技术、既有城市住区功能设施优化升级技术等技术，基本实现了以下改造效果（图9.4-1～图9.4-5）：

图 9.4-1　改造前后立面

图 9.4-2　改造前后停车

图 9.4-3　改造前后环境

**226**

改造前

改造后

图 9.4-4 改造前后设施

图 9.4-5　改造后设施

（1）预埋缆线套管，为后续剩余的架空线入地改造保留了地下通道。

（2）雨污分流改造，减少环境污染。

（3）景观系统的美化及功能性提升，实现融合海绵设施的景观系统提升改造，美化小区环境的同时，改善小区内的汛期积水问题。

（4）停车设施、健康化功能设施的完善，满足居民的日常功能需求。

## 9.5　效益分析

《国务院办公厅关于全面推进城镇老旧小区改造工作的指导意见》指出，城镇老旧小区改造是重大民生工程和发展工程，对满足人民群众美好生活需要、推动惠民生、扩内需、推进城市更新和开发建设方式转型、促进经济高质量发展具有十分重要的意义。就本项目而言，改造内容涉及交通系统、管网系统、景观系统等各个与居民生活息息相关的民生系统，改造工程的实施具有很大的社会、经济、环境效益。

（1）经济效益

目前，我国城市中由于各种原因造成的雨水污水混流进入雨水管，造成河道水质富营养化，已成为城区河道污染的主要来源。开展雨污分流改造，雨水通过雨水管网

228

直接排到河道，经过自然沉淀，既可作为天然的景观用水，也可作为供给喷洒道路的城市市政用水，提高地表水的使用效益，同时，可降低雨水量对污水处理厂的冲击，保证污水处理厂的处理效率，节省污水处理成本；污水通过污水管网收集后，送到污水处理厂进行处理，水质达到相应国家或地方标准后再排入河道，这样可以防止河道被污染，减少治理成本。

缆线的集约化敷设改造有助于各类管线的统一管理、统一维护，降低管网系统的故障率，减少运营维护成本。

由于上海市的雨水较为丰沛，经计算得到，海绵设施新建的蓄水池全年可收集雨水量约为 8150m$^3$，经泵提升用于绿化浇灌、道路冲洗、洗车，年回用水量约为 2030m$^3$，带来直接的经济效益。

交通系统的改善，有助于降低居民出行的时间成本，提高生活效率；增设健身设施、健身步道、老年人活动场地、儿童娱乐场地以及文娱活动场地，有助于提高居民的身体素质，保障居民的身心健康，减少医疗支出。

（2）社会效益

改造工程实施后，一方面，可进一步提高管网系统的承载能力及运行的可靠性、稳定性，降低断水、断电的发生概率，避免管线扩容敷设或检修抢修而导致的道路重复开挖问题，保障人民正常的生活、生产秩序；另一方面，停车设施的升级扩容将直接或间接影响住区内居民的生活习惯和出行方式，提高居民的生活幸福感。

同时，改造过程中综合考虑了小区内居民活动需求，通过增设健康设施、无障碍设施、晾晒区改造提升小区居住环境，结合道路改造和景观系统改造，大幅增加了居民休闲游憩空间，透水砖、透水沥青道路等海绵设施的设置增加了路面的雨水下渗，有效缓解了雨季的内涝积水问题，使小区变得更加宜居。整个改造工程从面子到里子，从近期到远期，渐进式地实现住区内整体环境品质的提高，有助于缓解邻里矛盾，促进居民邻里关系的和谐，对保障社会稳定和构建和谐社会具有重要作用。

（3）环境效益

通信、电力线缆的入地整治在消除了安全隐患的同时，从源头上根治了"城市蜘蛛网"现象，小区居住环境提升明显；同时，结合景观系统改造，在小区内引入海绵设施，将行车道雨水引入两侧的公共绿地和小区的景观水体内，构建了暴雨行泄通道，在雨季短时强降雨时积水明显减少，小区环境有了综合提升，彻底解决了小区内道路积水、雨污混接等问题。

# 10  上海市普陀区长征、万里、长风、真如、宜川等街道老旧小区综合改造

**建设地点**：上海市普陀区

**占地面积**：6.5km²

**建筑类型和面积**：多层、小高层为主，有少量高层结构，结构类型多为框架结构，总建筑面积33.5万 m²

**建设时间**：1982～2000 年

**改造时间**：2019～2021 年

**改造设计和施工单位**：上海市政工程设计研究总院（集团）有限公司
上海总工工程建设监理有限公司

**执笔人及其单位**：王嘉伟，上海市政工程设计研究总院（集团）有限公司

---

## 亮 点 技 术

**亮点技术 1：停车设施零散空间利用整合技术**

采取"道路拓宽翻新、完善导向标识、适当绿化改车位"的措施，梳理、归并原零散绿地、活动场地和布置混乱的停车位，适当增加车位数量，对道路标识、照明系统进行更新升级，重新规划小区内行车路线

**亮点技术 2：既有城市住区管网检测鉴定技术**

为了克服传统管网漏损检测手段检测效率低、漏检率高、误检率高的问题，首次研发了针对既有城市住区管网无线检测传感阵列原型，重建有压管道泄漏地面声场，建立有压管道破损泄漏特征，实现区域快速检测与准确诊断。

**亮点技术 3：既有城市住区缆线集约化敷设技术**

同步开展电力、通信缆线的地上和地下整理，梳理杂乱的飞线，采用槽盒统一进行规整、收纳；采用排管形成缆线的地下通道，并预留远期敷设管位，实现电力、通信两类线缆共用线位的集约化敷设，提高地下空间利用率。

**亮点技术 4：既有城市住区设施美化更新技术**

针对小区内部分公共空间设施（包括楼道、入户门、凉亭、廊架等）老旧破损问题，在保证其原有功能的同时，结合小区的整体风貌进行美化更新，并结合居民需求，对部分构筑物进行功能强化或升级。

## 10.1 项目描述

（1）住区基本情况

本次改造的 12 个小区分布于上海市普陀区的长征、万里、长风、真如、宜川街道，房屋结构以多层、小高层为主，有少量高层结构，结构类型多为框架结构，片区占地面积约 6.5km²，总建筑面积约为 33.5 万 m²，小区大都位于普陀区核心地带，周边均为成熟住区且紧邻高架、城市主干道或苏州河，改造作业面小，施工进度和环境影响要求高。改造内容包括立面、屋面改造及相关设施、雨污分流、架空线入地等，建成年代在 1982～2000 年之间，改造需求迫切。（表 10.1-1）

项目情况表 表 10.1-1

| 街道 | 小区 | 建筑面积/m² | 建成年代/年 | 本次改造内容 |
| --- | --- | --- | --- | --- |
| 长征 | 星梅花苑 | 54000 | 1994 | 立面、屋面改造及相关设施、雨污分流、架空线入地 |
| 万里 | 香泉小区 | 20000 | 1999 | 立面、屋面改造及相关设施、雨污分流、架空线入地 |
| 长风 | 海运花苑 | 4000 | 1995 | 立面、屋面改造及相关设施、雨污分流 |
| 长风 | 华师大三村 | 45906 | 1997 | 立面、屋面改造及相关设施、雨污分流、架空线入地 |
| 真如 | 真如新村一小区 | 4000 | 1995 | 立面、屋面改造及相关设施、雨污分流、架空线入地 |
| 宜川 | 泰山一村 | 78000 | 1982 | 立面、屋面改造及相关设施、雨污分流、架空线入地 |
| 宜川 | 泰山三村 | 45000 | 1985 | 立面、屋面改造及相关设施、雨污分流、架空线入地 |
| 真如 | 兰溪公寓 | 921 | 1992 | 立面、屋面改造及相关设施、架空线入地 |
| 真如 | 南石二路 105-125 号 | 1200 | 1993 | 立面、屋面改造及相关设施 |
| 真如 | 清涧三街坊 | 25462 | 2000 | 立面、屋面改造及相关设施、雨污分流、架空线入地 |
| 长风 | 康泰公寓 | 56000 | 1996 | 立面、屋面改造及相关设施、架空线入地 |
| 长征 | 爱建新村 | 6000 | 1997 | 立面、屋面改造及相关设施、雨污分流、架空线入地 |

（2）存在问题

① 建筑立面

上海地区较为潮湿，尤其是梅雨季节，墙面会出现渗水、结露现象，从而导致原墙面的装饰面层或油漆脱落，部分金属部件脱漆锈蚀，这些将会加剧墙面的破损进程。另外，南方地区 20 世纪外墙面多流行采用马赛克砖作为装饰，高空坠落后会砸伤行人，存在安全隐患。小区建成年代较早，墙面经过多次粉刷修补后，部分裸露在外的立面如同打了补丁一般，与周围的墙面形成鲜明的对比，影响小区整体形象。（图 10.1-1，图 10.1-2）

② 停车设施

小区内停车位紧张，导致停车混乱，具体表现为以下几个方面：

a. 机动车非机动车混停，互相堵塞停车通道，引发邻里矛盾；

b. 机动车违规停车，停在变电站、健身设施、儿童活动空间等公共空间或设施处，甚至停在小区入口处，占用消防通道、公共通道，存在严重的安全隐患；

图 10.1-1　外墙面渗水现状

图 10.1-2　外墙面破损现状

c. 机动车行车路线缺乏规划，行车秩序混乱。目前小区内已采取错峰停车、重新进行车位规划等措施进行补救，但是缺乏系统性。（图 10.1-3～图 10.1-5）

③ 管网系统

小区内弱电管线杂乱，私拉私接现象严重，混乱的架空线影响了小区整体风貌，同时，部分走线净高较低，影响车辆通行，存在一定安全隐患；多数住户存在私接污水管甚至雨水管道的现象，缺少规范的处理方法，墙面出现大量的残损管道，还导致墙面出现了不同程度的腐蚀、破损；阳台内雨水立管与阳台排水管道为合用管道，阳台洗衣废水直接排入雨水口；污水管道时常发生淤堵，雨水管道排水孔径较小，已不能满足现行规范要求的暴雨重现期排水标准。（图 10.1-6）

图 10.1-3　停车设施现状（前后堵塞）

图 10.1-4　停车设施现状（占用公共空间）

图 10.1-5　停车设施现状（占用公共通道）

图 10.1-6　管线情况

④ 景观系统和公共设施

小区内存在多处小型集中绿地，现状大树较多，但以常绿为主，缺乏前期规划及后期修剪维护，显得极为茂盛，影响居民采光和日常生活；大型绿化活动区内公共设施（包括景观园路、绿化带、景观小品）破损严重，影响小区整体风貌。（图 10.1-7）

⑤ 公共设施和功能设施

底层住户因绿化及楼间距问题缺少合适的晾晒空间，部分晾晒与架空线距离较小，存在安全隐患；小区单元门入口因缺少定期维护，出现锈蚀，报箱、扶手、阶梯等相关设施破损严重，缺少适合老年人及残障人士的无障碍设施；非机动车车库缺乏或相关设施不完善，存在无人维护或用户使用不规范等问题；缺少集中的垃圾处理

图 10.1-7 景观

站，大量的垃圾堆积造成了环境和卫生问题，对建筑外墙和周边绿化都造成了损害；部分公共活动健身区或儿童活动空间设置在路口或配电间旁，安全性差。（图 10.1-8）

图 10.1-8 公共设施（一）

图 10.1-8　公共设施（二）

（3）改造策划和模式

本工程的投资模式为政府投资，并采用了"代建制"。政府通过招标的方式，选择专业化的项目管理单位（以下简称代建方），负责项目的投资管理和建设组织实施工作，项目建成后交付使用单位。代建方在代建合同规定的项目管理范围内，作为代理人，全面对施工合同进行管理，其在管理中起主导作用，除工程项目的重大决策外，一般的管理工作和项目决策均由代建方进行。而主管政府部门不从事具体项目建设管理工作，仅派少量人员在工程现场，收集工程建设信息、对工程项目的实施进行跟踪和监督，其与项目管理公司通过管理服务合同来明确双方的责、权、利。

## 10.2  改造目标

贯彻落实党的十九大精神，按照"留改拆并举、以保留保护为主，保障基本、体现公平、持续发展"的要求，响应区委区政府打造"科创驱动转型实践区、宜居宜创宜业生态区"的总体目标，进一步转变观念，创新机制，完善工作方法，提高修缮质量，加强城市肌理、文化底蕴、历史风貌传承，更加注重老旧居民小区功能完善和品质提升，稳妥有序，分层、分类、有序地推进实施好全区旧住房综合修缮工作，多途径、多模式提升居民群众的居住条件和生活品质，努力为全区百姓打造安居、宜居、乐居的美丽家园，让老旧小区"旧而整洁、旧而提质、旧而有序"。

在"旧而整洁"方面，大力开展无违建居住村创建工作，推进"拆、建、管、美"并举，真正做到拆有章法、建有规划、管有成效、美有温度，使小区更整洁、更美丽。

在"旧而提质"方面，通过各类旧住房修缮改造，补齐老旧小区房屋渗漏、积水、保温、照明、消防、安防监控等方面的功能短板，使小区居民的居住质量得到全方位的改善和提升，切实改变原有小区基础设施落后、功能品质不足的短板。

在"旧而有序"方面，对小区的停车、监控、安全设施等方面进行改造，规划小区停车，增加安防设施，提高居民安防理念。

## 10.3  改造技术

（1）停车设施零散空间利用整合技术

针对小区内车位少、停车难、车位规划混乱、乱停车现象严重的问题，从居民的需求和接受度、小区的本底环境、技术方案的整体可行性以及经济性的角度出发，考虑引入零散空间利用整合技术的相关理念，采取"道路拓宽翻新、完善导向标识、适当绿化改车位"的措施，明确道路边界，避免车辆占用公共空间，梳理、归并原零散绿地、活动场地和布置混乱的停车位，重新规划小区内行车路线，增加小区内车位数量，对道路标识、照明系统进行同步更新升级。（图10.3-1～图10.3-3）

（2）既有城市住区管网检测评估技术

为了克服传统管网漏损检测手段检测效率低，漏检率、误检率高的问题，首次研发了针对既有城市住区管网无线检测传感阵列原型，重建有压管道泄漏地面声场，建立有压管道破损泄漏特征，实现区域快速检测与准确诊断。管网漏损智能检测方法实施流程，其核心主要步骤有如下四个环节：

① 管网基础信息获取与分析。该环节的主要目的是获取待检测区域的管网基础

道路白改黑
绘制道路车行标识
安装导向标志
局部道路拓宽
车位梳理

图 10.3-1　标志系统

A.小区环状道路：5.5m，双向通行。

B.受现状条件制约，考虑不损失停车位，局部有些支路4.0m，单向通行。

C.所有道路，高峰时都可以路边停车，保证还有通行的功能。

■ 外部车道
■ 内部车道
■ 人行步道

图 10.3-2　小区行车路线规划

图 10.3-3　改造空间

信息，包括管网的基本属性、材质、年代、管径、埋深、水文土质条件等信息，可以是 GIS 信息，也可以是设计图纸等资料形式，或通过现场查勘确定的方式。该环节是后续工作的基础。本工程由于建设年代久远，管道更新换代次数较多，无法提供有效的管网基础信息，需通过现场探勘阀门井、水表计量等信息对管网分布进行大致了解。根据管网基础数据与水表等相关信息，以夜间最小流量为线索，确定日供水量、最大及最小供水流量信息，估算区域的漏损量及损失。

② 漏损检测技术方案选择。该环节以管网基础信息为基础，视待检测区域管网的规模、复杂度及管网埋设条件的不同，选择不同的检测方法。对于本工程，首先采用管网运行安全风险评价与最优检测路径搜索，然后根据检测路径采用贴壁式检测与地面阵列相融合的检测技术。

③ 管网运行安全风险评价与最优检测路径搜索。该环节是非必要环节，对于小范围的管网，或由于管网基础信息相差不大、埋设条件近似，即使对其进行安全风险评价也相差不大的情况，则可忽略该环节。

④ 漏损检测方法实施与数据分析。依据上述步骤所确定的检测路径与选择的检测技术，开展现场检测工作，并重点关注管道、水表、阀门井及附近排水井等配件实际情况，或周边存在可能威胁管网运行安全的情况。现场检测数据采集完成后，根据不同设备的分析方法展开分析判断，综合确定破损、漏损点的精确位置。（图 10.3-4）

图 10.3-4　漏损检测

（3）既有城市住区缆线集约化敷设技术

梳理杂乱的飞线，采用槽盒统一进行规整、收纳；采用排管形成缆线的地下通道，将原本杂乱的架空线敷设于排管中，并预留用于敷设电力缆线的管位，两类管道相邻敷设，提高地下空间的利用率，并为后期运营维护提供便利。（图10.3-5）

图10.3-5　缆线集约化敷设

（4）既有城市住区雨污分流改造技术

前已提及，雨污分流改造一般有三种解决方案，包括：①新增雨水排管，保留现有阳台混接立管作为污水管，接到污水管网；在阳台外侧新建雨水立管，接入雨水管网；②直接将现有阳台混接立管作为污水管，断开其进入雨水井管路，新建水封井，将阳台混接立管直接接入污水管网；③雨污分流装置。

事实上，根据老旧小区不同的改造标准，上述三种方法均有所应用，根据工程实际改造效果的调研结果，对于有条件的住区，推荐采用新增雨水排管的方式进行"一劳永逸"的改造；对于不进行立面改造或不具备立面改造作业条件的住区，可采用雨污分流装置进行改造。本项目中各小区的改造内容中均包含立面改造，故采用新增立管的雨污分流改造技术，并配备水封井、检查井等相关构筑物。

图10.3-6　雨污分流改造后的立面改造

对目前市面上的雨污分流装置的分流原理和实际效果进行调研后，提出以雨水舱水位代替入流径流量作为判别依据的改进想法，有效降低装置的误判率，并在延时启闭和后期维护方面进行了升级，目前装置已完成室内试验和第三方产品鉴定，雨污分流效果仍待实际应用后验证。（图10.3-6）

（5）既有城市住区设施美化更新技术

　　针对小区内部分公共空间的设施（包括楼道、入户门、凉亭、廊架等）老旧破损，在保证其原有功能的同时，结合小区的整体风貌进行美化更新。同时，结合居民需求，对部分构筑物进行功能强化或升级，包括：

　　① 凉亭

　　现状凉亭虽然利用率较高，但是居民普遍反映因为其四下通透的结构导致秋冬时节室内气温过低造成使用不便，需采用遮挡物来遮挡寒风，一方面不美观，另一方面会影响室内光线，使得体验感变差。因此，对凉亭造型进行更改，确保构筑物的通透性、透光性和围合性，在视觉效果上美观，力求体量轻、不占据视觉空间。（图 10.3-7）

图 10.3-7　凉亭改造

　　② 廊架

　　廊架的问题主要包括保温性能差，空间易被占用，功能单一等。通过透光天窗和强化玻璃确保廊架内的光线；增设桌椅组合，适合各类社交休闲活动；设置多个出入口，并设置可悬挂软玻璃帘的架子，在保证保温性、私密性的前提下，确保空间的通透性。（图 10.3-8）

图 10.3-8　廊架改造

（6）既有城市住区功能设施优化升级技术

针对小区内功能设施短缺、设置不合理的现状问题，结合景观系统的改造和道路整治，增设健康步道、休憩座椅、无障碍通道、健身设施等健康化设施，从小区整体规划的角度，对各类设施的数量、布设位置进行讨论、优化。以华师大三村为例，结合景观系统和道路系统改造，对原先分散、无序的活动场地进行归并整理，将老年活动场地、儿童娱乐场地、健身场地集中放置，并采用绿化带进行分割，确保边界清析、动静分离，在保证各类功能设施功能性的同时，提升小区整体风貌。（图 10.3-9～图 10.3-13）

1. 景观出入口
2. 景观休憩亭
3. 儿童智趣活动广场
4. 宅间休闲步道
5. 宅间圆形休息广场
6. 老年健身活动区
7. 圆形树池广场
8. 口袋入口广场
9. 路口对景小广场
10. 弧形景观连廊
11. 蜜蜂主题雕塑
12. 羽毛球场
13. 儿童及青少年活动场
14. 对景景观绿化

图 10.3-9　设施优化技术实施平面图

图 10.3-10　完善无障碍设施

图 10.3-11　完善环卫设施

图 10.3-12　增设健康设施及邻里活动区

（7）既有住区健康改造评价

《既有住区健康改造评价标准》T/CSUS 08-2020 涉及既有住区健康改造的空气、水、舒适、健身、人文、服务等相关方面的性能，综合考虑了我国国情和既有住区改

图 10.3-13　增设晾晒区

造特点，以促进居民身心健康为目标、以规划设计为引领、以区域环境和功能设施综合整治为措施，首次建立了既有住区健康改造技术指标体系。本项目采用该技术指标体系对住区的改造效果进行评价，评级为铂金级。随后，根据评价结果，结合经济性指标，对改造方案进行优化、完善，以期在后期改造中以最低的改造标准达到最佳的改造效果，最大限度地提升居民的满意度。（图 10.3-14）

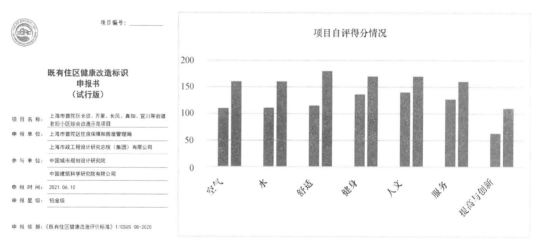

图 10.3-14　既有住区健康改造评价结果

## 10.4　改造效果

　　针对上海市普陀区长征、万里、长风、真如、宜川街道十二个老旧小区停车难、管网系统老旧、公共设施陈旧破损、健康化功能设施短缺的实际改造需求，筛选了拟用于本项目的技术清单，并根据工程进度编写了改造计划安排，因地制宜落实有关技术的落地应用，打造"环境优美，配套齐全，乐享宜居，低碳环保，智慧节能"的高品质居民社区。改造完成后，本项目已通过了中国城市科学研究会标准《既有住区健康改造评价标准》T/CSUS 08-2020 规定的标识等级评价，改造效果获得专家的一致好评。

通过引入上述技术应用，实现了以下改造效果：

（1）预埋缆线套管，为后续剩余的架空线入地改造保留了地下通道；

（2）雨污分流改造，减少环境污染；

（3）房屋立面和景观系统的美化更新，提升小区整体风貌；

（4）停车设施、健康化功能设施的完善，满足居民的日常功能需求。（图 10.4-1～图 10.4-11）

图 10.4-1　立面改造对比

图 10.4-2　门厅入口改造对比

图 10.4-3　景观改造对比

图 10.4-4　公共设施改造对比

图 10.4-5　活动场所改造对比

图 10.4-6　绿地改造

图 10.4-7　停车位改造

图 10.4-8　入口门厅改造

图 10.4-9 停车位调整

图 10.4-10 活动区域改造

图 10.4-11 适幼设施

## 10.5 效益分析

（1）经济效益

开展雨污分流改造，雨水通过雨水管网直接排到河道，经过自然沉淀，既可作为天然的景观用水，也可作为供给喷洒道路的城市市政用水，提高地表水的使用效益，同时，可降低雨水对污水处理厂的冲击，保证污水处理厂的处理效率，节省污水处理成本；污水则通过污水管网收集后，送到污水处理厂进行处理，水质达到相应国家或地方标准后再排到河道里，这样可以防止河道被污染，减少治理成本。

缆线的集约化敷设改造有助于各类管线的统一管理、统一维护，降低管网系统的故障率，减少运营维护成本，带来直接的经济效益；管网检测鉴定技术，可及时发现管道漏损位置，并评估漏损情况，及时进行维护修复，在减少水资源损失的同时，还能有效提高管网运行的安全性和稳定性，延长管道使用年限。

交通系统的改善，有助于降低居民出行的时间成本，提高生活效率；增设健身设施、健身步道、老年人活动场地、儿童娱乐场地以及文娱活动场地，有助于提高居民的身体素质，保障居民的身心健康，减少医疗支出。

（2）社会效益

改造工程实施后，一方面，可进一步提高管网系统的承载能力及运行的可靠性、稳定性，降低断水、断电的发生概率，避免管线扩容敷设或检修抢修而导致的道路重复开挖问题，保障人民正常的生活、生产秩序；另一方面，停车设施的扩容升级将直接或间接影响住区内居民的生活习惯和出行方式，提高居民的生活幸福感。

同时，改造过程中综合考虑了小区内居民活动需求，通过增设健康设施、无障碍设施、晾晒区改造提升小区居住环境，结合道路改造和景观系统改造，大幅增加了居民休闲游憩空间，并对原有的景观小品进行了功能性改造升级，使小区变得更加宜居。整个改造工程从面子到里子，从近期到远期，渐进式地实现住区内整体环境品质的提高，有助于缓解邻里矛盾，促进居民邻里关系的和谐，对保障社会稳定和构建和谐社会具有重要作用。

（3）环境效益

目前我国城市中由于各种原因造成的雨水污水混流进入雨水管，造成河道水质富营养化，已成为城区河道污染的主要来源。开展雨污分流改造，雨水通过雨水管网直接排到河道，经过自然沉淀，既可作为天然的景观用水，也可作为供给喷洒道路的城市市政用水，提高地表水的使用效益；污水则通过污水管网收集后，送到污水处理厂进行处理，水质达到相应国家或地方标准后再排到河道里，这样可以防止河道被污染，创造良好的环境效益。

# 11 绍兴市柯桥街道和柯岩街道住区环境品质和基础设施综合改造

建设地点：浙江省绍兴市

占地面积：2.0km²

建筑类型和面积：居住建筑、商业建筑，123.8万 m²

建设时间：大部分在 1999 年之前，其余为 2000 年左右

改造时间：2018～2021 年

改造设计单位：华汇工程设计集团股份有限公司

执笔人及其单位：朱荣鑫　赵乃妮　邓月超　于希洋，中国建筑科学研究院有限公司

黄会明　童则宁，华汇工程设计集团股份有限公司

---

## 亮 点 技 术

**亮点技术 1：既有城市住区风貌提升技术**

结合江南特点和绍兴本地文化特色，对建筑外立面、小区围墙等色彩、图案、彩绘进行了专项美化设计，提升了老旧住区的整体环境，增强了居民的归属感。

**亮点技术 2：自上而下的雨污分流改造技术**

针对住区内部雨污混流问题，将建筑阳台排水管改造为污水管，新增了屋面雨水管，并结合场地雨污分流改造，实现了从建筑到场地自上而下的雨污分流改造。

**亮点技术 3：改造后引进专业物业公司**

项目改造后引进了专业物业公司，确保了住区改造效果的长期维持，得到居民的一致认可。

---

## 11.1 项目描述

（1）住区基本情况

柯桥区柯桥街道和柯岩街道既有城市住区的建造时间大部分在 1999 年之前，其余为 2000 年左右，共计 51 个小区，涉及 11 个社区，总建筑面积约为 123.8 万 m²，总用地约 2km²，区位图如图 1.11-1 所示。2007～2011 年期间，借助"六个所有"民

251

生计划，对其中 37 个小区的室外场地开展了改造。但是，改造后缺乏维护，本次改造调研时发现其整体环境和设施与未改造的小区已经相差无几。（图 11.1-1）

图 11.1-1 柯桥区柯桥街道和柯岩街道改造工程区位图

（2）存在问题

① 综合环境底子薄、问题多。主要表现在三个方面：一是道路平整问题，二是绿化毁损问题，三是公共空间侵占问题。

② 主体建筑破漏旧、改造难。一是建筑破损漏现象普遍，二是房屋所有人的界定较难，三是维修的成效与风险难以估算。

③ 配套设施不完善、投入大。一是污水管网运行管护难，二是各种明线杂乱清理难，三是公共设施不全、增设难。

## 11.2 改造目标

通过综合改造实现如下目标：

人文目标——寻找地域文脉：利用建筑环境等空间载体，梳理文化脉络，实现地域精神发展的可持续性。

社会目标——重塑场所精神：改善空间功能，营造居民交往的空间场所，增强居民对生活环境的认同，促进社区精神文明建设。

环境目标——营造高品质的生活氛围：根据"时尚柯桥"、"印象柯桥"和"幸福柯桥"的不同侧重点，综合营造社区的景观、交通、附属设施，实现"序化、亮化、绿化"。

## 11.3　改造技术应用

（1）公共服务设施增配及优化

通过对项目深入调研，以小区为单位，建立了设施增补的评估机制。针对小区物业管理不完善，治安混乱，影响居民生活安全等问题。通过改造引进了专业化物业管理，设置门卫室、警务室和治安服务报警点，修缮围墙，使小区管理更加方便；重新合理设置小区夜间照明系统；统一设置了安全防范、设备监控的建筑智能化系统，提高小区安全系数；合理设置防盗单元门、信报箱、宣传栏等基础设施。图 11.3-1 是改造后部分小区的照片。

图 11.3-1　公共设施改造

针对住区内电瓶车停放杂乱，没有统一的管理，电瓶车充电不便等问题，通过改造，在小区内设置了投币式电瓶车充电站，方便居民充电，并结合充电装置设置雨棚，提供适合停放车辆的场所，使得小区内电瓶车停放整齐有序，改善小区整体环境，为居民生活提供便利。改造效果如图 11.3-2 所示。

如图 11.3-3，此次改造设置了垃圾分类回收设施，可以减少垃圾处理量和处理设备，降低处理成本，减少土地资源的消耗，具有社会、经济、生态三方面的效益。

图 11.3-2　小区设施改造

图 11.3-3　垃圾分类回收改造

（2）风貌升级改造

对于住宅外墙面，以不同立面风格对不同住宅小区进行立面美化更新，运用有外墙弹性涂料、真石漆、外墙质感涂料、铝板、铝格栅、不锈钢、耐力板等多种材料，对住宅建筑的主要外墙面、檐口、雨水管管外壁、空调外机位、防盗窗、沿街立面等位置进行美化，通过对每个住宅窗户增设雨棚，来规避雨水入户的隐患，同时也起到一定的遮阳作用；对住宅楼道墙面运用外墙弹性涂料进行墙面刷新处理，对楼梯扶手进行防锈刷漆处理。从图 11.3-4 可以看出，小区外立面采用灰白系列，能够体现江南水乡风格，有浓厚的地域历史特点，改造后住宅外墙面变得整齐干净。对于临街铺面，进行了统一风格的升级改造，如图 11.3-5 所示。

图 11.3-4　建筑外立面改造效果图

图 11.3-5　临街店铺铺面升级改造

如图 11.3-6 所示，将"柯桥"二字与绍兴传统花格窗相结合，装饰于空调格栅，使空调格栅不再单调，富有传统特色，在细节处彰显住宅的地域文化。

图 11.3-7 所示，结合江南特点和绍兴本地文化特色，围墙采用浅色涂料，对柱子、墙面重新粉刷；修缮、更新破损的铁艺栏杆；修整围墙，结合立面的色彩和形式，对部分围墙进行了宣传画、彩绘专项设计。改造后，老旧住区的整体环境将明显提升。

（3）零散空间整合利用

在改造的时候，对小区内部道路进行了统一规划，充分挖掘住区零散空间和道路空间，协调布置泊位与绿化。改造后，道路更加平整、绿化得到明显改善，小区内部

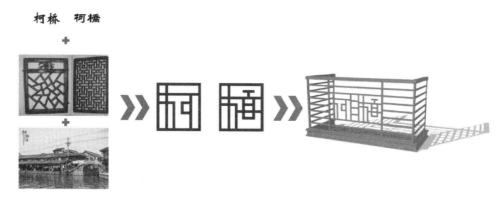

图 11.3-6　空调外机罩

图 11.3-7　围墙改造方案

停车状况有效提升。具体零散空间利用整合技术可归纳为泊位与绿化协调布置、住区零散空间挖掘、住区道路空间挖掘等。（图 11.3-8）

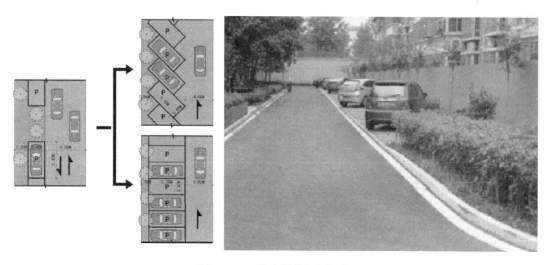

图 11.3-8　停车设施规划提升

（4）缆线低影响集约化敷设

如图 11.3-9 所示，建筑内外各种管线裸露、凌乱，严重影响了居民用电安全，对住区整体环境也造成很大的负面影响。在改造时，对小区内原有电缆孔井进行检修，采用"地下管井＋地上线槽"集约化的铺设方式进行重新布置。

图 11.3-9　建筑内外管线现状

由于小区自行车车库建造时未考虑对自行车库进行供电，居民根据自己的需要，从各户电表箱内接出电线供自家车库使用，电线凌乱且存在一定的安全隐患。改造时，在单元电表箱附近设一开关箱，从每个用户电表后引出一根小电缆，经开关箱引致各自的自行车库用电，电缆埋地敷设。（图 11.3-10）

图 11.3-10　自行车车库电缆改造前后对比

此外，对于路灯、供水、电信、邮政、广电、燃气、消防等管线及设施设备，有条件的小区要做到管线入地，不具备条件的小区要统一高度和线路走向，禁止乱拉乱接。

（5）建筑和场地雨污分流改造

如图 11.3-11 所示，现状照片上的建筑是 20 世纪 90 年代时期的楼房，建筑北面部分卫生间、厨房擅自接入屋面排水管，建筑立面排水管混乱不堪，且雨污水直接进入河道，造成不必要的污染。对建筑排水管道进行雨污分流改造，原有屋面雨水排水管作为阳台污水排水管，新增屋面雨水立管。改造后，雨水通过雨水管网直接排到河道，污水则通过污水管网收集后，送到污水处理厂进行处理，避免污水直接进入河道造成污染。同时，避免雨水对污水处理厂的冲击，保证污水处理厂的处理效率。

图 11.3-11　改造前建筑立面排水管线

同时，针对下水道堵塞严重，污水管网运行管护难的问题，疏通、翻建地下管网，更换破损窨井盖，统一实施雨污分流改造，并接入城市外排管网，从建筑到场地排水真正做到雨污分流。（图 11.3-12）

━━━ 雨水管　　　　━━━ 空调室外机冷凝水管

图 11.3-12　改造后建筑立面排水管线

（6）海绵设施的景观化改造

绍兴位于江南地区，雨水充沛，对于海绵化改造的需求不强，此次改造主要是基于现有绿地等海绵设施的景观化改造。如图 11.3-13 所示，改造内容主要包括替换花坛的花岗石侧石、提升绿化景观效果、增补草地和树木、改善地面径流等。

（7）健康设施升级改造

如图 11.3-14 和图 11.3-15，结合场地和需求增设健身步道、健身器材和休息座椅，为居民带来更加丰富、健康的生活体验，提升人们的身心健康，提升小区整体品质。

图 11.3-13　绿化景观改造

图 11.3-14　健康设施改造　　　　图 11.3-15　设置休息座椅

为解决老旧小区适老性低、老年人出行活动困难等问题，对配套设施较少的小区开展适老化改造。如图11.3-16，针对老年人上下楼梯不便，在规划设计建设时，注意设置休息椅、降低台阶高度等；如图11.3-17，改造时结合老年人出行中存在的问题，取消住区道路的台阶，确保老人出行无忧。

图11.3-16  楼道无障碍设施改造

图11.3-17  道路无障碍改造

如图11.3-8，在改造时，利用废弃建筑设置居家养老服务照料中心，有助于全面推进居家养老服务。

## 11.4  改造效果

随着浙江省绍兴市柯桥区城市化进程的推进，一些早期建造的老住宅小区，房屋建筑老化、功能设施匮乏、治安隐患突出和弱势群体聚集为一体，成为城市管理的重点、焦点和难点。通过本次改造，增设了公共服务设施、美化了住区风貌、完善了排

图 11.3-18　居家养老服务照料中心

水系统、增加了停车位、提升了住区室外健康服务设施，并引进了专业物业管理公司，实现了改造之初设立的目标。本次改造充分体现老旧小区自身的优势，让老旧小区与时俱进，体现了时代特点，使老旧小区焕发出新的生机与活力。（图 11.4-1）

图 11.4-1　某小区入口处改造前后对比

## 11.5　效益分析

（1）以实际需求为导向，本项目对住区室外环境涉及的公共服务设施、建筑外立面和围墙风貌、场地停车空间、建筑和场地雨污分流、健康休闲和无障碍设施等进行升级改造，改善小区整体环境，为居民生活提供便利，实现改造之初设立的人文、社会、环境三重目标。

（2）在改造过程中，聚焦于突出绍兴江南水乡特色，从细节出发，对建筑外立面改造色彩把控、空调外机罩图形设置、小区围墙样式和彩绘图案选择等进行了专项设计，彰显住区的地域文化，使小区的整体环境得到质的飞跃，同时增强居民的家园归属感。

（3）2007～2011 年，项目内部分小区已经开展了相关内容的改造，但是因为改造后缺乏维护，改造调研时发现与未改造的小区已经相差无几。项目改造后，为确保改造效果的长期维持，引进了专业物业公司。

# 12 海口市三角池片区综合环境整治

**建设地点：**海南省海口市

**占地面积：**海口三角池改造区总面积约 2km²，其中先期启动点总面积 0.6km²，一期改造工程约 11hm²，二期约 10hm²，三期约 30hm²

**建筑类型和面积：**建筑面积 16.1 万 m²。三角池地区是当年"闯海人"在海南最早的落脚点之一，区域内建筑类型丰富多样。既有海口戏院、革命英雄纪念碑等公共建筑，也有大量老旧住区为主的居住建筑和街边商业

**建设时间：**2000 年

**改造时间：**2017 年 11 月～2021 年 6 月

**改造设计单位：**中国城市规划设计研究院

**执笔人及其单位：**叶竹　余猛　中国城市规划设计研究院

---

## 亮 点 技 术

**亮点技术 1：既有城市住区停车设施升级改造技术**

从住区层面解决停车问题。通过分析住区停车矛盾的形成原因和时空分布规律，从所处地段位置、住区房价水平、居住人群特征、车辆出行目的等调查数据中寻求技术指标，以便对住区居民的车辆拥有水平、车辆停放时空分布特点进行分类判断。最终通过零散空间利用、停车智能化、周边泊位共享等方式，挖掘和整合住区周围停车位。

**亮点技术 2：既有城市住区功能设施智能化技术**

智慧监测技术和场地物理环境健康化改造。通过智能基础设施的安装，实施智慧监测改造，对住区内的安全、水电、噪声等进行实时把握。从声环境、光环境、热环境进行物理环境健康化改造，通过调整灯具满足道路或场地照度需求、增设功能性灯具、选择暖色灯具，根据居民需求调整照明时间段、营造光景观。

**亮点技术 3：既有城市住区海绵升级技术**

针对主要住区类型的场地空间特征、建筑特点、气候条件、雨水资源回用等诸多因素，正确地选用和合理地组合渗透铺装、绿化屋面、雨水花园、植草沟、下凹式绿地等低影响开发雨水利用技术，可分散控制雨水径流量，净化雨水，再经过技术经济比较后确定住区低影响开发雨水控制利用最优集成技术方案。

## 12.1　项目描述

（1）住区基本情况

海口三角池改造区总面积约 2km²，其中先期启动点总面积 0.6km²，一期改造工程约 11hm²，二期约 10hm²，三期约 30hm²，目前一期和二期已经基本完成。

区域内有海口市人民公园和东西湖、大同沟，自然资源本底较好，也有海口戏院、革命英雄纪念碑等文化记忆，三角池地区是当年"闯海人"在海南最早的落脚点之一，承载着海口许多城市记忆。

（2）存在问题

三角池作为城市记忆和文化重要承载地，整体品质缺失，主要有以下几个问题：

➢ 建筑风貌缺失。建筑风貌地域特征不显，市容市貌欠佳。

➢ 公共服务和基础设施失位。绿化植被疏于维护更新，景观形式单一乏味，基础设施陈旧破损。改造前区域内的居民缺少公共活动空间。

➢ 道路交通失序。交通秩序混乱，交口空间利用率低，缺乏慢行空间。

➢ 重要水环境保护失控。东西湖流域管道年久失修，大同沟大雨内涝严重，污水溢流，水环境恶化以及公共空间缺失，亲水空间不足。

（3）改造策划和模式

基本由政府出资进行改造，政府主导。但在改造过程中，也反复与住区内居民进行了多轮讨论，共同确定改造的形式。此次改造分为三期，完成一期，经验推广一期。

## 12.2　改造目标

针对前面所述的三角池整体品质缺失而三角池住区内部可挖潜空间少的问题，通过在城市的尺度上统筹增补优化公共服务设施，增加公共活动、停车空间，管网升级等，利用三角池公园（东西湖）打造该住区的后花园，打造"全龄友好、全季实用、活力环境"的三角池居住地区。

## 12.3　改造技术

（1）既有城市住区停车设施升级改造技术

住区停车设施升级改造技术包括零散空间利用整合技术、停车泊位扩容技术、泊位共享整合技术，且有多种层面，包括：停车智能化、周边泊位共享、零散空间利用、立体设施建设，从空间挖掘、时间错位等各层面研究提高停车设施水平的方法。（图 12.3-1）

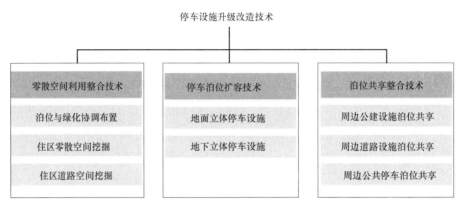

图 12.3-1　既有城市住区停车设施升级改造技术

（2）既有城市住区功能设施智能化技术

包括智慧监测技术和场地物理环境健康化改造技术。

智慧监测技术针对住区空气质量、噪声、社区公共照明监控及供暖、热水管网等进行运行监控。实施方法主要包括温湿度传感器、热量计、智能电表、智能门禁等信息化基础设施的维护、更新或安装。此次三角池改造工程中主要运用到的是智能停车系统和智能门禁系统。

场地物理环境健康化改造技术主要包括既有城市住区声环境、光环境、热环境健康化改造技术。光环境健康化改造技术在改造工程中的落实主要为调整灯具满足道路或场地照度需求，增设功能性灯具、选择暖色灯具，根据居民需求调整照明时间段，营造光景观。

（3）既有城市住区海绵升级技术

主要分为雨水收集入渗设施、雨水调节排放设施和雨水净化回用设施。在工程中主要应用为透水砖铺装、植草透水铺装渗透塘和景观调节塘。景观调节塘是一种雨水收集设施，实现雨水的削峰错峰，提高雨水利用率，又能控制初期雨水对受纳水体的污染，还能对排水区域间的排水调度起到积极作用，一般分为普通雨水蓄水池和景观调蓄塘两种。（图 12.3-2）

（4）既有城市住区管网升级换代技术

主要技术为城市住区管网检测评估关键技术：对管网漏损关键区域快速检测、漏损点准确定位及漏损情况评估，利用压力、温度和流量等测点数据进行系统仿真及辨识管网泄漏定位。给出管网系统局部参数优化方案，提升住区管网运行的连续性和稳定性。（图 12.3-3）

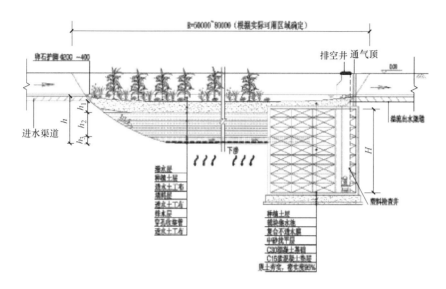

图 12.3-2 景观调节塘施工示意图

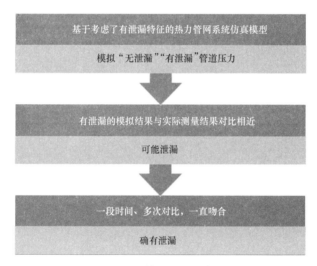

图 12.3-3 管网升级换代技术

（5）既有城市住区风貌提升技术

对既有城市住区功能形态与风貌特征、价值和存在问题开展调研分析，梳理影响既有城市住区风貌的构成因素，提出既有城市住区内建筑风貌、空间环境、道路、绿化等方面的关键要素和相关技术集成。并以此建立既有城市住区美化更新数据库录入模拟工具，包含了住区更新的物质和非物质要素。

三角池地区梳理现有建筑风貌情况，分为保护修缮、维持现状、轻度整治、中度整治、重度整治、拆除或重建六大类型。提取地方特色元素，建立风貌元素库，从海南的热带植被、当地建筑特色等出发，形成建筑风貌元素库，在美化更新中采用。（图 12.3-4）

| 表1：现状评价与整治分类表 | |
|---|---|
| 现状情况评价 | 整治类型 |
| 文保建筑、历史风貌建筑、优秀传统建筑 | 保护修复 |
| 状况良好，达到相应等级效果 | 维持现状 |
| 状况基本完好／与原造型保持一致／整治工作不涉及主体结构变化，违章建设面积较小且易于拆除，立面附属物较少，拆除清理后小面积修补 | 轻度整治 |
| 建筑立面脏乱，需清理大量的立面附属物，清除清理后较大面积修补；违章建设严重，违章搭盖结构坚固，拆除对主体建筑结构有影响 | 中度整治 |
| 建筑立面脏乱极严重的；主体结构（如屋面、墙体、楼板等）破坏严重 | 重度整治 |
| 违章搭建、安全隐患的建筑或危房、其他影响公共安全的建筑 | 拆除或重建 |

| 表2：单体整治措施细则表 | | |
|---|---|---|
| 目标 | 是否达标 | 整治措施 |
| 60 | √ | ■ 拆除违建危房 |
| 65 | √ | ■ 结构加固 |
| 70 | × | □ 清理附属物／私搭乱建 |
| 75 | × | □ 门窗修复 |
| 80 由有关部门评价 | × | □ 墙面更换材料／粉刷 |
| 85 | × | □ 规范广告牌匾 |
| 90 | × | □ 完善空调机位／防盗窗等构件 |
| 95 | | □ 加改建檐廊／遮阳／百叶／等结构构件 |
| 100 | × | □ 立体绿化／装饰细节 |

■ 整治类型图

图例
- 保护修缮
- 维持现状
- 轻度整治
- 中度整治
- 重度整治
- 拆除或重建

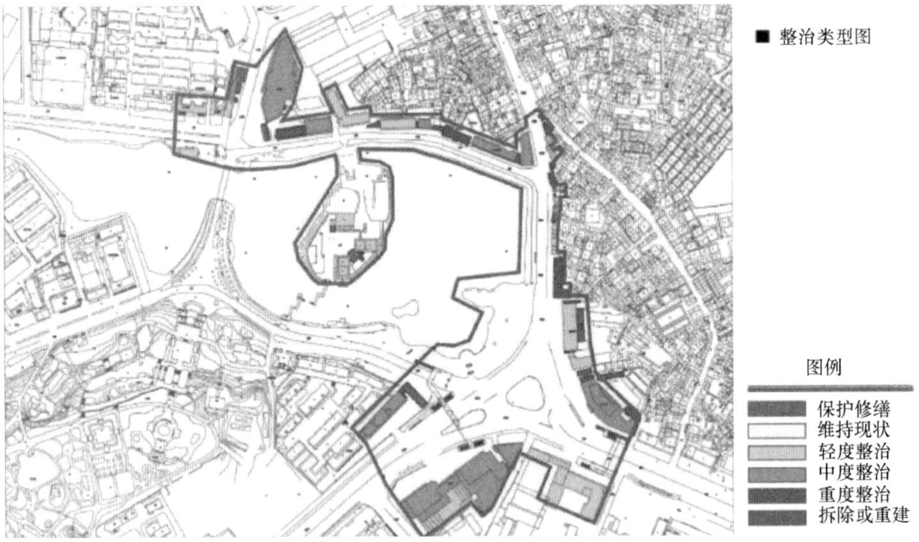

图 12.3-4　风貌提升技术中的建筑分类分级

## 12.4　改造效果

（1）既有城市住区停车设施升级改造技术

规范住区周边交通秩序，同时在区域层面解决停车问题。通过零散空间利用、停车智能化、周边泊位共享等方式，挖掘和整合住区周围停车位，最终整理地上地下停车空间超过 1000 个（车位）。（图 12.4-1）

（2）既有城市住区功能设施智能化技术

建立了三角池智能停车库。在地面仅需要一间房屋的空间，人驾驶车停在地面车位上，通过智慧停车，仅需 30s 便可完成从地面到地下的停车入库操作。同时完成了步行道路的智慧灯光设计。智慧停车库周边的步道采用智能化的光环境设计，营造安全舒适的步行环境。（图 12.4-2）

社区的智能门禁系统，通过云对讲的门禁系统，简单且易操作，用户通过手机就

道路分级，规范交通秩序　　　　　　　　　整合后的三角池停车场地　　　　　□□ 居住区

图 12.4-1　三角池地区整治后的道路以及梳理出的停车位

图 12.4-2　三角池智能停车库

可以一键开门。同时建立规范化管理平台，有需求可以在平台中得到呼应，一键报修、一键安防报警、物业缴费等。

（3）既有城市住区海绵升级技术

通过生态修复和海绵化提升，改变原来住区污水直接排入东西湖的方式，将雨污分流后，利用新技术净化后再排到东西湖。

在东西湖建立"一体化净水设备＋人工湿地＋水动力设备＋沉水植物水循环净化系统"。雨季时，收集周边住区排放的溢流污水或异常污水，经预处理后进入人工湿地，进行深度处理再溢流入湖。旱季时，利用泵站直接将湖水抽至人工湿地处理，净化后进入东西湖，见图 12.4-3。并且，通过构建湖边湿地、浅滩、深潭、岛屿等弹性区域，既打破蓝绿硬质的空间界限，建立良好的渗透水机制，又形成了陆生到水生的水岸演替带，丰富沿岸的景观。

（4）既有城市住区管网升级换代技术

在三角池住区进行管网更新换代，提高排水防涝净化功能。在东西湖区域启动污水主干管修复，逐步实现清污分流。通过对现状污水主干网的检测，找出管网破损的

图 12.4-3　三角池地区东西湖地区海绵化改造方案和效果

确切位置并进行有效修复；对街道、住区进行雨污分流改造，纠正各用户错接错排现象，完善片区雨水和污水管网，最终实现清污分流。同时，建立在线监控管理系统。为提高东西湖流域水安全，及时监控水质。

（5）既有城市住区风貌提升技术

从既有城市住区建筑和环境两个方面进行美化更新。既有城市住区建筑提升，包含门栋门禁美化，楼栋雨水管美化，空调排水管美化，防盗网及雨篷美化，建筑屋面、立面美化等。小区环境的美化包括小区服务设施、信息标识美化更新，还有挖潜开敞空间，增加绿化，提升景观设施，增加城市小品等。

如图 12.4-4 所示，风貌提升后的三角池地区体现了新旧交融、有机拓展、传统与当代的结合，反映了历史、风貌变迁与传统延续，将当年"闯海南"的独特人文记忆保留了下来。

图 12.4-4　带有热带地区特点的风貌改造

## 12.5　效益分析

社会效益：海口三角池片区综合整治项目在没有大拆大建的情况下，为老城市民提供了公共共享空间，老百姓反响非常好，最终效果也得到了省、市各级领导、部门的充分肯定，成为庆祝海南建省办经济特区三十周年精品工程和海口城市更新首批综合性改造项目，并得到了人民日报客户端的专题点赞。

经济效益：项目全部建设费用约为 3000 万元，节省土建成本 384 万元，通过旧建筑物利用节省 350 万元，由于采用绿色建筑增加的成本约为 62.8 万元，占总投资的 2.09％，单位建筑面积增量成本为 121.38 元，是低成本绿色改造的典范。

环境效益：采用绿色技术后，可以有效减少建筑耗电量和耗水量，减少每年的建筑运营费用。经估算，本项目采用以上绿色技术后，全年可节约用电量为 12.85 万 kWh，可节省电费 11.29 万元，此外每年还可以节约自来水约 1400t。

# 13 玉溪市大河上游片区绿色健康城区改造

**建设地点：**云南省玉溪市

**占地面积：**3.45km²

**建设时间：**2000 年以前

**改造时间：**2018 年

**改造设计和施工单位：**中国市政工程华北设计研究总院有限公司

中国城市建设研究院有限公司

中建四局

**执笔人及其单位：**潘晓玥　夏小青　张晶晶　马宪梁，北京清华同衡规划设计研究院有限公司

---

## 亮 点 技 术

**亮点技术 1：建筑美化更新及景观融合提升技术**

对社区景观风貌进行重新设计与定位，对建筑立面进行美化更新，完善小区楼栋设施及庭院设施，增加邻里空间及户外活动空间。

**亮点技术 2：住区空间再利用及泊位扩容技术**

对部分社区的内部交通进行重新梳理与组织，增加慢行系统、增设健身步道，同时深入挖掘住区内的零散空间，增加停车泊位。

**亮点技术 3：住区分级响应海绵化改造技术**

针对片区现存问题及迫切的改造需求，以玉溪海绵城市示范为抓手，基于海绵化改造评估技术，结合具体改造条件分类制定基本型、提升型、全面型改造方案。

---

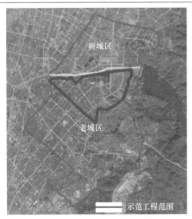

图 13.1-1　区位分析图

## 13.1 项目描述

（1）项目基本情况

玉溪大河上游片区绿色健康城区改造项目，位于玉溪市中心城区中部，是玉溪大河生态景观轴的核心，也是玉溪市的老城区所在，位于玉溪大河生态景观轴的核心位置，总面积 3.45km²，"山、水、林、湖、城"要素完整，是玉溪海绵城市建设优势的集中体现区。（图 13.1-1）

（2）存在问题

片区建设年代久远，已建城区的面积较大，区内用地类型较多，现已出现明显的设施功能退化、内涝积水、水体黑臭、社区环境差等问题，难以满足居民对美好生活的向往，居住环境亟需提高。具体问题如下：

① 片区内存在3处较为严重的内涝积水点，且玉溪大河水质及区内多处湖泊水质为Ⅴ类或劣Ⅴ类，右所湖、冯家冲湖及玉湖还存在死水区域，水体流动性差，涉水问题突出。

② 改造区内整体开发强度大，建成时间久，地下管网质量下降，部分管网已出现老化、破败等情况，同时车位不足、停车紧张等问题也不断涌现，综合改善需求迫切。

（3）改造策划和模式

项目采用PPP模式进行投资、融资、建设、运营。玉溪市住建局为本项目实施机构，中国建设科技集团股份有限公司通过竞争性磋商方式成为合格的社会资本方，对本项目进行设计、投资、建设、运营、管理、维护等，依据项目年度考核结果获得相应的财政补贴。PPP合作期期满，将上述项目资产及相关设施完好无偿移交给玉溪市人民政府或其指定机构。

项目整体改造计划结合玉溪市海绵试点建设推进，具体改造计划如表13.1-1

改造计划安排表

表 13.1-1

| 内容 | 改造计划 | 起止时间 |
| --- | --- | --- |
| 1 | 住区内海绵化改造 | 2018 年 6 月～2020 年 4 月 |
| 2 | 住区内健康设施、功能设施的新增与完善 | 2019 年 10 月～2020 年 6 月 |
| 3 | 住区智慧监测设施 | 2020 年 2～9 月 |

## 13.2　改造目标

针对片区现存问题及迫切的改造需求，本项目融合"玉汝于成、溪达四海"的城市精神，以玉溪海绵城市示范为抓手，采取"1＋N"的模式，统筹推进"生态修复、管网改造、停车改善、健康慢行、智慧管理"，系统完善城市基础设施和公共服务设施配套，全面提升人居环境。（图13.2-1）

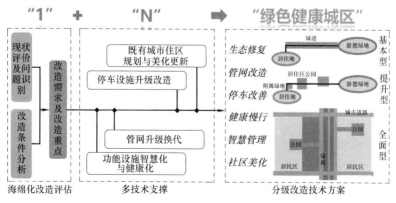

图 13.2-1　综合改造目标及技术路线图

## 13.3 改造技术

本项目在改造过程中，充分结合玉溪市的实际情况及需求，采取分级响应的方式，针对单体项目改造条件、资金投入等运用不同的技术手段，分类制定基本型、提升型、全面型改造方案。下面以全面型改造技术方案——玉溪市北苑社区改造具体说明改造技术的应用：

（1）停车设施升级改造技术

针对社区内道路交通系统现存的 5 大类核心问题，如人车合流、交通拥堵、停车泊位少、违法停车占道等，本项目在改造过程中通过部分社区的内部交通重新进行梳理与组织，对局部区域进行重点改造，不仅完善了慢行系统，还增加部分健身步道，同时深入挖掘住区内零散空间，增加停车泊位，改善社区出行环境。（图 13.3-1）

图 13.3-1　道路交通系统现状情况示意图

①号区无人行道、人车合流解决方案

将现状车行道由 7m 改为 6m，降低汽车进入社区的速度，同时在行车道两侧增设 2m 人行道和侧位停车。（图 13.3-2）

图 13.3-2　①号区域改造方案示意图

②号区三岔路口人车合流事故频发解决方案

将现状车行道由6m改为4m，改双行为单行，并将原有停车位外移，停车位与绿地之间新增一条2m人行道与社区内人行道串联。（图13.3-3）

图13.3-3　②号区域改造方案示意图

③号区双向路幅过窄、人行道占用解决方案

将原有被宣传栏挤占的无通行功能的人行道去除并改为停车位，保留单侧人行道。（图13.3-4）

④号区无人行道、人车不分流解决方案

将原有停车位改为侧位停车，并增设2m的人行道，完善人行系统。（图13.3-5）

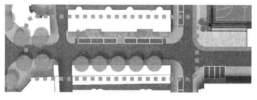

图13.3-4　③号区域改造方案示意图　　　图13.3-5　④号区域改造方案示意图

⑤ 号区占道停车阻塞交通解决方案

将原有6.5m双行道路改为4m单行道，增设侧位停车位，规范停车。（图13.3-6）

（2）雨污分流及海绵化更新改造

北苑社区总面积约11hm²，社区内部总体地势相对平缓，高程在1628.24～1629.56m，项目改造结合社区的地形特点及功能分区，将其划分为6个区，并结合各分

图 13.3-6　⑤号区域改造方案示意图

区内的整体竖向、建筑排水、排水管道等进一步细分为 99 个小的汇水分区，在各分区内分别进行雨水优化组织及海绵化更新改造方案设计，具体改造目标如表 13.3-1。

海绵化改造具体任务一览表　　　　　　　　　　　　　　　　　　　表 13.3-1

| 区域名称 | 年径流总量控制率改造目标/% | 设计降雨控制目标/mm |
| --- | --- | --- |
| 北苑 A 区 | 77.4 | 19.76 |
| 北苑 B 区 | 88.0 | 29.44 |
| 北苑 C 区 | 93.9 | 38.65 |
| 北苑 D 区 | 86.5 | 27.09 |
| 北苑 E 区 | 75.7 | 18.41 |
| 北苑 F 区 | 78.5 | 20.82 |

下面以北苑 E 区为例具体说明海绵化改造方案。

1）雨污分流改造

保留现状合流制盖板沟为污水管网，新增一套雨水管网作为 LID 设施雨水溢流及建筑雨水外排出路，同时规划结合小区内的集中绿地增设一处调蓄池与雨水管网并联，雨水经净化处理后优先进入调蓄池，加强雨水资源化利用，并将社区内的雨污分流改造与外围市政道路北苑路及北苑南路的雨污分流改造相结合，完善排水系统。

2）海绵化更新改造

北苑 E 区北侧区域整体绿化较多，南侧区域绿化面积相对较少，且现状雨水为内排水，多采取快排的方式排除雨水，受管网建设及局部路面破损坑洼等影响存在一定的积水问题。（图 13.3-7）

因此，项目改造过程中充分发挥北区绿化多的特点，采取雨水花园、汉溪、超级植草地坪等相结合的方式，加强对雨水的就地消纳和利用；南区则更多地结合房前屋后绿地进行雨水花坛、透水铺装及超级植草地坪，在扩充停车泊位的同时增加雨水消纳，改造方案如图 13.3-8 和图 13.3-9 所示。

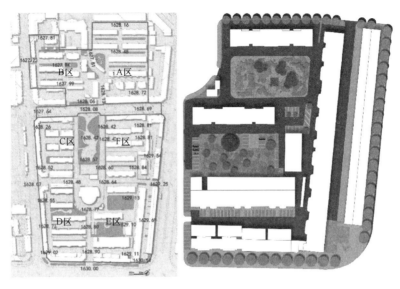

图 13.3-7　北苑 E 区位置示意图

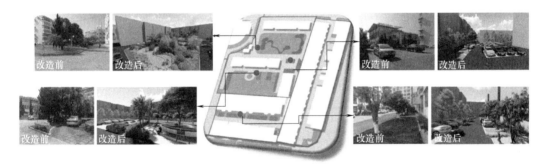

图 13.3-8　北苑 E 区海绵化改造方案示意图

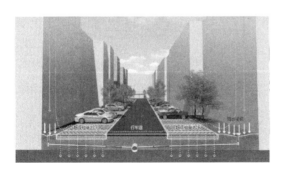

图 13.3-9　雨水及消纳利用方式示意图

（3）住区美化与更新

在完善住区交通、市政基础设施的同时，对社区景观风貌、休闲、娱乐、康养等进行了重新规划与设计，整体改造提升社区居住品质及生活环境。（图 13.3-10）

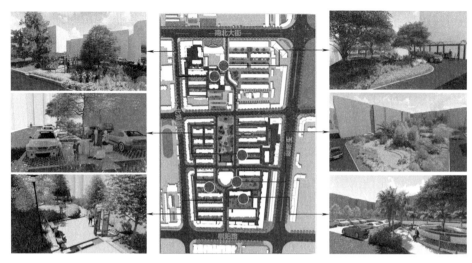

图 13.3-10　住区景观风貌再设计示意图

（4）健康化提升改造

在提升改造社区硬设施环境的同时，本项目也注重社区居住环境品质的提升及健康化改造，为社区居民提供更加良好、便利的生活空间。不仅结合零散用地增加了适老设施，还对社区内的中心绿地进行了系统的功能设施提升与完善，营造健康化的交流活动空间。（图 13.3-11）

图 13.3-11　零散用地改造方案示意图（左：改造前；右：改造后）

在中央绿地的改造过程中，首先对该区域的功能进行了重新划分，分为形象展示区、休憩广场、儿童娱乐区及健身区四个不同的功能分区，并沿中央绿地的边缘设置健身步道；随后对各个功能分区进行详细的专项设计。设计方案如图 13.3-12。

## 13.4　改造效果

以全面型改造技术方案玉溪市北苑社区改造分析改造效果。

（1）停车设施升级改造效果

通过对部分社区内部交通进行重新梳理与组织，增加慢行系统，增设健身步道，同时还深入挖掘住区内的零散空间，增加了停车泊位 336 处。（图 13.4-1，图 13.4-2）

形象展示区
休憩广场
儿童娱乐区
健身区

图 13.3-12　社区中心区功能完善及健康化改造示意图

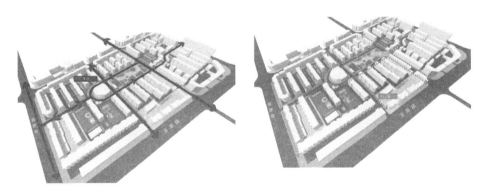

图 13.4-1　改造后的车行系统及慢行系统示意图

（2）海绵更新改造效果

北苑社区的年径流总量控制率基本满足82％的控制要求，面源污染综合削减率达到54％，同时还在区内增设了1100m³的调蓄池，加强了雨水的资源化利用。

（3）住区美化更新及健康化改造效果

居住建筑外立面得到了较好的修缮，破损的路面铺装及停车铺装等均进行了更换，社区的居住品质明显提升。（图13.4-3）

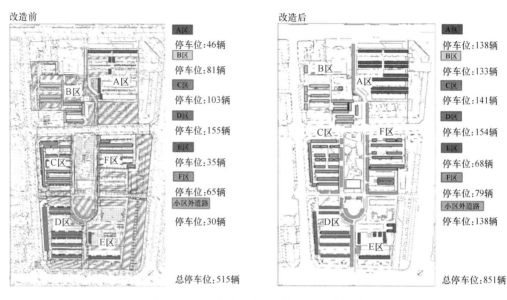

图 13.4-2　改造前后停车泊位对比分析图

图 13.4-3　社区居住环境改造效果对比分析图

## 13.5　效益分析

（1）社会效益

该住区改造项目进一步提升了住区的居住品质，丰富了住区居民的精神及文化生活。同时，由于改造的良好效果，该改造区赢得了居民的好评与称赞。

此外，该项目助力打造玉溪市碧玉清溪的城市名片；提升基础设施和公共服务水平，从而提升玉溪城市品质；助力玉溪生态文明建设，打造生态宜居、幸福魅力之城；推进海绵绿色产业发展，助推玉溪产业升级和经济转型。

（2）经济效益

该改造项目可提升区域内楼盘议价，使该片区房产增值，有带动周边商业、交通发展的潜力。从宏观层面来说，我国经济在稳中有进的发展，但下行压力大，消费市场疲软，投资增幅下滑、产能过剩等问题为新常态，既有城市住区的提升改造是以房地产存量快速刺激中国经济增长、缓解经济下行压力的良好方式。本项目是以适应时代发展需求、提升人们居住环境品质为目标的富有创新且综合的既有城市住区改造项目，其示范及带动作用能进一步促进我国经济的增长。

（3）环境效益

在项目完成后，整体环境得到显著提升。

在涉水方面，硬化面积占比有所下降，提升住区的绿地、河道等生态功能；对住区内的混接管网进行了整改和提标改造，通过管网修复，解决了地下水入渗管道的问题；住区内的初期雨水污染得到了有效控制，净化星云湖水质，提升了玉湖水质；消除了 6 个内涝积水点，改造区域的内涝防治标准提升至 30 年一遇。

在功能完善方面，新增了不少体育健身设施，提升居民的居住环境品质；增加了绿化率，同时提升了住区的绿地景观效果，营造了优美健康的住区景观环境。

# Ⅱ    历史建筑绿色改造案例

# 1 沈阳市 124 中学（葵寻常小学旧址）修缮保护

**建设地点：**辽宁省沈阳市和平区南十马路 73 号

**占地面积：**5547.7m²

**改造前建筑功能和面积：**中学，7939.4m²

**改造后建筑功能和面积：**中学，7939.4m²

**建设时间：**1935 年

**改造时间：**2020 年

**改造设计和施工单位：**沈阳建筑大学建筑设计研究院（设计）

　　　　　　　　　　　　沈阳故宫古建筑有限公司（施工）

**执笔人及其单位：**彭晓烈，沈阳建筑大学

---

## 亮 点 技 术

**亮点技术 1：既有城市住区历史建筑检测鉴定技术**

修缮保护与再利用前，结合建筑现状分析（含历史、人文、社会环境分析等），采用建筑构件检测技术、检测结构安全性评估技术、建筑抗震鉴定技术等对建筑进行建筑检测鉴定，编制建筑结构检测报告并提出适宜的结构安全性加固技术及建筑抗震性能加固技术，进而为建筑的改造方案设计提供数据支撑和理论依据。

**亮点技术 2：室内物理环境监测技术**

修缮前对采暖空调进行 DeST 模拟能耗分析，模拟不同外围护结构的工况能耗情况，按照任务书标准给出合理的修缮方案。对 124 中学建筑的墙体表面含水量、围护结构导热系数、围护结构热工缺陷等影响围护结构传热系数的数据进行测量。在 124 中学建筑内选取五个典型房间进行长期监测，主要监测为室内热湿环境、室内空气质量、通风情况等影响室内环境的指标。以礼堂、一楼 123 办公室，二楼 208 办公室、206 教室、225 电教室等不同楼层、不同朝向、不同使用类型的房间为主要典型测试对象。

---

## 1.1 项目描述

（1）住区基本情况

沈阳 124 中学（以下简称 124 中学）位于辽宁省沈阳市和平区南十马路 73 号，伪满洲国时期为招收在沈日本移民子弟建设的奉天葵（町）寻常小学，2015 年 6 月 3 日教学楼（含礼堂）被公布为沈阳市第二批历史建筑（《沈阳市人民政府关于公布第二批历史建筑名录的通知》，沈政发〔2015〕24 号），公布名称为"葵寻常小学旧址"。该建筑群是近代沈阳教育建筑实例，整个校园作为原有建筑功能持续使用至今，具有较高的历史价值、科学价值与利用价值。（图 1.1-1，图 1.1-2）

图 1.1-1　沈阳 124 中学项目区位图

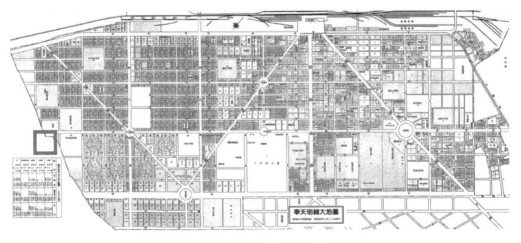

图 1.1-2　1935 年《奉天明细大地图》

124 中学南临南十一马路、东临南京南街、北临南十马路、西临同泽南街，建筑周边环绕二类居住用地，是近代功能主义城市规划下的满铁附属地典型的社区与学校相邻布置的格局。该学校由"满铁地方部"于1935年设计建设，是满铁附属地初等教育建筑的重要实例。

124中学占地面积5547.7m²，总建筑面积7939.4m²。总体布局从北向南依次为教学楼（含礼堂）、锅炉房（停用）、体育馆、操场和原实验室（目前为仓库）。北侧①号为"山"字平面布局的教学楼，与教学楼连接的②号为大礼堂，礼堂南部③号为原锅炉房（带烟囱，现拆除仅余基部），④号为体育馆（现已经历1978～1979年灾后原址原制重建），⑤号为操场，下有人防工程，⑥号为两坡顶仓库，原为学校食堂（现状对外出租）。教学楼西侧⑦号为1992年增建的5层教学楼。校园用地高程在40～45m，用地平缓，地形无高差。（图1.1-3）

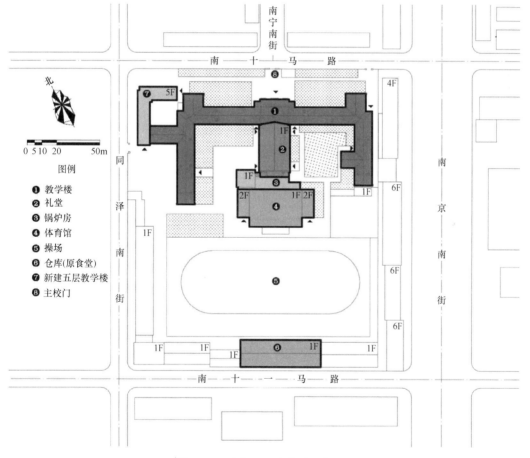

图 1.1-3　沈阳 124 中学平面布局图

（2）存在问题

① 用地现状

历史建筑总平面基本保持原状，建筑西侧为1992年增建的5层教学楼，紧邻历史建筑西山墙。场地西侧及南侧为学校原有辅助用房部分，现状废弃使用；场地东侧紧邻多层居住建筑，消防通道受阻。

② 使用现状

经现场初步勘察，该历史建筑基本保存了原有建筑风貌，原有建筑构件保有较多。建筑整体保存状态一般，主要问题在于：日常维修保养不及时造成病害及损伤积累，形成并发性破坏及多种潜在危害；材料老化造成的耐久性破坏和因此造成的舒适度降低、能耗较高的现状。现历史建筑由沈阳市第 124 中学进行使用，由学校负责日常维修和管理。

③ 建筑现状

a. 外部形态。建筑总平面基本保持原状。各出入口基本为原状，主入口近年进行装修，外包装饰石材墙面。建筑各主要立面改动不大，少量建筑外窗被封堵。紧邻大礼堂的原锅炉房已废弃不用，烟囱拆除仅余地面上少量部分。

b. 内部格局。建筑内部格局变动不大，除礼堂二层楼座及放映间封堵外基本保持原有空间形态。

c. 结构安全性。根据辽宁省建设科学研究院、辽宁省工程质量检测中心出具的《沈阳市和平区 124 中学旧教学楼主体结构检测鉴定》（JK14-A-63，2014 年 5 月 23 日），鉴定结论为：该建筑综合性安全鉴定 Dsu 级，正常 Css 级，可靠性鉴定评定等级为Ⅳ级，可靠性不符合国家现行有关规范标准要求，严重影响安全，应立即采取措施。综合抗震能力不满足抗震鉴定要求。《鉴定》建议：该房屋须进行加固处理，加固处理后后续使用时间不少于 30 年。

d. 建筑完损等级。根据《房屋完损等级评定标准》，该建筑属于一般损坏房屋。

• 地基基础。局部承载能力不足，稍有超出允许范围的不均匀沉降，但已经基本稳定。

• 承重构件。承重墙、砌块有少量细裂缝。外墙有裂缝、松动、风化、腐蚀，灰缝有酥松、脱落，勒角部分侵蚀受潮，少量开裂、砂浆酥松。楼板构件局部变形、裂缝，混凝土剥落露筋锈蚀面积占总面积 10%。钢杆件有锈蚀。

• 屋面部分。屋面漏雨，木屋架存在变形和倾斜，个别节点和支撑稍有松动。铁件稍有锈蚀。部分瓦面有缺失和破损。防水层有损坏。檐口及挑檐部分破损较为严重。

• 装修部分。地层部分裂缝、空鼓、剥落、严重起砂，局部坑洼不平。门窗槛框糟朽、榫卯松动、关闭不严，部分压条脱落、玻璃缺失、油饰老化。顶棚抹灰层开裂、多处剥落。

• 设备部分。电气照明设备陈旧，电线部分老化、绝缘性能差，部分照明装置损坏、残缺。暖气设备陈旧，管道锈蚀结垢。

• 原始构件保存。该建筑保有原材料、构件较多，风貌基本维持原始状态。墙体、屋架、顶棚等为原始构件。门窗和室内地面后期装修已进行更换。

· 空调供暖系统。现状供暖热源来自于城市热网，散热器及管线近年来已进行更换。建筑内部有卫生间和盥洗前室，有给水排水设施。教学楼一层西侧现改作学校食堂和教工餐厅，增设了给水排水管线及炉灶等设施，有一定的消防安全隐患。

· 建筑节能：屋顶的传热系数相对较大，保温性能差。教学楼的墙体传热系数较大，热损失较大。外窗现状铝合金窗框、双层玻璃，热阻较大，传热系数较大，保温性能较差；窗户气密性较差，建筑整体舒适度较低。

④ 周边环境现状

历史建筑周边为二类居住用地，被多层居住建筑环绕，南侧约 100m 为沈阳铁路实验小学，安静及整洁程度一般。

（3）改造策划和模式

对沈阳 124 中学进行历史建筑价值评估、可利用评估和节能评估来确定修缮方案。通过价值评估确定保护重点与价值要素；可利用评估确定历史建筑可以利用、改造的强度；节能评估找到节能薄弱环节，确定需要强化的节能强度与部位，通过三项评估达到对历史建筑价值、可利用、建筑能耗及舒适性科学系统的认识。本项目的保护修缮按照先保养小修，后修缮加固，再节能改造，最后进行预防性保护的技术路线，选用结合历史建筑特殊的保护等级、保护范围、气候特性的修缮保护技术，进行设计方案的实施、验收。

## 1.2　改造目标

提高现状历史建筑的安全性和可靠性。解决屋面破损漏雨等导致的屋架、顶棚、墙体等部位受潮、变形造成的节点松动、强度降低问题。解决墙面风化酥碱、灰浆老化脱落问题。解决檐口朽损断裂造成的"尿墙""尿檐"问题。解决门窗朽损、关闭不严，保温节能性差的问题。清除不当装修和改建，恢复历史建筑原有形制和内部空间。消除内在隐患，防止建筑病害加剧。降低建筑能耗，提高热舒适度及室内空气品质，能耗引导值比《民用建筑能耗标准》同气候区同类建筑降低 10%、室内环境品质为国际水平优级以上、可再循环材料利用率超过 10%。

## 1.3　改造技术

（1）既有城市住区历史建筑检测鉴定技术

在修缮保护与再利用前，结合建筑现状分析（含历史、人文、社会环境分析等），采用建筑构件检测技术、检测结构安全性评估技术、建筑抗震鉴定技术等对建筑本体进行建筑检测鉴定，编制结构检测报告并提出适宜的结构安全性加固技术及建筑抗震性能加固技术，进而为项目改造方案设计提供数据支撑和理论依据。

建筑检测鉴定技术是既有城市住区历史建筑修缮保护现状评价不可或缺的组成部分，是这类项目后续修缮保护、改造提升工作（含建筑风貌、历史传承、使用功能、节能、绿色等方面）的重要基础内容，亦是影响改造效果的关键技术。

（2）室内物理环境监测技术

① 修缮前对采暖空调进行 DeST 模拟能耗分析，模拟不同外围护结构的工况能耗情况，按照任务书标准给出合理的修缮方案。

② 现场勘察。对 124 中学建筑的墙体表面含水量、围护结构导热系数、围护结构热工缺陷等影响围护结构传热系数的数据进行测量。

③ 房间监测。在 124 中学建筑内选取五个典型房间进行长期监测，主要监测为室内热湿环境、室内空气质量、通风情况等影响室内环境的指标。以礼堂、一楼 123 办公室，二楼 208 办公室、206 教室、225 电教室等不同楼层、不同朝向、不同使用类型的房间为主要典型测试对象。房间具体位置分布如图 1.3-1 圈标记所示。

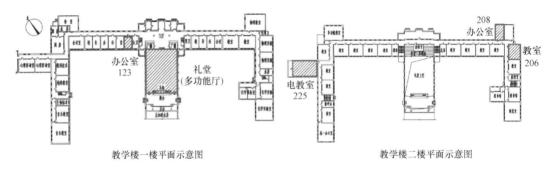

图 1.3-1　沈阳 124 中学典型房间监测位置示意图

a. 室内热湿环境

监测仪器：温湿度自记仪；监测对象：温度、湿度；采集周期：一年。

b. 室内空气质量

监测仪器：门窗传感器；监测对象：室内门、窗；采集周期：一年。

监测仪器：空气质量实时监测仪；监测对象：室内 $CO_2$ 浓度、$PM_{2.5}$ 浓度、甲醛浓度、易挥发的有机物浓度；采集周期：一年。

c. 通风情况

监测仪器：门窗传感器；监测对象：室内门、窗以反映室内通风状况；采集周期：一年。

d. 屋架监测

为研究 124 中学教学楼坡屋顶屋架夹层对教学楼二楼室内能耗的影响，对屋架上的通风口（天窗）进行监测。（图 1.3-2）

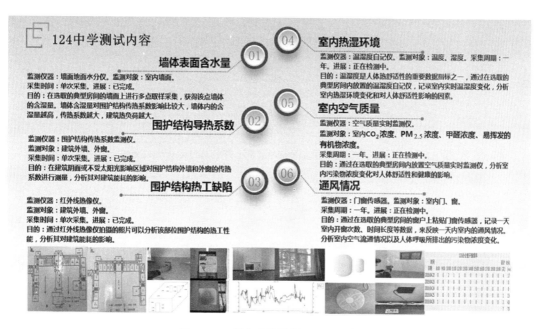

图 1.3-2 部分监测仪器和监测内容

## 1.4 改造效果

图 1.4-1 124 中学改造后意向效果

适用性改造技术的应用，将使沈阳 124 中学成为满铁附属地历史建筑群落中风貌最完整真实的建筑修缮改造典范，老旧建筑的结构安全性得到保障，室内环境舒适度达到国际优级水平，在能耗和可再循环材料利用率等指标上均可成为既有城市住区历史建筑保护修缮的样板。（图 1.4-1～图 1.4-5）

图 1.4-2 124 中学改造后立面

图 1.4-3 124 中学改造后墙面

图 1.4-4　124 中学改造后教室

图 1.4-5　124 中学改造后会议室

## 1.5　效益分析

（1）百年功能传承效益

沈阳 124 中学从建成始一直作为中小学校进行使用，教学功能已经延续近百年，教室、礼堂从未改为他用，最大程度保留了原有历史建筑的真实信息。通过绿色改造，可以在原有功能延续的基础上进行，以最小干预和真实性为原则。

（2）改造使用价值效益

继汶川大地震之后，中小学校的抗震加固工程是教育局对老旧校舍建筑采取的重要工程措施，沈阳 124 中学的抗震加固既要满足安全性的需要，保证孩子们的生存安全，同时要考虑历史建筑的价值特点，其措施和方法要在既有措施和方法中采取适宜性的关键技术，满足历史建筑风貌和价值要素在加固中不丧失不破坏。

（3）社会效益

沈阳 124 中学所处城区原为近代满铁附属地居住区，借由对其修缮保护和改造提升，优化周边居住小区，提升近代社区的更新和环境，改善周边历史文化街区的环境，为东北原有近代满铁附属地城区的升级改造提供经验和借鉴。

# 2 天津市段祺瑞旧居修缮改造

**建设地点：** 天津市和平区鞍山道 38 号

**占地面积：** 2700m²

**改造前建筑功能和面积：** 私人住宅（初建时）、教育建筑（改造前），3750.78m²

**改造后建筑功能和面积：** 商业办公建筑（预期），3436.21m²

**建设时间：** 1920 年

**改造时间：** 2018 年 7 月～2021 年 6 月

**改造设计和施工单位：** 天津大学建筑设计研究院

天津市历史风貌建筑整理有限责任公司

**执笔人及其单位：** 张威　冯琳　胡子楠　宋昆，天津大学

郭峰，天津市历史风貌建筑整理有限责任公司

---

## 亮 点 技 术

**亮点技术 1：基于 BIM 的"全专业"与"全过程"保护修缮策略与方法**

将建筑信息模型整合到建筑设计、施工组织等各方面与各环节中，全程模拟并控制各关键节点，以期在项目全周期内对项目进行精确把控，统筹协调各专业紧密协作，及时解决问题，并总结出一整套完善的修缮技术及规程。

**亮点技术 2：历史建筑保护修缮绿色改造技术集成**

在改造部位融入绿色建筑技术和材料，通过在改造过程中利用计算机软件对不同设计方案的实际效果进行模拟分析与对比优化，结合修缮要求进行改造设计，在采光、通风、节能等方面实现综合提升。

**亮点技术 3：既有城市住区物质遗产与非物质遗产保护相结合的改造方法**

在注重历史风貌建筑的物质本体保护修缮的同时，延续传统技艺，保存其历史风貌；充分挖掘其在既有城市住区中的宣传示范作用；并通过改造后的展陈空间，做好非遗展示与互动体验，切身感受辛亥革命历史，传承革命文化精神。

---

## 2.1 项目描述

（1）基本情况

段祺瑞旧居约建于 1920 年，其东沿蒙古路，南临鞍山道，西临河南路，北抵万全道，包括主楼、后楼、平房等建筑，均为砖木结构，整座住宅共有楼、平房 74 间，总建筑面积 3750.78m²。原主人段祺瑞于 1925～1933 年在津期间居于此楼，旧居原为段祺瑞的妻弟吴光新出钱建造的，后来让给了段祺瑞居住，因此有了"段公馆"这个名号。其地理位置位于原天津日租界宫岛街，这座以欧洲折中外廊式建筑风格为特征的建筑，成了当时天津日租界最为豪华的私人公馆式住宅。

段祺瑞居住期间，对原府进行过改建。日军占领北京时此宅为日本情报机关占据，抗战胜利后又被国民党国防部所属机关占用，新中国成立后成为单位宿舍。今仅存面积已大为缩小，四周为 19 世纪 70 年代末增建 6 层宿舍楼，现为鞍山道历史文化街区重点保护文物。

主体建筑物为地上 3 层砖木结构，设有半地下室，室内外高差约 1.74m，半地下室净高 2.46m，首层净高 4.70m，二层净高 5.18m，三层净高 2.80m，面积 2429.21m²，共 44 间。主楼造型雄伟壮观，具有欧洲庭院式古典建筑特点，属欧式折中主义风格，正立面采用对称式，首层正面中间部位突出，二楼正面突出屋顶平台，相较欧式古典做法大胆创新，更增添其气魄；屋顶为多坡瓦屋面，其顶部中央原由一八角凉亭作结，可登临远眺，颇为新颖别致；细节部分亲切合宜，颇能符合住宅的使用功能，避免了其对称规整的形式所带来的神庙感，其作为天津近代西洋式折中建筑，是中国近代建筑设计受西方影响的代表，具有独特的历史风貌。

段祺瑞旧居于 2005 年 8 月 31 日被列为天津历史风貌建筑（重点保护），于 2013 年 1 月 5 日被纳入天津市文物保护单位，其有丰富的历史文化等多方面综合价值，对鞍山道的历史街道风貌和整个天津的城市特色都有非常重要的意义。

（2）存在问题

段祺瑞旧居属历史风貌建筑，其主要存在问题在于建筑建造年代久远，且经历地震灾害，已存在严重的自然损坏及人为损坏现象，依据现场查勘结果，存在如下问题：

① 建筑墙体整体性差，存在墙体风化、碱蚀现象；部分砂浆粉化，砌筑砂浆强度偏低，已显著影响结构整体性及承载力；

② 该建筑震后虽经加固、维修和改造，但尚不能满足天津地区目前抗震设防的有关规定，且相应抗震构造措施亦不完善；

③ 该建筑木结构构件材质老化，普遍存在不同程度的破损现象，部分构件已显著影响承载力，已无法满足其安全使用要求。

综上，目前主体结构承载力已无法满足其结构安全要求，且抗震设防体系不完善，存在严重的安全使用隐患，显著影响整体承载，必须立即对该建筑进行必要的加固、修复处理。（图 2.1-1）

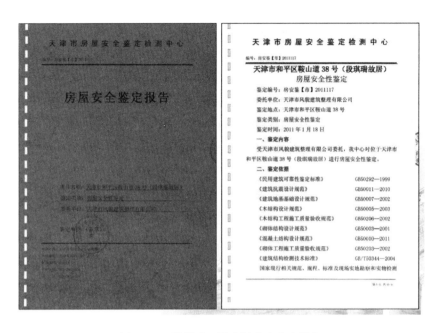

图 2.1-1 段祺瑞旧居房屋安全鉴定报告

（3）价值潜力

段祺瑞旧居作为天津著名历史风貌建筑具有多方面的价值潜力：（图 2.1-2）

图 2.1-2 段祺瑞旧居综合价值潜力

① 段祺瑞旧居作为北洋时期重要历史人物旧居，是对段祺瑞本人进行历史研究的重要资料，其作为天津近代发展大事件的实物见证，具有极高的历史价值；

② 段祺瑞旧居设计考究，是近代中国建筑设计受西方影响的文化代表，不仅具有特殊的艺术价值，同时为欧式以及民国租界建筑的研究提供了宝贵资料；

③ 段祺瑞旧居可作为历史文化教育基地，为人们讲述民国初期风云人物的生活片段，借此也可以增强天津市民的文物保护意识，形成遗产保护人人有责的氛围。

（4）改造策划和模式

① 改造设计原则

遵照《中华人民共和国文物保护法》"不改变文物原状"规定，贯彻"保护为主，抢救第一，合理利用，加强管理"的方针，以现有历史图纸、《房屋技术鉴定报告》为依据，针对残损现状及其造成原因，分别采取应对措施，以消除病害，杜绝或防止相应病害再度发生。

遵循国际、国内公认的保护准则，按照真实性、完整性、可逆性、可识别性和最小干预性等原则，保护文物本体及与之相关的历史、人文和自然环境。

在维修时，应保持原来的建筑形制，原来的建筑结构，原来的建筑材料，原来的工艺技术。

对于修缮的建筑部位和措施，施工方应在充分了解图纸及核实现场情况后方可进行施工，如发现现场情况与图纸不符，应及时通知设计人做出调整，不得单方面施工。

② 改造进度

前期工作：对建筑历史脉络进行系统梳理，对建筑原有图档进行深入研究，对院落建筑使用情况、外檐及内部结构老旧残损部位进行圈定整理，形成房屋勘察鉴定报告；开展改造工程方案设计工作，形成技术图纸。

改造实践：2018 年 7 月，主楼及附属建筑正式开始施工，主楼地下室结构补强加固开始，同时着手改造部位绿色节能技术实践。

2018 年 12 月，地下室结构加固及防水节能改造初步完成；

2019 年 7 月，主体外檐结构修复加固基本完成，绿色技术改造同步实施；

2019 年 12 月，现存主楼结构加固完成，屋顶结构复原修缮开始实施，进一步优化绿色改造节点；

2020 年 6 月，屋顶复原工程完成，至此主体结构部分全部完成，进一步开展装饰节点修缮保护工作；

2021 年 1 月，基本完成全部修复工程，并对工作开展总结性工作，查缺补漏，并检验绿色建筑技术的具体效果。

2021 年 6 月，进行专家验收和绿色建筑星级认证与评估。

## 2.2　改造目标

针对现状结构问题，对相应建筑支承构件加固补强，同时在改造部位融入绿色建筑技术和材料，以期在采光、通风、节能等方面得到全面提升，至少满足《既有建筑绿色改造评价标准》GB/T 51141—2015 一星级设计评价标识的要求；达到改造部位能耗比《民用建筑能耗标准》同气候区同类建筑能耗的引导值降低 10%；同时通过热工和通风性能节点的升级优化，使室内环境品质达到国际水平优级以上；修缮改造部分，尤其是二层公共空间与屋顶空间的主要结构，采用耐候钢与木材进行结构改造，其可再循环材料利用率将超过 10%。对建筑本体和建筑历史信息进行双重保护，实现物质遗产与非物质遗产保护的结合。

## 2.3　改造技术

（1）基于建筑信息技术（BIM）的"全专业"与"全过程"相结合的保护修缮策略与方法

① 查勘评估

历史风貌建筑保护的传统查勘方法，存在诸多方面的问题，而 BIM 技术与三维激光扫描技术交互的查勘方法，可在获得高精度测量数据的同时，通过专业的数据处理软件将成果以 3D 模型的形式呈现，最终实现建筑模型的三维可视化。（图 2.3-1）

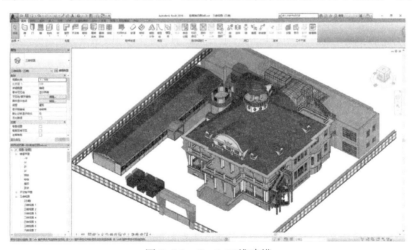

图 2.3-1　Revit 三维建模

② 方案设计

由于历史风貌建筑保护修缮设计的特殊性，选择 BIM 核心建模软件包括信息集成与数据管理、设计协同与专业配合、方案模拟与性能优化、插件支持与模型转换等一系列特征，在 BIM 协同设计平台的基础上，采取传统 CAD 与 Revit 团队双线并行的方式进行方案设计。

③ 环境整改

在历史风貌建筑设计的前期阶段，可以应用 BIM 技术对场地进行包括焓湿图等场地气候特征进行分析。在对场地气候特征充分了解的基础上，通过在 Revit 中的三维建模与场地设计功能对场地及周边附属建筑进行科学合理再设计与利用。(图 2.3-2)

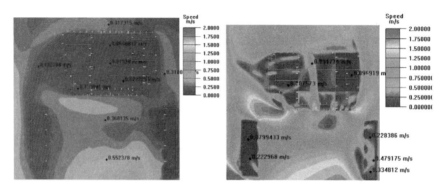

图 2.3-2　场地风环境模拟

④ 结构修缮

在主体结构加固、围护结构修缮等施工过程中，通过 BIM 三维模型可视化漫游，实现历史风貌建筑的精细化施工。

⑤ 水电系统改造

在历史风貌建筑修缮施工过程中对给排水系统、采暖制冷系统、强弱电气的改造必不可少，基于 BIM 技术，可以在 Revit 软件平台上实现对水电系统的三维可视化管线虚拟建模，使设计人员与施工团队之间沟通交流更加直观。

(2) 历史建筑保护修缮绿色改造技术集成

① 节能评估

对改造前的历史风貌建筑进行物理环境检测和建筑节能评估，确定其建筑能耗以及需要改进措施，评估建筑外围护构件，尤其是门窗构件气密性、热工性能，屋顶保温层状况，外墙保温情况等；对建筑内部空间舒适度、采光与通风情况等进行整体评估。

② 环境模拟

结合当地气候特征分析，将查勘测绘形成的 Revit 数字模型导入 Ecotect 和 Airpak3.0 中分别进行室内空间采光模拟分析和通风模拟分析，得到现状室内空间的采光通风情况，指导后续设计。(图 2.3-3)

③ 绿色改造

在设计过程中，通过模型模拟，运用大量数据，对建筑进行采光模拟与通风模拟

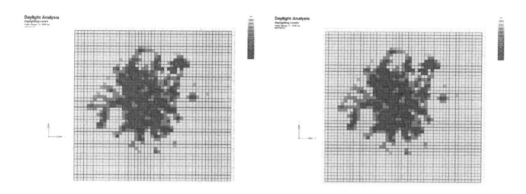

图 2.3-3  热工环境模拟

分析，直观准确地预测建筑物理环境的改善状况，为更新改造设计优化提供依据。（图 2.3-4）

图 2.3-4  数字模型模拟改造部位

④ 综合评估

在施工完成后，进行现场实时监测，确保绿色改造技术的效果，并通过相关设计手段和技术的整合梳理，从活化室内功能、改造围护界面、提高室内环境质量等层面，为历史风貌建筑的绿色改造设计提供一系列可操作性较强的手段和技术，形成一整套完善的绿色改造实施方案。

（3）既有城市住区物质遗产与非物质遗产保护相结合的改造方法

① 建筑修复

段祺瑞旧居作为天津近代历史风貌建筑的典型代表，其对街道景观与城市特色的提升有重要作用，对旧居进行以"真实性"为原则的修缮保护，力求将其建筑使用价值进行转换，取得社会与经济综合效益。

② 风貌复原

在对段祺瑞旧居进行修复前，通过对史料和图档的充分研究，对现状建筑风貌进行复原模拟，并针对老照片使用透视法将建筑原坡屋顶及上凉亭复原，还原其折中主义风貌与建筑形式——这一历史建筑非物质遗产的重要部分。（图 2.3-5）

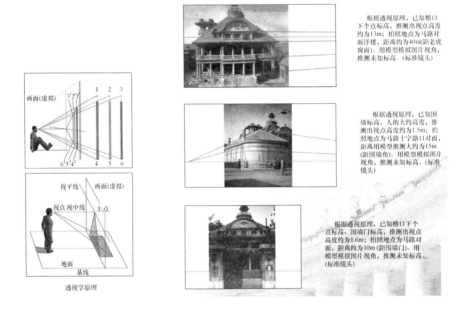

图 2.3-5 屋顶透视修复方法

③ 修复工艺

段祺瑞旧居的诸多装饰构造，蕴藏了天津近代历史建筑的传统技艺，在对其楼梯、顶棚、门窗和外檐装饰等的修缮中，探明其原材料与原工艺，在修缮过程中还原其本真的面貌，并将诸多做法记录整理，形成历史建筑保护的非物质部分。（图 2.3-6，图 2.3-7）

图 2.3-6 室内顶棚修缮施工现场

图 2.3-7  改造后室内展陈空间效果

④ 文化展陈

项目修缮改造后，在传统办公空间中融入特色展陈，将旧居背后所包含的辛亥革命历史文化作为核心内容，加强红色文化教育，充分发掘建筑遗产的非物质文化要素；同时加强管理与宣传，形成人人参与的遗产保护氛围与机制。

## 2.4  改造效果

（1）建筑信息技术（BIM）改造效果

采用与 BIM 技术结合的三维激光扫描技术进行测绘，实现建筑模型三维可视化，建立历史风貌建筑信息数据库，搭建数字化信息系统，使更多专家参与工程的综合评估。

在方案设计过程中，采取传统 CAD 与 Revit 团队双线并行的方式，在各个专业内采用工作集的模式，实现方案设计初期模型信息构件完全交互与借用，采用模型链接的方法实现信息模型可视化共享。

在施工过程中，通过 BIM 三维模型可视化漫游，实现历史风貌建筑的精细化施工，依据修缮现状对原有设计方案进行调整优化，并利用 Revit 模型实现对施工节点的把控和施工过程的模拟，及时与施工团队配合开展项目，避免施工错误。（图 2.4-1）

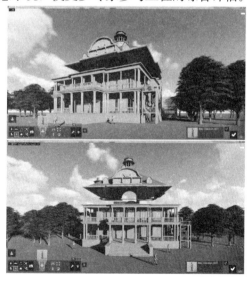

图 2.4-1  数字模型可视化漫游

（2）绿色改造技术集成改造效果

在尊重历史风貌建筑原貌的同时，通过高侧窗与天窗加大采光区域，极大改善室内中庭光环境；在中庭天窗设置开启扇，与复原屋顶设计的顶部老虎窗及八角亭一起，利用热空气上行，改善内部的风环境。加强室内通风效果，使室内形成明显的空气对流，使得原有的通风条件得到改善、建筑室内温度下降，从而改变室内人体周围空气流速，使建筑室内热环境质量得到提升，改善人体热舒适性。（图2.4-2，图2.4-3）

 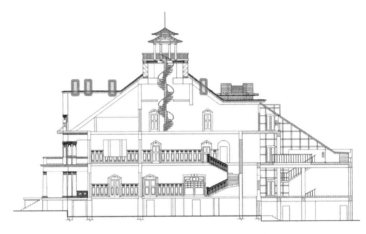

图2.4-2 屋顶导光管　　　　图2.4-3 屋顶导光管安放位置示意图

在改造完成后，梳理形成一整套完善的历史建筑保护修缮绿色改造技术设计策略与实施方案：物理环境检测和建筑节能评估，局部绿色改造设计，监测改造结果并反馈设计施工，改造技术体系的核实与评价。

（3）物质遗产与非物质遗产保护相结合的改造方法改造效果

通过对历史建筑本体的保护修缮，一方面改善了其现状利用情况，另一方面还提升了鞍山道历史文化街区及周边既有城市住区的整体环境，有利于天津其他优秀物质遗产的保护，有利于宣传天津百年发展历史，彰显天津独特的城市特色。（图2.4-4，图2.4-5）

图2.4-4 改造后人视点实拍图　　　　图2.4-5 改造后俯视实拍图

同时在改造过程中，结合建筑遗产保护中的非物质要素，重点复原其历史风貌，并研究建筑材料与构造方法，延续传统技艺；通过其内部展览空间，宣传建筑背后所包含的革命文化与精神，形成人人参与的遗产保护氛围与机制。

## 2.5　效益分析

改造后的段祺瑞旧居将一扫原本破败的景象，为鞍山道历史文化街区树立新的历史风貌建筑改造范例，并串联静园等街道历史脉络元素，形成以辛亥革命历程为脉络，以近代历史建筑为特色的体验型历史文化街区，创设独特的历史文化街道景观。

改造后主体建筑以办公空间为主，加入特色展陈空间，同时融入其他商务、文化娱乐活动等综合业态，取得良好的经济效益；同时结合绿色改造技术，实现旧居院落空间的风环境提升，同时改造后的主楼形象将改善周边住区环境，提升既有城市住区综合面貌。（图2.4-6，图2.4-7）

图2.4-6　改造后休闲空间实拍图

图2.4-7　改造后会议室实拍图

# 3 天水市长控艺术区绿色改造

建设地点：甘肃天水

占地面积：64820m²

改造前建筑功能和面积：7759m²

改造后建筑功能和面积：14887m²

建设时间：1960 年

改造时间：2018 年

改造设计和施工单位：中国建筑设计研究院有限公司（设计单位）

　　　　　　　　　　天水市工业国有资产投资有限公司（建设单位）

　　　　　　　　　　甘肃建投建设有限公司（施工单位）

执笔人及其单位：李哲　苏童，中国建筑设计研究院有限公司

---

## 亮 点 技 术

**亮点技术 1**：既有城市住区历史建筑适用性修缮技术集成，对建筑本体进行保护，保留既有历史建筑历史信息的同时较好地提升建筑功能和结构安全。

**亮点技术 2**：既有城市住区历史建筑结构安全评估方法，为天水长控建筑群修缮保护与再利用方案制定提供详尽的依据，实现历史建筑修缮保护与再利用的"最小结构处理"。

**亮点技术 3**：既有城市住区历史建筑智慧化管理运维平台，通过对监测数据的信息化处理，为管理者提供健全的管理价值体系，保证建筑运行安全。

---

## 3.1 项目描述

（1）住区基本情况

天水长控艺术区绿色改造项目，位于甘肃省天水市秦州区南廓路 11 号，始建于20 世纪 60 年代，其前身为天水长城控制电器厂（原国家机械工业部定点生产低压电器元件和成套电器设备的大型重点骨干企业），1996 年由沈阳搬迁至此，场地内建筑风貌较好，承载着天水工业记忆。该艺术区的改造建设对天水市城区存量资产盘活升级、工业遗产保护利用和工业事业再次腾飞有着现实意义，同时对提升周边居民乃至

全部市民文化休闲生活品质，有着重要意义。（图 3.1-1）

图 3.1-1　天水长控艺术区绿色改造项目历史照片

建设场地东接预留建设用地、南接自然山体景观、西接长控厂家属区、北邻城市主干道，场地周边居住区环绕，有七里墩天河小区、天水海林厂家属区、长控家属区等。总用地面积 64820m²，改造前建筑面积 7759m²，造后建筑面积 14887m²。（图 3.1-2）

图 3.1-2　天水长控艺术区绿色改造项目区位图

（2）存在问题

作为老工业基地，场地周边基础设施完善，交通便利，场地内现存建筑风貌较好，特点突出，为典型大跨厂房建筑形态；但因建造年代久远，建筑本体存在一定问

题：（图 3.1-3）

　① 部分屋面损坏，存在漏水、渗水情况，尤其是变形缝处；

　② 建筑木屋架因常年无阳光照射、通风不畅，导致屋架腐烂；

　③ 建筑墙体无保温处理，部分墙体受潮，墙角、墙体开裂；

　④ 门窗老旧，部分门窗玻璃受损，边框变形，气密性差；

　⑤ 建筑地面年久失修，局部破损；

　⑥ 结构体系局部不满足现行规范，部分结构不满足功能改造提升安全需求。

图 3.1-3　建筑本体问题图

（3）改造策划和模式

天水长控艺术区绿色建筑工程是天水市城区存量更新中工业遗产保护利用的典范，对其改造策划的目标是博物馆＋文化创意产业园，采取分级保护的改造升级模式，包含建筑信息保护、环境信息保护和历史信息保护，尊重历史信息，保护生态。（图 3.1-4）

图 3.1-4　改造模式

## 3.2　改造目标

建成后的天水长控艺术区绿色建筑工程，利用现有成熟技术和创新技术集成，保护建筑本体、展示建筑信息，建成集休闲娱乐、文化教育、文创艺术、历史信息展示于一体的标志性建筑，满足周边既有城市住区居民心理认同感寄托，激活更大片区的更新发展；满足未来 50 年使用安全；满足绿建一星标准；能耗比《民用建筑能耗标准》同气候区、同类型建筑能耗的引导值降低 10%，可再循环材料利用率超过 10%，室内环境品质达到国际水平优级以上达到。（图 3.2-1）

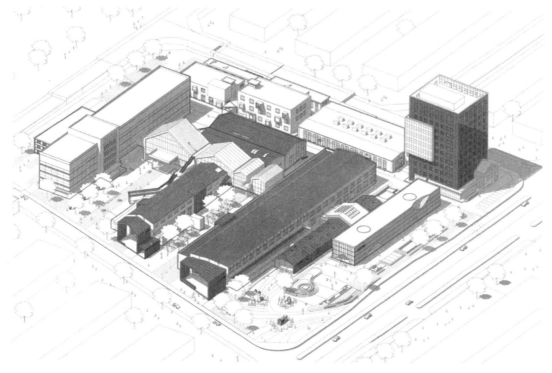

图 3.2-1　改造目标效果

## 3.3　改造技术

（1）既有城市住区历史建筑适用性修缮技术集成

① 轻钢龙骨内保温系统

清理建筑原外墙内侧基层后，紧贴外墙固定轻钢龙骨，内嵌 100mm 厚玻璃丝绵，内饰面为 12mm 厚白色乳胶漆墙面。新增轻钢龙骨内保温系统，墙体传热系数 K 值由 2.32W/(m²·K) 降低为 0.41W/(m²·K)，大大加强原建筑节能效果。

② 墙体信息修缮技术

天水长控艺术区改造项目中生态馆山墙上留有毛主席语录，随着多次不适合的修补，墙体上字体已经模糊不清，被厚厚的白色乳胶漆覆盖，历史信息渐渐消失在历史长河里。为追溯历史，复原历史信息，在标语信息修复中，以温水湿润的毛巾浸泡表面，待表面大片大片起鼓后，用毛刷轻轻剥离，并用 3A 溶液脱脂棉擦洗，清理干净后，表面喷涂二氧化硅加固剂加固，并喷淋杀菌止霉剂和氟硅憎水剂保护图幅。

图 3.3-1　毛主席语录复原修复

（图 3.3-1）

③ 屋面更新便捷施工措施

天水长控艺术区绿色改造项目在历史长河中，历经时间洗礼，建筑屋面存在漏水、渗水情况，尤其是变形缝处，需要屋面更新；施工中改变常态使用的普通支模混凝土屋面承载体系，更换为钢筋桁架楼承板，免支模，便于施工，节省工期。

④ 门窗更新选择策略

由于建筑使用性质改变，提出门窗更新选择策略，将原规整的立面大开窗根据改造升级后功能要求分类更新：仍需要采光、通风空间，将原有门窗清洗，新涂防锈漆，保留门窗样式及构件，在内部新增节能窗保证建筑节能保温需求；某些展览空间，不需要采光、通风，则利用 100mm 厚竖丝岩棉加 15mm 厚硅酸盖板封堵，内饰面为 12mm 厚白色乳胶漆墙面，外饰面为设计师提取长控艺术区建筑工业元素后的抽象图贴面，在新增保温板外，保留原有门窗框架，新涂防锈漆，并更换玻璃防止雨水浸润。（图 3.3-2）

图 3.3-2　门窗更新选择策略

⑤ 适宜的结构加固方法

天水工业博物馆建筑结构体系加固设计中，设计师通过保留既有的建筑结构体系和可再利用的构件，以适宜的结构加固方法和新老结构融合设计的方法，理性选择合理方式，最大限度减小结构破坏：其一，植入新结构承重体系，对既有结构体系不满足现行规范要求，且不能满足既有历史建筑改造升级的结构安全需求的，以植入新结构承重系统支撑既有历史建筑，如生态馆保留既有结构体系，植入钢结构体系穿插于既有结构中，保证结构安全，保留历史信息，保护建筑形态；其二，加大截面纵向承重体系，针对结构体系不满足现行规范要求，需提高承载强度方可再继续使用的结构空间，采用加大截面法，以碳纤维加固结构体系提高纵向承重系统。如历史馆凿除既有混凝土结构柱表面粉刷层至混凝土基层，清除表面油污、浮浆，将新旧混凝土接合

图 3.3-3　结构加固

面处彻底清洗干净，刷界面剂后，再浇筑混凝土，提高其既有结构柱纵向承载力；其三，增加斜撑横向承重体系，在必要的横向承重处增加钢斜撑，保证改造升级后结构安全。如历史馆和小剧场，通过结构计算，选取特定位置，在 2 个既有结构柱（增大截面加固时预埋钢构件）间增加钢结构斜撑，提高其既有建筑横向承载力。（图 3.3-3）

（2）既有城市住区历史建筑结构安全评估方法

天水长控艺术区改造项目在修缮保护与再利用前，应用砌体材料强度非破损检测评定技术对砌体和砂浆强度进行力学性能检测：采用总体抽样与个体补检结合的承重材料强度二阶段检测推定方法，即，按总体抽样检测推定的砌体强度设计值计算，对承载力不足构件进行补充材料检测，采用检测结果直接推定法，减少强度推定中多次折减带来的砌体抗压强度损失。

（3）既有城市住区历史建筑智慧化管理运维平台

天水长控艺术区绿色改造项目应用了既有城市住区历史建筑智慧化管理运维平台，针对使用现状，对其结构安全、消防安全、建筑能耗和建筑设备，结合多种智慧化辅助手段，实现天水长控艺术区绿色建筑工程更新改造后日常运维的智慧化管理。通过对监测数据的信息化处理，为管理者提供健全的管理价值体系，同时保证建筑运行安全。（图 3.3-4）

在天水长控艺术区绿色改造项目应用上，分 4 个步骤进行：

① 结合工程设计与运维需求部署数据监测点

在研发、开发既有城市住区历史建筑智慧化管理运维平台后，对长控艺术区绿色改造项目进行精细化建模，不对建筑本体造成破坏，选择最适合监测点位，保证所监测的数据能够准确、实时地传到相关服务器，具体位置待设计方与建设方沟通后确定。本阶段改造遵循由易到难、由简单到复杂、由点到面的策略，逐步实现本工程的各项监测点部署，最终完成对长控艺术区绿色改造项目的全面智慧化运维。

② 安装数据监测工具及接口运维系统

根据数据监测点部署位置选择合理的传感器，同时部署数据终端，相关监测设备通过无线网络与数据终端节点以长距离无线通信方式进行数据交换，未来将数据存储

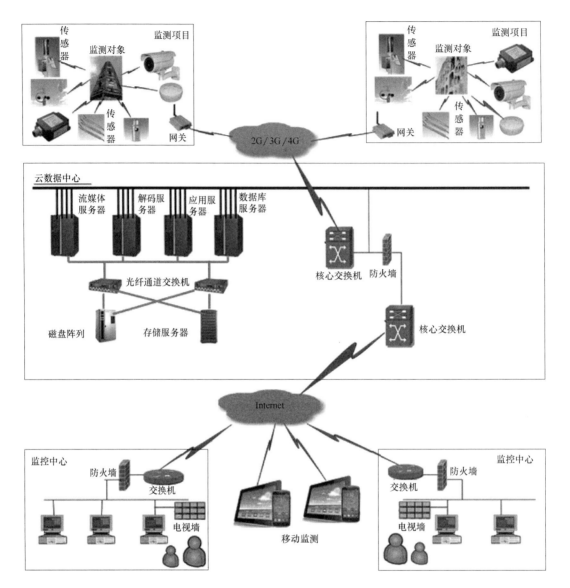

图 3.3-4　历史建筑智慧化管理运维平台系统图

在监测中心数据服务器中，并与运维平台系统接口相连。

　　③ 信息采集与传输

　　相关信息自动采集。在信息采集器传输网络方面，各类传感器将自动采集的数据信息，经过编码器传给无线数据终端块，无线数据终端通过接口将数据回传数据库和监测平台（运维平台），完成信息采集器的数据传输工作。

　　④ 信息整理与发布

　　既有城市住区历史建筑智慧化管理运维平台通过基础数据信息化集成处理，自动按规定时间将运维报告发送至管理者邮件、手机 APP，报送历史建筑运维报告，同时以历史建筑信息不同状态下的展示表达来提供预警机制，管理者可根据运维报告统一调配工作，在保证建筑运行安全的同时，提高工作效率，进而达到深度管理及降低运维成本的目标。

## 3.4 改造效果

（1）既有城市住区历史建筑适用性修缮技术集成

天水长控艺术区绿色改造项目采用系列适用性修缮技术，对建筑本体进行保护，保留既有历史建筑历史信息的同时提升建筑功能和结构安全。（图3.4-1，图3.4-2）

（2）既有城市住区历史建筑结构安全评估方法

天水长控艺术区绿色改造项目在修缮保护与再利用前，应用砌体材料强度非破损检测评定技术对砌体和砂浆强度进行了力学性能检测，利用检测鉴定技术集成对其他主要建筑材料进行了力学性能检测、完损情况检查等，并在以上检测结果的基础上对结构整体开展结构状态的安全评估和性能化抗震鉴定，为天水长控建筑群修缮保护与再利用方案制定提供了详尽的依据，实现了历史建筑修缮保护与再利用"最小结构处理"的目标。（图3.4-3）

图3.4-1　天水长控艺术区绿色建筑　　　　图3.4-2　天水长控艺术区绿色建筑
　　　　　工程改造效果　　　　　　　　　　　　　工程局部改造效果

（3）既有城市住区历史建筑智慧化管理运维平台

天水长控艺术区绿色改造项目针对既有城市住区历史建筑运维使用现状，结合多种智慧化辅助手段，实现历史建筑改造升级后日常运维相关智慧化管理，如能耗预警、健康监测等，通过对监测数据的信息化处理，为管理者提供健全的管理价值体系，保证建筑运行安全。（图3.4-4）

图 3.4-3　天水长控艺术区绿色建筑
工程室内改造效果

图 3.4-4　天水长控艺术区绿色改造
项目运维平台（登录页面）

## 3.5　效益分析

天水长控艺术区改造项目坚持社会效益、经济效益和环境效益统一的原则，执行"节能、节地、环保"的国策，实现可持续发展的战略要求。

（1）社会效益

天水长控艺术区改造项目秉承对工业遗存的尊重，着眼于保护与再利用，对周边城市缺失的功能极具织补性，周边环境有较大的改造和提升，为周边既有城市住区居民提供休闲娱乐、文化教育、文创艺术的场所。走进博物馆畅想城市未来，走出博物馆体会城市痕迹，在憧憬与记忆的平衡中思考天水城市化的策略和价值观，将是真正意义所在。

（2）经济效益

改造后的天水长控艺术区通过对墙体传热性、门窗气密性、局部空气系统和智慧化运维平台的应用，显著降低建筑能耗，节约资金；大量使用可循环材料（利用率超过 10%），包括钢结构、既有构件的使用，均有助于促进建筑、厂区、城市的绿色可持续发展；同时在改造中对功能提升，设置小剧场功能，并在小剧场和历史馆附加咖啡厅功能，为艺术区游览人员提供休憩场所，同时获得实际经济价值。

（3）环境效益

天水长控艺术区绿色改造项目通过既有城市住区历史建筑适用性修缮技术集成、既有城市住区历史建筑结构安全评估方法、既有城市住区历史建筑智慧化管理运维平台技术的示范应用，保证改造后的天水长控艺术区达到绿建一星标准，能耗比《民用建筑能耗标准》同气候区、同类型建筑能耗的引导值降低 10%，可再循环材料利用率超过 10%，室内环境品质达到国际水平优级以上。

天水长控艺术区绿色改造改造升级中，设计师以科研精神理性对待，以建筑全生命周期出发，从专业评价、检测鉴定、改造升级到智慧运维，包含对功能提升、对结构安全加固、对能效提升、对健康环境及对绿色建材的研究，运用科学数据在既有建筑改造全生命周期内表达理性美学。

# 4　上海市旧上海特别市政府大楼 （绿瓦大楼）修缮改造

建设地点：上海市杨浦区清源环路 650 号

占地面积：3063m²

改造前建筑功能和面积：公共建筑，8982m²

改造后建筑功能和面积：公共建筑，8982m²

建设时间：1930～1933 年

改造时间：2018～2020 年

改造设计和施工单位：上海建为历保科技股份有限公司

执笔人及其单位：邵春　黄秀丽，上海体育学院

郭伟民　王磊　陈溪，上海建为历保科技股份有限公司

## 亮 点 技 术

**亮点技术 1：历史建筑彩绘修缮技术**

绿瓦大楼彩绘是以和玺彩绘为蓝本。作为民国新市政府的宫殿式建筑，其彩绘的内容、制式和材料都与传统的和玺彩绘有很大的差别，也是该建筑的一大特色。本次修缮对彩绘完好部分进行清洗整理；彩绘缺失部分修旧如旧，结合历史照片进行考证和图案设计，操作工艺及材料配置按传统彩绘做法工艺。

**亮点技术 2：既有城市住区历史建筑结构安全评估方法**

在保护修缮与再利用前，应用既有城市住区历史建筑结构安全评估方法中研发的砌体材料强度非破损检测评定技术对砌体和砂浆强度进行力学性能检测，应用检测鉴定集成技术对其他建筑材料进行力学性能检测、完损情况检查等，开展结构整体安全状态评估和性能化抗震鉴定，为保护修缮与再利用方案的制定提供技术支撑，实现历史建筑保护修缮与再利用"最小结构处理"的目标。

**亮点技术 3：既有城市住区历史建筑智慧化管理运维平台技术**

对绿瓦大楼建筑进行精细化建模，实现对建筑本体无破坏的全面监测，帮助保护管理机构明确绿瓦大楼的保存状况、面临的风险，以及病害的发展趋势，并对建筑面临的威胁进行预报以及尽早采取措施进行防护，从而掌握该历史建筑保护的实时动态情况。照明与空调实现每屋独立智能控制，在保证舒适度的同时有效节约建筑能耗。

## 4.1  项目描述

（1）基本情况

旧上海特别市政府大楼，又称绿瓦大楼，位于上海市杨浦区清源环路 650 号上海体育学院校区内，今为体育学院办公楼，地处夏热冬冷地区，由著名建筑设计师董大西等人设计，朱森记营造厂承建，1930 年 7 月动工，1933 年 10 月竣工。建筑坐北朝南，高约 31.4m，通宽约 93m，通深约 66m，占地面积 3063m²，建筑面积 8982m²。

绿瓦大楼为传统复兴风格的四层宫殿式钢筋混凝土建筑，外形处理变化多样，平面为左右前后对称式布置，斩假石外墙面、绿琉璃瓦单檐庑殿屋顶、红圆柱、彩绘斗拱、月台栏杆、麻石台阶、丹陛等，整个建筑气势宏伟，美观大方。

绿瓦大楼见证了"大上海计划"的兴起、繁荣与衰败，是"大上海计划"这段历史的重要情感载体，具有很高的历史情感价值。绿瓦大楼是"大上海计划"的首要规划建筑，是整个计划发展的伊始，对研究大上海计划以至墨菲的大复兴计划具有很强的历史价值，对于建筑的形制也有重要的历史参考价值。绿瓦大楼结合了中国传统形式、创新的设计手法和部分西方新古典主义的建筑特征，形成了这个中国古典复兴风格的建筑形态，在艺术上是一次伟大的尝试。建筑外立面的和玺彩绘制式、内部天花藻井彩绘以及丹陛浮雕"沧海云天日出图纹"等均具有很高的艺术价值，为当时社会的艺术精品。

（2）存在问题

经历 80 余年的使用，房屋历史保护部位损伤相对较严重（图 4.1-1）；除部分地下室顶部及屋面构件存在结构性损伤外（图 4.1-2），其他承重构件基本完好。

不考虑地震作用时，结构承载力验算表明大楼大部分柱、梁、楼板、承重砖墙、桁架、屋架及地基基础承载力能满足规范要求，但存在如下不足：①主楼大礼堂上方大跨桁架及屋架与柱节点按刚接考虑时，主楼桁架及屋架下柱东西向主筋不足（当上述节点按铰接考虑，柱承载力基本满足要求）；②地下室及屋面少量锈胀梁板构件承载力削弱较大。经对现有损伤及承载力不足构件进行维修加固后，大楼结构安全性能满足现行规范的要求。

按 7 度、丙类抗震设防、后续使用年限为 30 年的要求对大楼进行抗震验算，发现大楼抗震性能不满足现行鉴定规范对 A 类建筑的要求，条件允许时可结合本次装修改造，在不破坏文物保护部位情况下适当采取措施以提高房屋整体抗震性能。

本次修缮改造内容为：对各立面后增加部件进行统一清理、建筑外墙整体清洗并对破损部位进行修复、建筑结构根据结构检测报告要求对必要部分进行加固，内部空间的优化利用，对历史保护部位的重点修缮以及水电暖等专业的具体配合更新。

图 4.1-1　彩绘损伤和屋顶损伤

图 4.1-2　钢筋锈胀和屋顶渗水

## 4.2　改造目标

保护修缮绿瓦大楼原有外立面，以"不改变原状"为大前提，对建筑整体进行保护性修缮设计，使其与"大上海计划"同一时期的建筑达到总体风貌的统一。建筑单体保护修缮设计，须与周边环境及绿化相结合，注重内外部空间品质的提升，满足现状室内外使用要求，减少植被对建筑的二次伤害。实现能耗值比《民用建筑能耗标准》GB/T 51161—2016 同气候区、同类型建筑能耗的引导值降低 10%；室内环境品质（室内声环境、光环境、热环境和空气品质）四大类指标达到国际水平优级以上；可再循环材料利用率使用大于 10%；取得一星级绿色建筑设计标识认证。

## 4.3　改造技术

（1）历史建筑彩绘修缮技术

绿瓦大楼彩绘是以和玺彩绘为蓝本，和玺彩绘在彩绘中是最高级的彩画。作为民国新市政府的宫殿式建筑，绿瓦大楼打破了封建帝王制度的传统要求，其彩绘无论从内容、制式还是材料，都与传统的和玺彩绘有很大的差别。由于后期多次维修和改造，绝大部分原始彩绘装饰被装饰材料层覆盖，受到不同程度的破坏。现场经过专业的保护性铲除和清洗之后，大部分区域的图案纹样仍模糊不清、色彩暗淡，少数区域清洗后的呈现效果较好。

经综合分析，绿瓦大楼彩绘装饰修缮总体思路：

① 对原始彩绘已不存在和清洗后呈现效果较差的区域，以及后期绘制效果不佳的区域，结合附近同类型的彩绘图案以及历史照片进行复原。在完成结构加固和地仗层的全面修复之后，在做好地仗的面层上直接按拓印原稿做彩画，这样既保护原有彩画，也能达到原样恢复彩画效果。

② 对原始彩绘保留完好的区域（二层图书馆的五蝠捧寿天花），根据最小干预性原则进行保护修缮，尽量保存原样，作为原始彩绘遗存进行展示。

③ 对清洗后的呈现效果较好的区域，考虑从中选取几个重点部位，表面涂刷保护剂，作为各个历史时期形成的历史痕迹进行展示。（图 4.3-1～图 4.3-3）

图 4.3-1　原天花彩绘

（2）既有城市住区历史建筑结构安全评估方法

首先，针对房屋的历史沿革和修缮历史情况开展调查，调阅建筑原设计图纸，并进行图纸复核和结构体系确认。

图 4.3-2　修缮小样

其次，对绿瓦大楼主要建筑材料进行强度检测，包括砂浆、砖以及混凝土等；对房屋完损状况进行检测，全面检查装饰构件和关键受力构件的完损情况；依据本次修缮中"修旧如故"的原则，对修缮后房屋未来使用荷载进行调查分析，为房屋结构性能计算分析提供依据。

在应用砌体材料强度非破损检测评定技术进行砌体结构材料强度的检测评定时，

图 4.3-3　修缮后室外高跨处彩绘

依据课题研发的非破损法检测砌体材料强度抽样策略，选定砌体结构材料检测的抽样批和抽样数量，应用课题研发的检测批砌体抗压强度标准值推定方法计算砌体的抗压强度，为安全评估和抗震鉴定提供数据支持。

最后，根据材料强度检测评定结果，不考虑地震作用，结合构件完损情况，对修缮后未来使用荷载作用下的房屋结构安全性进行计算分析，并作出综合评定。根据国家标准，对绿瓦大楼进行结构构造措施鉴定和结构承载力验算，从而对房屋结构抗震性能进行综合评定。检测过程如图 4.3-4～图 4.3-6 所示。

（3）既有城市住区历史建筑智慧化管理运维平台技术

绿瓦大楼本体建筑预防性保护监测预警系统的主要功能是利用传感器实时监测和人工检测相结合的手段，将监测采集的数据通过无线传输和人工录入到数据处理中心。数据处理中心通过一系列的算法数据进行处理，给出相应的报表，提供给用户。通过实时监测数据和历史监测数据对比，依照结构力学和国家建筑行业标准规范设置预警值。一旦监测的数据超出预警值，系统及时预警，并提供事件发生时间和具体点位。

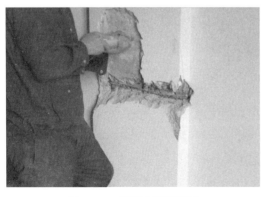

图 4.3-4　混凝土回弹测试

图 4.3-5　混凝土芯样钻取

图 4.3-6　西立面北侧 2-3 层外墙缺陷检测（左为红外照片，右为普通照片）

　　绿瓦大楼智能空调控制系统采用 VRV 空调系统，即变制冷剂流量系统。智能空调系统实现空调外机控制，并用不同地址区分内机，空调网关将 KNX 协议转化为空调私有协议，从而实现空调有线控制。（图 4.3-7）

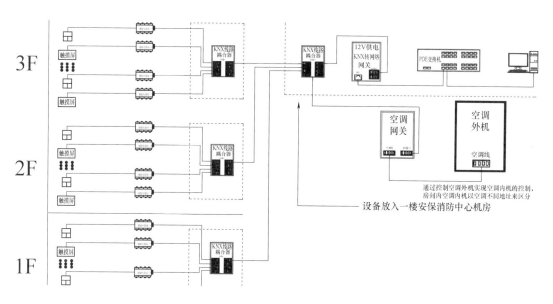

图 4.3-7　智能照明/空调连接示意图

　　绿瓦大楼智能灯光控制系统采用稳定成熟的国际楼宇灯光控制 KNX 系统。控制端为房间内的智能控制面板和触摸屏。现有的触摸屏和智能控制面板替代原来墙上强电面板。继电器模块则放入每个房间内的电箱中。每个房间内的智能照明面板、触摸屏和智能化模块通过弱电桥架连通至每层楼的东西两侧的弱电机房中。在楼层的弱电间中由 KNX 线路耦合器汇集起来，通过每层弱电间下至一楼西北侧的安保及消防中心的机房。（图 4.3-8）

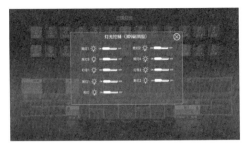

图 4.3-8　智能楼宇控制系统

## 4.4　改造效果

历史建筑彩绘修缮技术针对不同的保存状况进行了不同程度的修缮保护。在保存状况较好的区域，尽量保存原样，能够展示出原始的彩绘风貌；对清洗后呈现效果较好的区域，仅做简单清洗并在表面涂刷保护剂，能够展示出不同时期的历史痕迹；对保存状况较差的区域，通过材料、图案、技艺的全面修复，恢复彩画的原有效果。（图 4.4-1～图 4.4-8）

本项目采用的既有城市住区历史建筑结构安全评估方法中，应用了砌体结构材料强度的检测评定技术，通过总体代表性检测和局部细化检测相结合的抽样检测策略可以解决现场检测影响因素众多、量测离散性大、实测样本有限等问题；应用改进的砌

图 4.4-1　外檐彩画施工样板段

图 4.4-2　内檐彩画小样

(a) 1931~1932年施工建造时

(b) 被日军炮火轰击后的政府大楼

(c) 改造后

图 4.4-3　建筑正面

体抗压强度标准值推定方法可以消除单种材料强度推定中的强度损失，提高推断准确性。

　　本项目采用既有城市住区历史建筑智慧化管理运维平台技术建立起基于物联网技术的智能监测系统，实现对建筑面临的风险，以及保存环境的动态监测，并对建筑面临的威胁进行预报以及早采取措施进行防护，从而掌握该历史建筑保护的实时动态情况；建立了智能绿色建筑系统，为用户提供一个高效、舒适、便利、节能的人性化建

(a) 历史照片        (b) 改造后

图 4.4-4 底层大厅

(a) 历史照片        (b) 改造前

(c) 改造后

图 4.4-5 二层礼堂

(a) 改造前　　　　　　　　　　　　　　　　(b) 改造后

图 4.4-6　底层大门

(a) 改造前　　　　　　　　　　　　　　　　(b) 改造后

图 4.4-7　三楼走廊

(a) 改造前　　　　　　　　　　　　　　　　(b) 改造后

图 4.4-8　电梯

筑环境，并对建筑内部的电气运行风险进行智能控制；通过 3D 扫描及 VR 等高新技术的应用，建立文物的全面数字化档案，为文物的存档、修复还原、活化利用提供原始资料。（图 4.4-9～图 4.4-12）

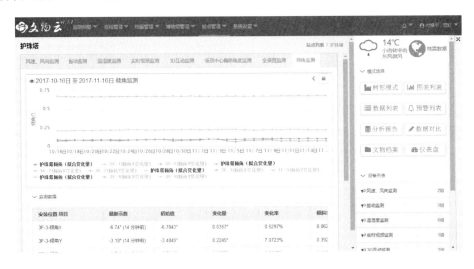

图 4.4-9  智慧预警监测

图 4.4-10  智能照明控制界面

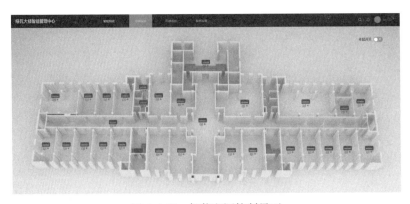

图 4.4-11  智能空调控制界面

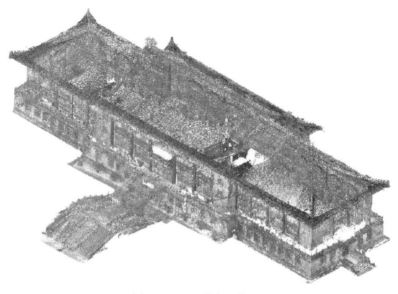

图 4.4-12　三维点云模型

## 4.5　效益分析

本项目是当年大上海计划中最为重要的传统宫殿式建筑公共建筑之一，它的建成在当时是一种开创性的设想，是近代中国较早的一次系统的城市规划工作的一部分，也奠定了周边区域建筑形态的基础，使上海成为 20 世纪 30 年代我国旧城改建中最有代表性的城市之一。

本次保护修缮对其重点保护部分以及具有历史保留价值的部分进行保留性修缮设计，以建筑整体风貌恢复为 1933 年始建状态为大前提，与周边环境及绿化相结合，注重内外部空间品质的提升，满足现状室内外使用要求，减少植被对建筑的二次伤害。尽可能保留其原有的完整历史和信息，使其与"大上海计划"同一时期的建筑达到总体风貌的统一，尊重历史，延年益寿，延续城市历史文脉、保护城市风貌特色，社会效益显著。

在本项目中应用的智能控制系统能够创建人性化、智能化的建筑室内环境，同时能够有效降低能耗；建筑周围景观环境的改造使得景观总体布局得到了优化，为周围的使用者提供了良好的室外生态环境和活动空间，环境效益显著。

# 5　深圳市南头古城中山南街 53 号综合改造

建设地点：深圳市南山区南头街道南头古城中山南街 53 号

占地面积：70m²

改造前建筑功能和面积：商住民居 202.8m²

改造后建筑功能和面积：商业 190.72m²

建设时间：1981 年

改造时间：2018 年 7 月～2021 年 6 月

改造设计和施工单位：深圳市博万建筑设计事务所（普通合伙）
　　　　　　　　　　湖南建工集团

执笔人及其单位：杜巍巍，中国建筑科学研究院有限公司深圳分公司
　　　　　　　　王曦，深圳万科发展有限公司
　　　　　　　　邓璟辉，万城城市设计研究（深圳）有限公司
　　　　　　　　李艳华，深圳市博万建筑设计事务所（普通合伙）
　　　　　　　　谢菁，一十一建筑设计（深圳）有限公司

---

## 亮 点 技 术

**亮点技术 1：既有城市住区历史建筑检测技术**

针对古城内部历史建筑的不同状况，结合历史、人文、社会环境分析，提出与修缮保护要求相适应的检测技术，并以此为依据提出适宜的改造加固技术。

**亮点技术 2：既有城市住区历史建筑绿色化改造技术**

将绿色化改造理念融入改造中，采用室内外环境改造、围护结构节能改造、机电给排水系统改造等技术，实现历史建筑绿色改造的目标。

**亮点技术 3：既有城市住区传统风貌环境综合整治技术**

针对古城内部存在的交通拥挤、配套设施不足、缺乏休闲娱乐设施、室外活动场地较少等问题，研究如何在维护古城传统风貌特色的同时对其进行环境综合整治，改善居住环境，提升居住水平。

---

## 5.1　项目描述

（1）住区基本情况

南头古城（又名新安古城）地处珠江入海口东岸，始于东晋咸和六年，有近 1700

余年建城史，曾是岭南沿海区域的行政管理中心、海防要塞、海上交通和对外贸易集散地，亦是深港澳地区的历史文化源头。南头古城是深圳市拥有文保单位最集中的地区之一，现有 1 处广东省重点文物保护单位（南头古城垣）、5 处市级文物保护单位（东莞会馆、信国公文氏祠、育婴堂、解放内伶仃岛纪念碑、南头村碉堡）、10 处保护建筑和 34 处历史建筑，是深圳发展历史的集中展示平台。现存的南头古城自明万历元年（1573 年）立新安县，至 1953 年，做了 380 年行政治所，统辖深圳—香港地区。

南头古城位于深圳市南山区南头街道（深南大道以北、中山公园以南），东临南山大道，西临宝安大道，北临北环大道。总用地面积约 19 万 m²，总建筑面积约 30 万 m²。在对南头古城内各具有改造价值的建筑进行调研分析的基础上，结合课题要求，选取古城内中山南街 53 号楼作为研究对象，对其进行修缮保护和改造。本工程位于南头古城南头中心街 53 号，距离西南老城门约 50m，建设年代为 1981 年，用地面积约 70m²，无地下室。项目改造前首层为商铺，2～4 层为住宅，建筑面积约为 202.8m²，建筑高度为 12.26m；项目改造后建筑功能为商业，建筑面积为 190.72m²，建筑高度为 12.62m。（图 5.1-1）

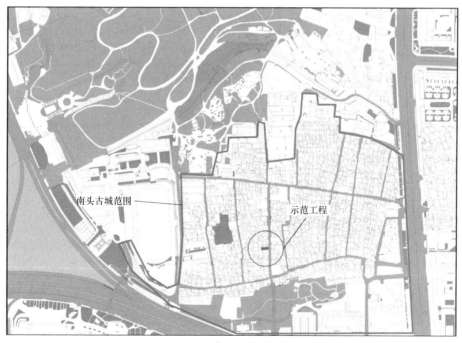

图 5.1-1　本项目范围示意图

（2）存在问题

① 南头古城历史

南头古城尽管"古城"面貌被严重破坏，但其街道格局依然保持着古代城池格局，南城门和东城门依然保留，城内外拥有多处祠堂、寺庙、教堂等历史建筑，呈现出古城"外壳"内的城中村"实体"。南头古城内得以留存下来的古建筑与古遗址并不多，民国（1912年）之前的建筑仅剩38栋，民国成立至新中国成立（1949年）期间的建筑仅剩21栋，新中国成立后至改革开放（1979年）的建筑仅剩61栋，地下埋藏发现有古墓葬、护濠、护城河遗址等古遗址。而1980年之后的建筑约占91.5%，其中，3层以上建筑的占比达到57%，7层以上建筑的占比达到11%。综上所述，南头古城建筑混杂，建筑体量相对街道而言高且大，缺乏公共活动空间，基础设施总体水平较低，防灾设施不足，社会组织结构松散，总体环境品质较差，与深圳整体的城市发展水平相差较大，在城市现代化和古城传统化冲突的影响下，如何在维护古城传统风貌街区的同时改善居住环境，提升居住水平，是亟待解决的问题。（图5.1-2）

图5.1-2　改造前实拍图

② 绿色改造存在问题

本建筑为砖混结构，外墙为240红砖砌筑，主体结构未改动，未遭受灾害影响，使用功能无明显改变，使用荷载无明显增加。根据房屋安全隐患排查报告，其场地为a类，地基基础为a类，主体结构为a类，房屋安全隐患排查综合为B类。

本建筑外围护均未做保温隔热构造，外窗采用单层铁窗和普通铝塑门窗，部分外窗破损严重，用木板进行封闭，外窗大部分均无法关闭严实。室内厨卫相连，设施简陋破旧，部分内墙老化发霉。古城内部大部分区域无法提供市政燃气，居民使用瓶装燃气供热，且电气、给水排水设备布置随意混乱，设施简陋，极不规范，存在较多安全隐患，居住环境整体较差。（图5.1-3，图5.1-4）

图5.1-3　中山南街53号楼外立面现状图

图5.1-4　中山南街53号楼室内现状图

（3）改造策划和模式

① 改造策划和模式

定位南头古城"粤东首府 港澳源头"的改造愿景，通过历史文化重现、城市活力提升和多元内容植入三大举措，打造"湾区文化地标"。从历史保护、建筑风貌、业态内容植入、节能减排、绿色生态等方面制定本项目与其周边住区环境综合提升与改造实施方案。

➤ 历史现代共存

继承古城空间布局，尊重古城历史文化，统筹古城自身资源。以介入实施为导向、由点及面渐进式激活，通过多条主题文化街巷，将南头古城不同片区有机串联，结合文创发展趋势并加以整合，激活古城功能，促进古城复兴的发展。重建南头古城内匮乏的公共开放空间系统，重点对古城内智慧基础设施、用电安全、燃气安全、生活污水、环境卫生等方面进行综合改造提升。

➤ 协调绿色创新

针对夏热冬暖气候区以及项目自身特点制定适宜的绿色建筑改造实施方案，采用各类历史建筑修缮保护关键技术，运用建筑性能模拟工具对工程的室内外环境、建筑能耗等进行模拟，提出优化设计方案，实现目标导向型的历史建筑保护修缮方式，提高历史建筑保护修缮的绿色性能，形成具有夏热冬暖气候区特色的既有城区历史建筑改造解决方案，从而为推动夏热冬暖地区，乃至全国城市节能减排、建设低碳绿色城市产生积极影响。

➤ 健康舒适人性

通过重塑古城文化和空间脉络唤起当地居民的归属感和环境自觉，将建筑使用者的健康与舒适置于既有建筑改造实践的首位，采用达到国际水平的室内环境品质改造标准，将使用者在建筑和住区环境中生活、工作和学习的空间转变为旨在提升和改善健康与幸福的集成空间。

② 改造进度（表 5.1-1）

**南头古城中山南街 53 号综合改造工程时间计划表**　　　　　　　　表 5.1-1

| 现场信息提取 | 结构检测 | 建筑方案提资 | 施工图(拆改加固) | 施工图 A 版 | 结构加固与节能改造 | 建筑竣工 |
|---|---|---|---|---|---|---|
| 2020.02.26 | 2020.02.26 | 2020.03.10 | 2020.03.03 | 2020.03.18 | 2020.06.30 | 2020.09.30 |

## 5.2　改造目标

在改善建筑质量和功能的基础上，至少满足《既有建筑绿色改造评价标准》GB/T 51141—2015 一星级设计评价标识的要求；能耗比《民用建筑能耗标准》GB/T 51161—2016 同气候区、同类型建筑能耗的引导值降低 10%；可再循环材料利用率超过 10%；室内环境品质达到国际水平优级以上。通过对该项目的改造与提升，体现其对周边住区功能的提升作用，从而实现既有城市住区历史建筑的保护利用与文化传承。此外，对改造工程周边环境进行改造和提升，使南头古城成为实质性的城市介入与古城再生计划的深度结合体。

## 5.3　改造技术

（1）既有城市住区历史建筑检测技术

首先，针对房屋的历史沿革和使用现状展开调研，基于建筑测绘图纸，确认结构体系和主要建材使用情况。其次，对南头古城中山南街主要建筑材料进行强度检测，包括砂浆、砖及混凝土等；对房屋完损状况进行检测，全面检查关键构件的完损情况；依据"轻介入"的原则，对修缮后房屋未来使用荷载进行调查分析，为之后房屋结构性能计算分析提供依据。

再次，根据材料强度检测评定结果，不考虑地震作用，结合构件完损情况，对修缮后未来使用荷载作用下的房屋结构安全性进行计算分析，并作出综合评定。最后，根据国家标准，对南头古城中山南街53号进行结构构造措施鉴定和结构承载力验算。根据承载力验算结果，并结合检测结果及国家规范规定，对主体结构的安全性进行鉴定，并出具检测鉴定报告。

根据结构检测鉴定的结果，综合考虑经济性、施工进度及施工难易程度，采用适宜夏热冬暖地区的低成本经济性的历史建筑加固方法。本项目采用钢筋网混凝土面层法、钢筋网砂浆面层法对部分承重墙体进行加固处理，采用混凝土加大截面法对梁进行加固，采用粘贴碳布方式对部分楼板进行加固处理。（图 5.3-1）

图 5.3-1　结构加固施工图（左上：楼板加固，右上：承重墙加固，
左下：柱加固，右下：梁加固）

（2）既有城市住区历史建筑绿色化改造技术

针对该项目存在的各类突出问题，从室内外环境改造、围护结构节能改造、机电给水排水系统改造三方面，对本项目进行绿色化综合改造，使改造后达到《既有建筑绿色改造评价标准》GB/T 51141—2015 一星级设计评价标识要求。

① 室内外环境改造

改造前外立面采用水磨石和水刷石外墙，部分沿街面后期增设了仿古砖饰面，外立面脏乱破损严重。改造中，朝向中心街的西立面做大开口，取得最好的景观和采光，阳台侧墙局部以山墙面围合，在造型上与相邻的中山南街 51 号相呼应。阳台栏杆采用特殊造型铁艺，搭配灰绿色铁艺窗框和门框，拆除增设的仿古砖饰面，露出原本外墙的水刷石和水磨石饰面，在回应南头传统建筑材料质感的同时，凸显设计感。

改造前室内分割较为混乱，室内空间分隔混乱，居住空间、厨卫空间、交通及其他空间无明显的流线，部分房间面积较大，面积分配不合理且空间利用率较低，造成室内采光、通风较差，部分房间白天都需要人工照明。改造中，拆除部分非承重内隔墙，前部为完整的商业出租，主要用于首层商铺的商业经营和办公；后部的小房间为储藏间、准备间等商业辅助功能。扩大原有窗洞口，减少内部隔墙，为主要的商业空间创造良好的自然采光和通风条件，实现室内功能布局和室内环境的整体改善，创造舒适的室内空间。

② 围护结构节能改造

本次节能改造考虑历史建筑的保护需求条件下，寻找适用的保温隔热技术措施。通常在屋面新增保温层。外墙由于保护要求较高宜做内保温层，但由此带来的厚度增加削减了室内使用面积。外窗通过置换窗料尽量提高其热工性能，利用增加复古窗套的方式实现建筑风貌的整体统一。

围护结构保温构造如下：

屋顶采用 20mm 厚挤塑聚苯乙烯泡沫塑料，并设置 80mm 厚的加气混凝土垫层和 40mm 厚的碎石混凝土保护层。此外，对屋顶重新做防水层。

外窗有三种，首层东向橱窗及玻璃门采用 12A 钢铝单框双玻窗，2～4 层东向外窗采用普通铝合金窗＋Low-E 中空玻璃，1～4 层南北向外窗采用普通铝合金窗 5＋9A＋5 中空玻璃。外窗的气密性均为 6 级，且隔声量满足现行相关标准的隔声要求。

外墙未增加保温构造，主要是因为本项目南、北、西向外墙与邻近建筑相隔很近，仅容一人通过，大部分时间无直接日照。东向外墙为临街面，设置了大面积的外窗。此外，为了保护原有历史建筑外立面的水刷石和水磨石饰面，本次改造未增加外墙保温改造。

在节能设计材料及构造选用时，首层沿街店面的橱窗采用仿铁艺窗框材料，其他外窗则增加钢窗套，与外立面一起，打造出复古的建筑风格。

③ 机电给水排水系统改造

本项目改造前后建筑使用功能转变，因此全套的机电和给排水系统均进行改造。原有的各类管线和设备布置随意混乱，极不规范。现在在保持建筑风貌的原则下，为增加机电和给排水系统的安全可靠性，主要改造如下：

机电系统：1）强弱电管线全部重新布置，走线均为暗敷，包括在地板、墙、顶板下暗敷。2）室内统一设置总的配电箱及计量电表，配电箱位于临近的中山南街51号，设置专门的配电房方便维修管理。室内用电分回路配电，包括照明、空调等回路。3）室内照明采用LED节能灯配套电子整流器，室内照明采用分区、分时、自动感应等智能节能控制方式。4）由于楼层未超过6层，仅在商业部分增加消火栓，没有设置消火栓系统。5）改造后，室内均设置分体空调，采用2级节能空调。6）通过新增整幢建筑的总等电位接地、增加屋面防雷措施、增设入户总配电箱内电容保护装置，以增强建筑的防雷接地安全可靠性。

给水排水系统：1）本项目利用原有卫生间的位置改造后仍为卫生间，其排水管可利用，屋面增加3根DN100雨水管。室内给水排水管网均为贴板底敷设或者墙内敷设，无明敷管道。2）室内卫生器具均采用2级节水器具，坐便器冲洗水量不大于5.0L/次，水龙头采用感应式水嘴。3）设置分户计量水表，每层一个水表，水表统一设置在室外侧面走道处，并利用原有旧的市政总计量水表。（图5.3-2）

图5.3-2 改造前后实拍图

（3）既有城市住区环境综合改造技术

围绕已确定的建设目标和实施方案，活化利用好现有物业空间，以文化、设计、科技、消费等为产业发展方向，以点带面，分片实施，按步推进，对南头古城进行综合改造，编制南头古城综合改造各专业施工图纸。通过对本项目周边环境的改造和提升，实现既有城市住区历史建筑的保护利用与文化传承。本项目周边环境改造和提升需采用既有城市住区环境综合改造技术，即建筑与规划、给排水、电气、暖通、结构、景观等各专业的现有技术集成。（图 5.3-3）

图 5.3-3　改造后周边环境实拍图

## 5.4　改造效果

改造前，南头古城建筑主要为外来居住人员的租住场所，居住面积拥挤、采光与通风条件较差，基础设施老旧，整体的居住水平与深圳市城市发展水平相差较大。通过改造，建筑外立面的节能、耐候性能显著提升，外立面与城市景观、住区风貌协调统一。室内空间满足人的使用需求，智能化、健康化技术广泛应用，体现高品质的使用要求。（图 5.4-1）

通过节能计算，改造后设计建筑的空调年耗电量低于参照建筑，具有一定的节能

图 5.4-1 改造前后实拍图

率。经过改造，建筑的使用功能不断改善，安全性、耐久性、舒适性、便利性大大提高，室内环境和室外环境宜居舒适。改造中，充分利用原有的建筑结构及材料，采用各类资源节约环境友好的技术、材料、施工及检测方法，并充分尊重历史，保留各类不同时期历史建筑的原始风貌特点，体现出既有城市住区改造中对历史建筑改造所遵循的保护与利用并重、绿色可持续发展的改造原则。

## 5.5　效益分析

南头古城作为深圳、香港城市发展的共同源头，曾是岭南政治、经济、军事重镇，其发展史很大程度就是一部深圳城市的发展史，在体现深港澳"同宗同源文化底蕴"方面具有无可取代的历史价值，极具"跨界重大文化遗产保护"价值。从历史变迁的层面看，南头古城的传统街区、文物保护单位、保护建筑等代表着古城在明代、清代、近代和现代各个时期的历史。南头古城的历史文化遗产是岭南文化不断发展的见证，是凝聚古城历史价值、展现古城历史风貌的重要载体。随着深圳城市建设步伐的不断加快，原有的众多传统自然风貌逐渐消失，但南头古城始终在记录着城市的发展痕迹，因此可以说南头古城的发展历程就是深圳的历史缩影。同南头古城内的其他同一时期的建筑相比，南头古城中山南街 53 号保留较为完整，仍具有使用价值，且能够体现在深圳特区成立之初（1980 年）建筑设计受岭南文化、深圳本土文化以及海外文化影响的特点。时至今日，南头古城绝不仅仅是被城市所分割包围的农村飞地，而是早已拼贴、融合到城市现实之中的"城市化的村庄"，它不仅成为不断涌入的新移民首选的"落脚城市"，且早已融入当今城市的血脉之中，与之生长一处不可分割。通过对该建筑的修缮保护和改造提升，能够传承南头古城内这一时期建筑的文脉历程，强调传统文化与城市精神的共生意识。

本项目积极呼应以"传承、融合、绿色"为一体的历史建筑修缮保护新观念，改变了传统的思维方式和价值观。南头古城无论从古城的布局、现存"六纵一横"的街巷格局，还是古城建筑大量的细部和书画艺术等均具有较高的艺术价值，是值得保护的艺术品。除此之外，南头古城也是深圳发展历史的集中展示平台和深圳地区文物保护单位的集中地之一。借由对本工程建筑的修缮保护和改造提升，刺激南头古城发展转型，通过社会各方的高度参与，推动古城内居民自治或引入外来资源自我改良产业升级，从一定程度上化解古城内部矛盾，并作为具有一定历史价值典型建筑的改造示范，提供经验借鉴。此外，在对南头古城进行保护的同时，结合现有条件，充分挖掘古城的文化内涵，将文化内涵与文物古迹展览和旅游发展有机结合，对建设和谐、文化深圳，发展文化产业具有重要意义。